Grundriß der slavischen Philologie und Kulturgeschichte

Herausgegeben

von

Reinhold Trautmann und Max Vasmer

Berlin und Leipzig
Walter de Gruyter & Co.
1926

Geschichte der weißrussischen Volksdichtung und Literatur

Von

E. Karskij

Berlin und Leipzig
Walter de Gruyter & Co.
1926

Druck von C. G. Röder G. m. b. H., Leipzig. 985725.

Vorwort der Herausgeber.

Die weißrussische Volksdichtung und Literaturgeschichte war bisher ein Stiefkind der Slavistik. Prof. Karskij, Mitglied der Akademie der Wissenschaften in Leningrad, hat an ihrer Erforschung den größten Anteil. Die Herausgeber des Grundrisses freuen sich, von seiner Feder die erste zusammenfassende Darstellung dieses Gegenstandes in nichtrussischer Sprache liefern zu können. Sie erhoffen davon eine Befruchtung dieser Wissensgebiete durch die Methoden westlicher Forschung.

Die vorliegende deutsche Übersetzung des russischen Manuskriptes stammt von Dr. Margarete Woltner, Assistentin am Slavischen Institut der Universität Berlin.

R. Trautmann. **M. Vasmer.**

Inhalt.

Seite

Abkürzungen IX

A. Die weißrussische Volksdichtung.

Einführung 1
Literaturübersicht 1
Die Arten der weißrussischen Volksdichtung:
I. Beschwörungsformeln 7
II. Kultische Lieder 16
1. Kultische Lieder an verschiedenen Feiertagen 20
a) Weihnachtsbräuche und -lieder 20
b) Butterwoche 29
c) Frühlingsbräuche und -lieder 30
d) Grüne Woche. Pfingsten 37
e) Kupalo (Johannisfeier) 39
f) Gebräuche und Lieder bei Feld- und Erntearbeiten 43
2. Kultische Lieder zu verschiedenen Ereignissen des Menschenlebens 45
a) Gebräuche und Lieder bei der Geburt 45
b) Hochzeitsbräuche und -lieder 51
c) Bestattungsbräuche und Klagelieder 66
III. Nichtkultische Lieder 69
IV. Sprichwörter und Redensarten 71
V. Rätsel 74
VI. Märchen 76
VII. Spuren des Heldenepos 88
VIII. Geistliche Lieder 90

B. Die weißrussische Literatur.

Einleitung 96
I. Älteste Periode 97
1. Übersetzungsliteratur 97
a) Francišek Skoryna 98
b) Vasilij T'apinskij 99
c) Apokryphe Werke 100
d) Geistliche und weltliche Erzählungen 101
e) Chroniken und Chronographien 102
2. Weißrussische Originalwerke 103
a) Westrussische Chroniken 103
b) Zeitgenössische Aufzeichnungen und anderes historisches Material: F. Jevlaševskij, Filon Kmita Černobyl'skij, Ivan Meleško 105
c) Denkmäler juristischen Inhalts 107
d) Reimdichtungen: Andrej Rymša u. a. 109
e) Werke religiös-theologischen Inhalts: L. Karpovič, M. Smotrickij; Bohohlasniki 111
f) Die religiöse polemische Literatur gegen Juden, Protestanten und Katholiken 113
3. Die ältere weißrussische in lateinischer Schrift abgefaßte Literatur: die Satire von 1642; Intermedien, Interludien, Komödien 116

Seite

II. Die neue Periode 119
1. Die weißrussische Travestie der Äneide 121
2. Die älteren weißrussischen Schriftsteller 124
a) Alexander Rypiński 125
b) Jan Czeczot 126
c) Jan Barszczewski 128
d) V. Dunin-Marcinkevič 129
e) Władysław Syrokomla 133
f) Artemij Darevskij-Veryha 133
g) W. Korotyński 134
3. Taras auf dem Parnaß 134
4. Die Revolutionsliteratur der 60 er Jahre 137
5. Antirevolutionäre Broschüren und Gedichte der 60er Jahre 138
6. Anonyme Kunstdichtungen 140
a) Geistliche Lieder 141
b) Das Weihnachtsspiel 142
III. Neue weißrussische literarische Versuche Ende des 19. Jahrh. 143
1. Alexander Jelski 144
2. Maria Kosič 145
3. Alexander Pščołko 145
IV. Die neueste weißrussische Literatur 146
1. Allgemeiner Überblick 146
2. Francišek Bohuševič (Macej Buračok) 149
3. Ivan Nesłuchoŭski (Janka Łučyna) 152
4. Aloizija Paškevič-Kejris (Ciotka, Haŭryła s Pałacka) 154
5. Ivan Łucevič (Janka Kupała) 155
6. Konstantin Mickevič (Jakub Kołas, Taras Huščа) 170
7. Maksim Bohdanovič 183
8. Samuel Plaŭnik (Zmitrok B'adul'a, Jasakar) 187
9. Dmitrij Žiłunovič (Ciška Hartny) 190
10. Albert Pavłovič 194
11. Alexander Prušinskij (Aleś Harun) 196
12. Francišek Olechnovič (Alechnovič) 198
13. Sonstige Schriftsteller 200
14. Die weißrussische Marseillaise 201
Nachtrag 202
Berichtigungen 202

Abkürzungen.

Aničkov = Е. Аничков. Весенняя обрядовая песня на Западе и у славян. Сборник ОРЯС., 74 und 78.
Archiv = Archiv für slav. Philologie, hrsg. von V. Jagić.
Бел. = Белорусы = Е. Ф. Карский Белорусы I, II (1, 2, 3), III (1, 2, 3).
Berneker EW. = Slavisches Etymologisches Wörterbuch.
Bezsonov = П. Безсонов. Белорусские песни.
Bohdanovič Пережитки = А. Богданович. Пережитки древнего миросозерцания белорусов. Гродно 1895.
Buslajev Очерки = Ф. И. Буслаев. Очерки русской народной словесности и искусства I—II. Petersburg 1861.
ČMKČ. = Časopis Musea Kralovství Českého.
Чтения = Чтения в обществе истории и древностей российских при Московском Университете.
Чтения ОНГ. = Чтения в Обществе Нестора Летописца. Киев.
Dembovеckij = А. С. Дембовецкий. Опыт описания Могилевской губ. I—III.
Dobrovol'skij = В. Н. Добровольский Смоленский этнографический сборник. I—IV.
Dovnar-Zapol'skij = М. В. Довнар-Запольский. Исследования и статьи. I.
Этн. Обозр. = Этнографическое Обозрение. Журнал. Москва.
Federowski = Federowski. Lud białoruski na Rusi Litewskiej. I—III.
Изв(естия ОРЯС.) = Известия Отделения Русского Языка и Словесности Академии Наук.
Klich = Teksty białoruskie z powiatu Nowogródzkiego. Kraków 1903.
Kračkovskij = Ю. Ф. Крачковский. Быт западнорусского селянина (in Чтения 1873).
Meier, A. = Андрей Мейер. Описание Кричевского графства.
Miller Опыт[2] = О. Ф. Миллер. Опыт исторического обозрения русской словесности. 2. Aufl.
НН. = Н. Ніва = Наша Ніва.
Nikiforovkij = Nikiforovskij N. Простонародные приметы и поверья. Vitebsk 1897.
ПСРЛ. = Полное Собрание Русских Летописей. 1. Aufl.
Potebńa = А. А. Потебня. Объяснение малорусских и сродных народных песен. I. Колядки (aus РФВ.).
Radčenko = З. Радченко. Гомельские народные песни (aus Зап. XIII).
Rom. = Е. Р. Романов. Белорусский сборник.
Rom. М. Гр. = Е. Р. Романов. Материалы по этнографии Гродн. г. I—II.
РФВ. = Русский Филологический Вестник.
Сборник (ОРЯС.) = Сборник Отделения русского языка и словесности А. Н.
Seržputovskij = Сержпутовский Сказки и рассказы белорусов-полешуков. Petersburg 1911.
Sumcov = Н. Ф. Сумцов. О свадебных обрядах.

Šejn M. = П. В. Шейн. Материалы для изучения быта и языка русского населения Северо-Западного края. I—III.
Šejn Зап. V = П. В. Шейн. Белорусские песни (aus Записки РГО.).
Труды КДА. = Труды Киевской Духовной Академии.
Wereńko = Wereńko F. Przyczynek do lecznictwa ludowego (Materyały antrop.-archeol. i etnograficzne. I.).
Зап. = Записки = Записки Русского Географического Общества по Отделению Этнографии.
Записки НТШ. = Записки Наукового Товариства имени Шевченка. Lemberg.
Записки УНТ. = Записки Украïнського Наукового Товариства. Kiev.
Жив. Ст. = Живая старина, журнал по этнографии. Petersburg.
ЖМНП. = Журнал Министерства Народного Просвещения.

Einführung.

Die Weißrussen sind derjenige russische Stamm, der sich von den ursprünglichen urrussischen und urslavischen Wohnsitzen am wenigsten entfernt hat; nur stellenweise, im Nord- und Südwesten, sind sie in das Gebiet der Letten und Litauer vorgedrungen. Man muß daher annehmen, daß die Vorfahren der Weißrussen (Dregoviči, Kriviči um Smolensk und Polock, Radimiči, vielleicht auch teils die Sěver'ane) das in der gemeinslavischen und vorhistorischen Zeit erreichte Kulturniveau übernommen und die gemeinrussische Kulturentwicklung[1]) mitgemacht haben. Die Traditionen dieser Zeit wurden in der Volksdichtung bis zum 13. Jahrh. fortgeführt. Damals zeigen sich in den altrussischen Denkmälern erstmalig weißrussische Spracheigentümlichkeiten. Infolge der politischen Ereignisse des 13.—14. Jahrh. wurden die Westrussen allmählich dem gemeinrussischen Leben entfremdet und unter litauischer Herrschaft zu einem Stamm, dem weißrussischen, verschmolzen. Die Beziehungen zu den Ostrussen blieben natürlich erhalten, wenn auch in geringerem Maße. Dafür erstarkte der polnische Einfluß, und Weißrußland schloß sich allmählich enger an den kleinrussischen Süden und dessen Nachbarvölker an.

Unter Einfluß der neuen Lebens- und Kulturbedingungen veränderte sich mit der Zeit auch die weißrussische Volksdichtung, im wesentlichen ist sie aber bis auf heute sehr altertümlich geblieben, da konservatives Volksleben und geringe Verbreitung der Bildung zur Erhaltung des unmittelbaren Gefühlslebens und der primitiven Weltanschauung beitrugen.

Ein Teil der weißrussischen Volksdichtung stammt aus sehr alter Zeit, darüber haben sich aber zu verschiedenen Zeiten neuere Schichten gelagert. Im folgenden sollen die verschiedenen Arten der weißrussischen Volksdichtung nach dem Grade ihrer Altertümlichkeit angeordnet und behandelt werden. Einer solchen Übersicht geht aber ein Überblick der wissenschaftlichen Bearbeitung und Sammlung weißrussischer Volksdichtung voraus.

Literaturübersicht.

Erst im 20. Jahrh. ist mit der wissenschaftlichen Bearbeitung der weißrussischen Volksdichtung begonnen worden, obgleich sie bereits früher teilweise als Vergleichsmaterial in Werken über groß- und kleinrussische oder überhaupt slavische Volksdichtung herangezogen wurde. Verschiedenen

[1]) Über den Kulturzustand der Russen in idg., gemeinslav. und gemeinrussischer Zeit vgl. Verf. Белорусы III 1, 3—55.

Volkskundlern, sowohl russischen als auch polnischen, fiel die Altertümlichkeit der weißrussischen Volksdichtung und die darin erhaltene ursprüngliche, naive Weltanschauung auf, und man versuchte daher seit dem Ende des 18. Jahrh. ihre auffälligsten Merkmale festzustellen. So geht der Naturforscher Andreas Meier 1786 in seiner Beschreibung der an Pot'omkin verliehenen Grafschaft Kričev (im östlichen Weißrußland) kurz auf einige Aberglauben und heute noch bestehende Bräuche am Johannes- und Georgstage ein. (Die Hs. von Meier wurde 1901 in den Могилевские Губернские Ведомости herausgegeben). Aufzeichnungen aus dem Jahre 1800 hat J. Szydłowski mitgeteilt (Obrzędy weselne ludu wieyskiego w gubernii Mińskiej, w powiecie Borysowskim in Tygodnik Wileński VII). Für besonders wichtig hielt man seinerzeit den Aufsatz von Marya Czarnowska Zabytki mitologii słowiańskiey w zwyczajach wieyskiego ludu na Białey Rusi dochowywane (Dziennik Wileński VI 1817), der mehrfach in verschiedenen polnischen und russischen Ausgaben abgedruckt wurde. Auf Notizen aus den 30er Jahren beruht das kleine Buch des polnischen Emigranten A. Rypiński Białoruś. Kilka słów o poezyi prostego ludu téj naszéj polskiéj prowincii (Paris 1840). Neben Kunstliedern finden sich darin auch volkstümliche: Hochzeits-, Oster-, Kinderlieder und Sprichwörter. Aus der gleichen Zeit sei noch erwähnt P. Kušin Гецыки (Москвитянин IV 1843); in dieser Erzählung, die einige wahrheitsgetreue Szenen aus dem weißrussischen Leben zur Zeit der Leibeigenschaft bietet, finden sich auch mehrere genau aufgezeichnete Volkslieder.

Unter den Sammlungen weißrussischer Volksdichtung aus der Zeit der romantischen Begeisterung für das Volkstum stehen zweifellos an erster Stelle diejenigen von Jan Czeczot, dem Freunde von Adam Mickiewicz. Reine Volksdichtungen enthalten seine zwei Bücher: 1. Piosnki wieśniacze z nad Niemna i Dźwiny (Wilno 1844) und 2. Piosnki wieśniacze z nad Niemna i Dźwiny, niektóre przysłowia i idyotyzmy w mowie sławiano-krewickiej, s postrzeżeniami nad nią uczynionemi (Wilno 1846). Besonders wichtig ist der letztere Band mit 100 Liedern, einem Wörterbuch von seltenern Wörtern, weißrussischen Sprichwörtern (130 Nummern), an Feiertage gebundenen Vorzeichen und Sprichwörtern, 40 sprichwörtlichen Redensarten und sogar einer Charakteristik der weißrussischen Mundart. Diese Sammlungen sind späterhin mehrfach wieder abgedruckt worden, oft sogar ohne Erwähnung des Originals. Damals wurden auch einige Volkslieder aus der Sammlung des Literaten Jan Barszczewski vertont und erschienen 1843 unter dem Titel Kilka melodyj ludu białoruskiego, spisanych i ułożonych z towarzyszeniem fortepianu przez Antoniego Abramowicza. Es sind vier Lieder mit den dazu gehörigen Melodien. Von den damaligen Veröffentlichungen reicht an die Sammlungen von Czeczot nur Opisanie powiatu Borysowskiego (Wilna 1847) von Eustathius Tyszkiewicz heran. Dieses Buch, dem noch heute eine gewisse Bedeutung zukommt, enthält neben rein statistischen Angaben reiches Material über Zeremonien und dazu gehörige Lieder, über Zauberei und Aberglauben, außerdem viele Sprichwörter. Von den späteren Volkskundlern ist vieles aus Tyszkiewicz entnommen worden.

Somit haben in der ersten Hälfte des 19. Jahrh. polnische Forscher die besten Materialsammlungen zur weißrussischen Volksdichtung geliefert. Obgleich diese nicht umfangreich sind, haben sie doch bis zum heutigen Tage ihre Bedeutung nicht verloren. Seit den 50er Jahren liegen auch recht beachtenswerte Arbeiten in russischer Sprache vor, die zuerst allerdings stark von den polnischen abhingen. Damals wurden in den meisten weißrussischen Gouvernements die Gubernskije Vedomosti begründet, sog. Pam'atnyje Knižki herausgegeben und von den Geographischen Gesellschaften Programme zum Sammeln von volkskundlichem Material versandt. Es fanden sich auch mehr oder weniger gut vorgebildete Sammler. Hierher gehört z. B. der Schriftsteller P. Špilevskij (mit dem Pseudonym P. Drevl'anskij). Von seinen zahlreichen Sammlungen sind besonders wertvoll die Народные пословицы (Petersburg 1853). Erwähnt werden muß ferner der philologische Autodidakt S. Mikuckij. In den Ausgaben der russischen Akademie der Wissenschaften veröffentlichte er seine Белорусские песни и загадки, записанные в Витебской губ. в имении Зябки Дриссенского уезда. Wichtig ist ferner das Material der Lief. 1—3 des seit 1853 von der Russischen Geographischen Gesellschaft herausgegebenen Этнографический Сборник. Es besteht aus Mitteilungen über die Weißrussen um Tver', Wilna, Vitebsk (Gebräuche und Lieder bei Geburtsfeiern, auf Hochzeiten, Beerdigungen und an Volksfeiertagen). Zu erwähnen ist ferner Kirkor Этнографический взгляд на Виленскую губ. (3. Lief.), wo vieles ohne Quellenangabe aus Czeczot und Tyszkiewicz ungenau abgedruckt ist.

Besonders intensiv wurde die Erforschung Weißrußlands nach dem polnischen Aufstand (1863) betrieben, so daß eine Reihe zuverlässiger Sammlungen erscheinen konnten, von denen die wichtigsten hier genannt werden sollen. Die umfangreichste Ausgabe dieser Zeit (300 Lieder, 151 Sprichwörter, 53 Rätsel) ist der Сборник памятников народного творчества в Северозападном Крае (Wilna 1866) mit einem Vorwort von P. Hiltebrandt; das Material rührt zum größten Teil von Schülern des Lehrerseminars in Molodečno her. Die Aufzeichnungen sind nicht immer genau, oft nachträglich normalisiert und nur etwa die Hälfte aller Lieder ist wirklich weißrussisch. Wertvoller sind die Arbeiten von M. Dmitrijev, es sind mehrere in den Губернские Ведомости und Памятные книжки gedruckte volkskundliche Aufsätze, die zum Teil gesammelt erschienen im Опыт собрания песен и сказок крестьян Северозападного Края (Grodno 1868) und Собрание песен, сказок, обрядов и обычаев крестьян Северозападного Края (Wilna 1869). Der Inhalt seiner Sammlungen ist mannigfaltig, oft sind die Lieder aber zweifelhaften Quellen entnommen. Im allgemeinen läßt sich behaupten, daß Dmitrijev eine Art phonetische Umschrift lieferte (wenn auch keine wissenschaftliche) und ungefähr so aufzeichnete, wie er hörte. Anfang der 70er Jahre erschien die Sammlung von P. Bezsonov, eine der besten und umfangreichsten Sammlungen der weißrussischen Volksdichtung überhaupt. Bereits in seinen Калеки перехожие hatte er 24 weißrussische geistliche Lieder veröffentlicht. Darauf bereitete er die von einem geborenen Weißrussen, dem Slavophilen Kirejevskij, gelieferten Lieder zum Druck vor, ergänzte sie durch eigene

Aufzeichnungen, so daß er über mehr als 500 Lieder verfügte; ein Teil derselben (181) erschien mit Erklärungen in Белорусские песни (Moskau 1871). Die Sammlung ist heute noch wertvoll, wenn auch die Erklärungen, um die sich Bezsonov besonders bemüht hat, in unseren Tagen hinfällig geworden sind. Damals erschien auch in den Moskauer Чтения die recht gute Arbeit von Ju. Kračkovskij Быт западнорусского селянина (Moskau 1874), eine Sammlung von Aufsätzen, die bereits früher in einer Wilnaer Zeitung erschienen waren. Das Buch enthält sehr wertvolle Beobachtungen.

In die 60er und 70er Jahre fällt die erfolgreiche Arbeit von I. Nosovič († 1878), einem geborenen Weißrussen, der mit dem Leben und der Sprache des Volkes wohl vertraut war. Wichtig sind für uns seine Белорусские песни (Записки Географического Общества по отделению этнографии V Petersburg 1873) und Белорусские пословицы (vermehrte Auflage Сборник XII 1874). Von ihm stammt auch das beste Wörterbuch des Weißrussischen (Словарь белорусского наречия Petersburg 1870), wo eine Menge von Sprichwörtern und Zitaten aus Volksliedern zur Erklärung der einzelnen Wörter angeführt wird. In sprachlicher Hinsicht sind die Angaben von Nosovič nicht genügend genau, dafür sind sie aber in literarhistorischer um so wertvoller. Seine Aufzeichnungen beziehen sich hauptsächlich auf das östliche Weißrußland. Das gleiche Gebiet behandelt A. Dembovеckij Опыт описания Могилевской губ. (Mohilev a/Dnepr 1882). Im ersten Buch dieses dreibändigen Werkes wird im Kapitel über die Bevölkerung eine Menge interessanten Materials gegeben: Schilderungen, wie die wichtigsten Lebensereignisse im Volke gefeiert werden (Hochzeit, Geburt, Taufe, Begräbnis und Totenfeier), ferner Beschreibungen einiger Volksfeiertage; es finden sich außerdem Angaben über Aberglauben usw.; Zitate aus Volksliedern, von denen an 500 mitgeteilt werden, ergänzen die Beschreibungen. Im Jahre 1888 erschien die recht umfangreiche Sammlung von Z. Radčenko Гомельские народные песни Записки XIII) aus demselben Gebiet. 676 Lieder und 63 Sprichwörter werden darin mitgeteilt. Alle Lieder sind von der Herausgeberin selbst, die von klein auf mit dem Weißrussischen vertraut war, aufgezeichnet; von ihr stammt auch eine kurze Charakteristik der weißrussischen Dichtung. Um die Erforschung des weißrussischen Lebens hat sich seit dem Ende der 80er Jahre M. Dovnar-Zapol'skij besonders verdient gemacht. Von ihm liegen einige, hauptsächlich über Hochzeitsbräuche und -lieder handelnde Aufsätze vor. Sie erschienen als Broschüren oder als Separatabdrucke aus den Губернские Ведомости und wurden späterhin in den ersten Band seiner Исследования и статьи aufgenommen. Hier bietet er nicht nur Material, sondern auch Erklärungen dazu. Eine ganze Reihe weißrussischer Lieder findet sich ferner in seinem Buch Белорусское Полесье. Lief. 1. Песни пинчуков (Kiev 1895). Wertvoll sind gleichfalls die von E. L'ackij herausgegebenen Материалы для изучения творчества и быта белорусов I. Пословицы, поговорки, загадки (Moskau 1898 aus den Чтения). Außerdem liegt vom gleichen Verfasser eine Untersuchung der Sprichwörter und Redensarten vor (Известия отд. р. яз. II 1897). Dem Gouvernement Smolensk ist der Смоленский этнографический сборник I—IV (Petersburg-Moskau 1891—1903) von V. Dobrovol'skij († 1922) gewidmet. Nach Ansicht des Herausgebers muß die volkskundliche Arbeit danach trachten, sowohl volkstümliche Weltanschauung als auch Volkssprache genau wiederzugeben, eine Forderung, der er in seiner Sammlung und dem auch für die weißrussische Volksdichtung wichtigen Смоленский областной словарь (Smolensk 1914) ganz nachkommt. Fast 30 Jahre lang wurden die umfangreichen Werke von P. Šejn († 1900) über die weißrussische Volkskunde gedruckt. Ihm gehören auch die Белорусские песни (Записки V 1873 Petersburg) an. Durch dieses Buch und besonders die von Šejn verschickten Programme wurde die Sammeltätigkeit stark angeregt, so daß reiches Material für weitere Sammlungen geliefert wurde. So gab die Russische Akademie der Wissenschaften in den Jahren 1887 bis 1902 vier umfangreiche Werke Материалы для изучения быта и языка русского населения северозападного края heraus. Šejn lieferte darin hauptsächlich volkskundliches Material: Beschreibungen der Bräuche, der Lebensweise usw., daneben findet sich aber auch eine Menge der verschiedenartigsten Lieder, Beschwörungsformeln, Märchen, Rätsel, Sprichwörter usw. Bei Šejn wie auch bereits früher bei Nosovič, Kirkor und einigen anderen Herausgebern ist fast das ganze Material aus den alten polnischen Sammlungen von Czeczot, Tyszkiewicz u. a. wieder abgedruckt. Die Aufzeichnungen hat Šejn nur zum Teil selbst gemacht, das meiste Material erhielt er von seinen zahlreichen Mitarbeitern, unter denen N. Nikiforovskij († 1910) der bedeutendste war. Dieser gab späterhin auch selbst Sammlungen heraus und schrieb einige ausführliche Untersuchungen. Wichtig für die Erforschung der Volkspoesie sind davon Простонародные приметы и поверья. Суеверные обряды и обычаи, легендарные сказания о лицах и местах (Vitebsk 1897); Простонародные загадки (Vitebsk 1898); Белорусские песни частушки (Wilna 1911) u. a. Gleichzeitig mit Šejn begann E. Romanov († 1921) seine Sammeltätigkeit. Von ihm stammt der Белорусский сборник (9 Lief. 1886—1912). Neben Liedern werden darin auch Märchen, Beschwörungsformeln, Apokryphen, geistliche Lieder und Lebensschilderungen geboten. Das meiste ist vom Herausgeber selbst, der dem Volke immer nahe gestanden hat, aufgezeichnet worden. Hierin beruht auch der Wert der Sammlung. Besonders wichtig für die Wissenschaft sind seine vorbildlichen Aufzeichnungen von Märchen und Beschwörungsformeln. Unveröffentlicht liegen in der Russischen Akademie der Wissenschaften noch ungefähr 100 Druckbogen von ihm gesammelten Materials. Das Gouvernement Grodno behandeln seine 2 Bände Материалы по этнографии Гродненской губ. (Wilna 1911—1912). Aus der letzten Zeit muß von kleineren Sammlungen noch erwähnt werden: A. Rosenfeld Белорусские народные песни (Petersburg 1904 aus dem Сборник отд. русск. яз. LXXVII) — 71 Lieder; S. Malevič Белорусские народные песни (Petersburg 1907 aus Сборник LXXXII) — Lieder und Märchen; A. Seržputovskij Сказки и рассказы белорусов-полешуков (Petersburg 1911) — die Märchen und Erzählungen dieser Sammlung zeichnen sich durch Lebendigkeit und Mannigfaltigkeit aus; I. Serbov Белорусы-сакуны (Petersburg 1915 aus Сборник отд. русск. яз. VIC) — eine volkskundliche Abhandlung, die aber auch Lieder, sogar mit Melodien enthält.

Auch in Polen sind neuerdings wichtige volkskundliche Untersuchungen über Weißrußland erschienen. So enthält die Serie der Krakauer Akademie Zbiór wiadomości do antropologji krajowej einige recht wertvolle Aufsätze zur weißrussischen Volkspoesie, nämlich W. Dybowski Przysłowia białoruskie z powiatu Nowogródzkiego, ferner die kleinen Sammlungen von Wieryha u. a. m. An Stelle des Zbiór erscheinen jetzt die Materyały antropologiczno-archeologiczne i etnograficzne. Unter anderem enthalten sie z. B. F. Wereńko Przyczynek do lecznictwa ludowego (Bd. I 99—228) — Beschwörungsformeln. In den Materjały i prace komisji językowej (Bd. II) ist das Werk von E. Klich Texty białoruskie z powiatu Nowogródzkiego (Krakau 1903) gedruckt. Das bedeutendste Werk zur weißrussischen Volkskunde ist jedoch dasjenige von M. Federowski Lud białoruski na Rusi Litewskiej (3 Bde., Krakau 1898—1903). Die Aufzeichnungen Federowski's, in abgelegenen Gebieten des westlichen Weißrußland unmittelbar aus dem Volksmunde gemacht, sind in jeder Beziehung wertvoll: das Material ist mannigfaltig, umfangreich, genau und neu.

Eine genauere Aufzählung der Sammlungen weißrussischer Volksdichtung wird mit einer Würdigung ihrer wissenschaftlichen Bedeutung bei E. Karskij Белорусы I 199—340 II 3, 288—299 gegeben.

Seit langem schon wird die reiche weißrussische Volksdichtung literarhistorisch ausgebeutet. Als Vergleichsmaterial dient sie bei A. Afanasjev Поэтическия воззрения славян на природу (Moskau 1865—69), A. Potebńa Объяснение малорусских и сродных народных песен I—II (Warschau 1883, 1887), A. Veselovskij Разыскания в области русского духовного стиха u. a., Jiří Polívka in den Besprechungen der Sammlungen von Romanov (Известия отд. русск. яз. 1904 Nr. 1, Archiv f. sl. Ph. XXIX), Šejn (Archiv f. sl. Ph. XIX), Federowski (Известия 1903 Nr. 4, Archiv XXIX). Weißrussische Varianten werden von Polívka auch in Besprechungen von anderen Sammlungen herangezogen (vgl. Archiv XXXI, im Kommentar zu Lidové povídky z českého Podkrkonoší) ferner von J. Bolte und G. Polívka Anmerkungen zu den Kinder- und Hausmärchen der Brüder Grimm (Leipzig I 1913, II 1915, III 1918), L. Niederle Život st. slovanů (Prag, I, 1—2, 1911—1913; II, 1, 1916), M. Murko Das Grab als Tisch (Wörter und Sachen, Heidelberg II, 1900), N. Sumcov Разбор этнографических трудов Романова (Отчет о пятом присуждении премий Макария), A. Smirnov Современное положение вопроса о русской народной сказке и задачи ее научной разработки (Изв. Геогр. Общ. XLVII), Систематический указатель тем и вариантов русских народных сказок (Изв. отд. русс. яз. 1912, 1914), S. Savčenko Русская народная сказка (Kiev 1914) u. a. Den Versuch einer Verwertung des gesamten Materials der weißrussischen Volksdichtung hat Verf. in Белорусы III 1: Народная поэзия (Moskau 1916 8° XIV + 557) unternommen. Auch nähere Literaturangaben finden sich daselbst.

Die Arten der weißrussischen Volksdichtung.

I. Die Beschwörungsformeln (Заговоры).

Die ersten Beschwörungsformeln können bereits in grauer Vorzeit, zur Zeit des Animismus, entstanden sein, als der primitive Mensch sich mit der Natur eins dünkte, sie für belebt und vernünftig handelnd hielt. Er glaubte, in ihre Handlungen eingreifen zu können und sich im Kampf der lichten Kräfte mit den finstern auf die Seite der ersteren zu stellen. Erwartete er aber mehr Nutzen für sich von den finstern Kräften, so scheute er nicht davor zurück, auch mit ihnen mitunter ein Bündnis einzugehen. In den ältesten Beschwörungsformeln findet man daher weder sittliche Elemente noch Spuren irgendwelcher Religion. Mensch und Natur sind darin eng aneinander gebunden. Überall werden Sonne, Mond, Sterne, Morgenröte, Winde, Feuer, Wolken, Erde usw. angerufen: „Жарко сонцо, ясный месяц, три зарицы — родны сястрицы: вутреня заря, повдзенная заря и вечерняя... поможи рабу божему от урочищ“ (Rom. V 26). Das „рабу божему“ ist hier natürlich später eingeschoben worden. Oder: „Чорная хмара на неба усхадзила, ясное сонце закрыла, нанасила чорная хмара мжаку (= мглу) и туманы, напущала тугу и болезци, чорную и белую немочь на людзей, на живёла“ ... (Bohdanovič Пережитки 40). Offensichtlich bestand früher das Bedürfnis, zu solchen Beschwörungsformeln zu greifen, und der Mensch versuchte in jeglicher Weise auf die Natur mit allen ihm zur Verfügung stehenden Mitteln einzuwirken. Der primitive Mensch kannte viele solche Mittel.

Vor allen Dingen gehört hierher das Wort, ein konkreter materieller Gegenstand für den Primitiven, das die Ursache der ihm entsprechenden Erscheinung sein sollte. Daher ist es verständlich, warum der Erwähnung des Namens der zu besprechenden Person oder sogar des Felles von einem Tier, das besprochen werden soll, eine große Bedeutung zukommt. Denn den Namen hielt man ja für einen Teil des Menschen resp. Tieres; kannte man jenen, so hatte man Macht über den Gegenstand, vergaß man ihn, so ging man auch des Gegenstandes verlustig. In den chaldäischen Beschwörungsformeln spielte der Geheimname Gottes eine große Rolle, da an die Bekanntschaft mit ihm die Herrschaft über die ganze Natur geknüpft war. Bei einigen Völkern hielt man den Geheimnamen eines Menschen verborgen in der Annahme, daß derjenige, der ihn erfahre, auch die Macht über das Leben dieses Menschen erlange. Man glaubte, daß die Kraft des Wortes sich außer auf belebte und unbelebte Gegenstände auch noch auf ihre verschiedenen Veränderungen erstrecke, die man sich übrigens personifiziert dachte. Hierher kommt die Vorstellung, Krankheiten seien lebende Wesen, die Erwähnung einer Krankheit könne sie selbst heraufbeschwören. Daher würde der naive Weißrusse z. B. nicht direkt sagen, daß die Cholera ausgebrochen sei, sondern sich etwa so ausdrücken wie „Там-то, не тут кажучи, холера".

Die gleiche Bedeutung wie dem Namen des Menschen kommt auch seiner Darstellung zu. Selbst heute noch erlaubt es der Primitive nur selten, ihn zu photographieren, aus Furcht, der Besitzer seines Bildes könne auch die Macht über einen Teil seines Wesens erhalten. Bei den alten Chaldäern fügten die Hexen den Menschen Böses zu, indem sie ihnen nachgebildete Figuren aus Fett, Lehm, Harz, Teig usw. bezauberten, sie den Dämonen weihten und verbrannten in der Annahme, daß auch die Menschen selbst dem gleichen Schicksal unterliegen würden wie ihre Abbildungen. Sehr verbreitet war ferner der Brauch, die Figuren von Hexen, Zauberern oder Dämonen zu verbrennen, durch die Unglück heraufbeschworen sein sollte. Hierher gehören auch solche Zaubereien wie Ausschneiden menschlicher Spuren, Besprechen des Speichels usw.

Außer zu Worten und Figuren griff der Mensch auch zu bestimmten Zeremonien, um Einfluß auf die ihn umgebende Natur zu gewinnen. Wenn der primitive Mensch z. B. irgendeine Himmelserscheinung hervorrufen wollte, führte er eine ähnliche auf der Erde aus. So versucht man zu Zeiten der Dürre, die Quellen zu befreien „открыть воду", d. h. in der Erde eine Quelle auszugraben, damit dadurch auch die Himmelsschleusen geöffnet würden. Verschiedene Zeremonien knüpfen sich nicht nur an die ältesten, auf die Einheit von Mensch und Natur hinweisenden Beschwörungsformeln, sondern auch an viele andere besonders gegen Krankheiten gerichtete. Denn nach der Volksvorstellung werden Krankheiten durch böse Geister, die hypostasierten Krankheiten selbst oder unsichtbare Insekten in der Art von Bazillen hervorgerufen. Hierher gehört das Ausräuchern, Feuerunterlegen, verschiedene Zeremonien, die von Schreien, Schelten begleitet werden u. a. m. Zu diesen Mitteln greifen auch die Zauberer, um den Menschen Schaden zuzufügen, wie Zusammenknoten des Roggens, Schädigung auf Hochzeiten (Šejn M. II 557).

Aus dem Gesagten geht somit hervor, daß die Beschwörungsformel ein in Worte gefaßter Wunsch ist, der oft von gewissen Zeremonien und Handlungen begleitet wird. Ein solcher Wunsch geht unbedingt in Erfüllung. In der Beschwörungsformel wendet sich der Mensch um Hilfe an die lichten oder finstern Naturkräfte, spricht seinem Mitmenschen etwas Böses oder Gutes an oder bespricht ihn, d. h. unterbindet die Wirkung der ihm wohlwollenden oder schädlichen Kräfte. Dank diesen Eigenschaften hatten die Beschwörungsformeln früher eine weite Verbreitung: zu ihnen griff ein jeder, der in Not war. Mit der Zeit aber wurde ihre Abfassung und Anwendung in die Hände besonderer Menschen, Magier oder Zauberer, gelegt. Wie es aus den Editionen assyrischer Beschwörungs- und Fluchformeln von Le Norman und Tallqvist ersichtlich ist, geschah dieses bereits in sehr alter Zeit. Von da ab standen die Beschwörungsformeln aber in keiner direkten Beziehung mehr zu den Kräften und Erscheinungen der Natur. Man wandte sie an, um von den Menschen böse Geister fernzuhalten oder ihnen die Zuneigung von guten Geistern und Gottheiten, denen alle Naturgeheimnisse bekannt sind, zu sichern. Die Mittel und Zeremonien blieben dabei bis in Einzelheiten hinein die gleichen wie beim primitiven Menschen. Je mehr sich aber mit der Zeit das innere Verhältnis des Menschen zu der ihn umgebenden Natur änderte, desto seltener wurden Beschwörungsformeln angewandt. Eine besonders starke Erschütterung erfuhr jedoch der Glaube an die heidnischen Beschwörungsformeln durch die Annahme des Christentums, als sich die Anschauung verbreitete, daß Handlungen und Erscheinungen im Menschen- und Naturleben von Gott, nicht aber von anderen Menschen oder gar der unbelebten Natur, abhängen. Es kam zu einem Verfall der ursprünglichen Beschwörungsformeln: vieles wurde darin unverständlich. Selbst die Zahl der Kenner von Beschwörungsformeln wird bei Völkern, die die primitive Entwicklungsstufe verlassen haben, eine beschränkte. Um diese Beschwörungsformeln endgültig auszurotten, versucht das Christentum sie durch die der Form nach ihnen sehr ähnlichen Heilungsgebete zu ersetzen. Diese beruhen aber bereits auf christlichen Anschauungen und wenden sich an Gott, die Gottesmutter, Heilige, Engel usw. Viele solche Gebete finden sich in der griechisch-byzantinischen und russisch-kirchenslavischen Literatur, durch Vermittlung der Geistlichkeit wurden sie auch den früheren Kennern von Beschwörungsformeln zugänglich. Unter ihrem Einfluß dringen in die Beschwörungsformeln christliche Elemente ein, heidnische Namen werden beseitigt; im allgemeinen herrscht aber auch weiterhin die alte heidnische Grundlage vor, obgleich sie in der mündlichen Überlieferung immer unverständlicher wird. Dennoch gelang es der christlichen Geistlichkeit nicht, die Beschwörungsformeln endgültig zu vernichten: als ein gewissermaßen verbotenes Mittel hörten diese geheimnisvollen Formeln, gemeinsam mit den sich an sie knüpfenden, noch unverständlicheren Zeremonien auf, allen zugänglich zu sein, und sie wurden der geistige Besitz eines besonderen Standes, der sog. znachari, volchvy, kolduny, kudesniki, vorožei, ved'my. In den alten russischen Denkmälern werden diese Leute bereits sehr früh erwähnt. Ohne auf andere Stellen einzugehen, bemerke ich hier nur, daß bei der Geburt des Vseslav von Polock, der mit einer Kopfwunde zur Welt gekommen sein soll, auf die Anwesenheit von Zauberern (volchvy-vračevateli) hingewiesen wird. Im Igorliede wird Vseslav selbst als Werwolf dargestellt. Auch in späteren Denkmälern ist die Erwähnung von Zauberern häufig. Und selbst heute noch kennt das Volk Zauberer (kolduny, znachari) und Hexen (ved'my).

Leider ist in der alten Literatur der Wortlaut der Zauberformeln („бесовские слова и кудесы“) nicht erhalten. Überreste von ihnen finden sich nur in den Eidesformeln der ersten russischen Fürsten, durch die sie ihre Verträge mit den Griechen bekräftigten; so sagen die Russen im Vertrage von 971 unter anderem „да будем золоти, якожь золото се“, d. h. auf daß wir gelb werden (gemeint ist die Gelbsucht) wie sterbende Kranke. Den gleichen gedanklichen Inhalt hat folgende Stelle eines weißrussischen Klageliedes:

Да каб ему руки позолоцели	„Mögen seine Hände gelb werden
Да по локоць одлецели	und vom Ellenbogen an abfallen.“
	(Šejn M. I, II 684.)

Doch wenn auch in der alten Literatur keine heidnischen Fluch- und Beschwörungsformeln erhalten sind, so folgt daraus nicht, daß aus den auf uns gekommenen nicht Rückschlüsse auf jene möglich wären: ein Vergleich mit den Dichtungen verwandter, ja sogar auch nicht verwandter Völker ergibt, daß einige dieser Formeln von sehr hohem Alter sein müssen. Angeführt seien z. B. die Beschwörungsformeln gegen Schnittwunden, Knochenbrüche, Verrenkungen. Solchen Formeln begegnet man bei den Weißrussen häufig. Nach der später hinzugekommenen Einleitung folgen gewöhnlich die Worte „уйдзи кроў у кроў, костка ў костку, жилка ў жилку, сустаўка ў сустаўку“ (vgl. Rom. V 69 Nr. 92). Wie stark erinnert das z. B. an folgende Stelle in einer čechischen Beschwörungsformel: maso k masu, kost k kosti, krev k krvi, voda k vodě (Erben ČMKČ. XXXIV (1860) 1, S. 57). Gleiches findet sich im 2. Merseburger Zauberspruch.

Jedoch nicht nur in der Grundlage, sondern auch in Einzelheiten gleichen die russischen Beschwörungsformeln den ältesten der anderen Völker. Als Vergleich seien assyrisch-babylonische Fluchformeln herangezogen. Auf der zweiten Tafel des Maqlû wird vorgeschrieben, Beschwörungen im Flüsterton zu sprechen. Vgl. hierzu: не я шапчу, а сам Господь Бог „nicht ich flüstere, sondern der Herrgott“ (Rom. V 91 Nr. 207).

Als geeignetste Zeit zum Besprechen erschien den Assyrern die Nacht und die Zeit vor Sonnenaufgang. Das gleiche gilt auch für Weißrußland: когда цемнець станець (Šejn M. II 524), ўсё на зарэ трэба помочь даваць (Rom. V 24 Nr. 75) usw.

Eine besonders große Rolle spielen Knoten in den chaldäischen Beschwörungsformeln. Auch die weißrussischen Zauberer (znachari) greifen oft zum Knotenknüpfen (Rom. V 75 Nr. 133). Es gibt sogar eine besondere Art des Hexens, bei den Weißrussen załóm genannt, die darin besteht, daß man unter Beschwörungsformeln und gewissen Zeremonien auf dem Felde desjenigen, dem Schaden zugefügt werden soll, den Roggen in Knoten zusammenknüpft.

Die Knoten sollen symbolisch als Bekräftigung der Worte des Besprechenden dienen. Eine gleiche Bedeutung kommt in den oben erwähnten Beschwörungen des Maqlû Riegeln und Schlössern zu. Dasselbe findet sich in weißrussischen Beschwörungsformeln, denn Ausdrücke wie замки, замыкаць, ключи од замкоў, кроў замыкаю (Šejn M. II 539 Nr. 31), замыкаю я им ирты (Rom. V 48 Nr. 178), сустаў с суставом соткнуўся, волотыми замками замкнуўся (ib. 73 Nr. 117) usw. sind darin weit verbreitet.

Aus dem Gesagten ging bereits hervor, daß an die Beschwörungsformeln häufig verschiedene Zeremonien geknüpft sind, z. B. mit Figuren oder symbolischen Darstellungen jener Personen resp. Gegenstände, denen man Böses antun oder von denen man Böses fernhalten wollte. Gleiches taten auch die chaldäischen Magier.

Ferner wird die Analyse einiger Beschwörungsformeln, z. B. gegen Fieber, ergeben, daß der Zahlensymbolik (3, 7, 12, 77) bei den Russen und den chaldäischen Magiern die gleiche Bedeutung zukommt.

Auch ihrem Aufbau nach entsprechen die russischen Beschwörungsformeln den chaldäischen, deren es drei Arten gab: Befehl, Drohung und Gebet. In den Beschwörungsformeln der ersten Art wird der Krankheit oder irgendeinem bösen Geist befohlen, das von ihnen befallene Wesen zu verlassen. Als weißrussisches Beispiel dient unter anderem: Золотник волотый, по косцях ня ходзи, крыви ня суши, сэрца ня тошни, под боки ня потпирай, ат яды ня 'тбивай (Rom. V 57 Nr. 18). Manchmal verbindet der Besprechende seine Befehle mit Drohungen, da ihm alle Naturgeheimnisse und das Wirken der Hexen, die Krankheiten heraufbeschwören, bekannt sind. So heißt es z. B., nachdem den Schlangen befohlen wird, durch ihre Bisse nicht Krankheiten hervorzurufen: коли ж вы мое прозьбы ня послухаеця, нашлець на вас Господзь громовую тучу, камянный бой . . . Ён вас камяням поб'ець на грецкия крупы, дробней чорнаго маку (Rom. V 109 Nr. 283) u. a. Die meisten Beschwörungsformeln sind Gebete, bei den Chaldäern zu den lichten Gottheiten, bei den Russen zu Gott und seinen Heiligen; die ältesten davon sind auch an die Naturkräfte gerichtet: Красно сонце и ясен свет и со лунами ясными и со звездами цастыми и с зарями вóгнеными . . ., и сушу и море осичаешь (освещаешь) и мaць сыру землю угреваешь . . . угрей их (скот) а домоў привядзи (Šejn M. II 552—553).

Diese Übereinstimmungen zeugen für ein hohes Alter der russischen Beschwörungsformeln. Unter dem Einfluß des Christentums erhielten sie den Anstrich von christlichen Gebeten, und als solche wurden einige von ihnen sogar in Euchologien aufgenommen; so finden wir z. B. im Euchologium Sinaiticum aus dem XI. Jahrh. (S. 67 nach der Ausgabe von Geitler): „мoⁿ ѡ избавленьи дьнѣ ч[ловѣ]коу", eine Beschwörungsformel gegen eine Frauenkrankheit oder, wie andere meinen, gegen Rheumatismus. In verschiedenen Varianten ist sie heute noch in Weißrußland verbreitet (vgl. Rom. V 53, 59 u. a.). Beschwörungen in Gebetform kommen häufig auch in späteren, besonders handschriftlichen Euchologien vor.

Andrerseits konnten unter dem Einfluß der alten, christlich gefärbten Beschwörungsformeln auch neue entstehen, die aber dann bereits im Geiste des Christentums oder überhaupt der Bibel abgefaßt sind. Als Grundlage für letztere dienten verschiedene apokryphe Erzählungen über Heilige und deren Wundertaten. Infolgedessen ist es schwierig zu entscheiden, ob eine bis auf heute erhaltene Beschwörungsformel in vorchristlicher oder christlicher Zeit entstanden ist. Diese schwierige Frage könnte nur durch vergleichende Untersuchungen einer jeden Beschwörungsformel im einzelnen geklärt werden.

Ihrem Inhalt nach zeichnen sich die weißrussischen, wie überhaupt die russischen Beschwörungsformeln durch große Mannigfaltigkeit aus: sie umfassen das ganze Leben des primitiven Menschen. Er griff zu ihnen, um sich die Gunst der guten mythischen Wesen zu erringen, um die bösen zu besänftigen oder zu vertreiben, damit sie ihm nicht schaden könnten. Als Jäger oder Hirt mußte er die Tiere in seine Netze locken oder das Vieh vor Krankheiten oder wilden Tieren schützen, als Ackerbauer waren für ihn Regen und Sonne wichtig, ferner gutes Gedeihen von Korn und Gemüse: um das zu erlangen, griff er zur Beschwörungsformel. Da nach der Ansicht des Primitiven alles in der Natur belebt war und bewußt handelte, erschienen ihm die Krankheiten als lebende Wesen, als böse Kräfte, die Menschen befallen können; durch Beschwörungsformeln glaubte man, sie zu verscheuchen oder ihnen einen Feind auszuliefern. Selbst die Liebe dachte man sich konkret, mit Hilfe von Beschwörungsformeln konnte man sie erlangen oder beseitigen. Einige Beispiele sollen das Gesagte veranschaulichen.

Einige von den Beschwörungsformeln für die Liebe entzünden im Sprechenden eine Zuneigung: „Зари мае ясныи, зари мае красныи, палудёныи и полуношныи, придитя! Как у печи ат агню жарка, штоб я была жалка па етый час, па ету минуту“ (Dobrovol'skij I 207). Die meisten Beschwörungsformeln dieser Art sind zuwendend, seltener abwendend. In einer der letzteren bittet der Besprechende nach den einleitenden, an Jesus Christus und die Gottesmutter gerichteten Worten: „штоб Господзь разлучиў дзве душачки — грешную и нягрешную. Царския враты расчиницесь, золотыя ключи разомкницесь, дзве душачки разлучицесь“ ... Um Liebe zu wecken oder zu töten, greifen die Weißrussen außer zu Beschwörungsformeln auch noch zu Zaubermitteln (Vgl. Šejn M. III 298—299, 484—485).

Es gibt auch Beschwörungsformeln, die eine Festigung oder Zerstörung des Ehelebens bezwecken. In einer solchen, verhältnismäßig jungen (поп солучиў, поп с хрястом (Šejn M. II 557 Nr. 69) sagt der Zauberer unter anderem:

Как сухой рябины лисцьев не пускаць,	Wie der dürre Vogelbeerbaum sich nicht belaubt,
Так табе дзецей не рожаць;	so sollst du keine Kinder haben.
Как зимой лету не быць,	Wie es im Winter keinen Sommer gibt,
Так вам умесце не жиць.	so sollt ihr nicht zusammen leben.

Die meisten Beschwörungsformeln bezwecken die Erhaltung der Gesundheit des Menschen oder Schutz vor Krankheiten. Sie werden von den Zauberern hauptsächlich angewandt, um Krankheiten heraufzubeschwören oder solche zu heilen. Mitunter verwendet der Zauberer auch Heilmittel, gewöhnlich Kräutertee (Šejn M. III, 272—300; Nikiforovskij Простонародные приметы 33—46, 257—282 u. a.).

Zahnschmerzen werden gewöhnlich in sternklaren Nächten besprochen; in der entsprechenden Beschwörungsformel, gewöhnlich einem Dialog, werden Tote und der Mond erwähnt. Z. B. Маладзик маладзй, што мы цябе три дни ни видали — идзе ты дасюль быў? — Быў я далеча, на том свеци (dort im Jenseits hat er Gott, die Heiligen und Toten gesehen). — Ци баляць у их зубы? — „Nein“, hieß es: не болячь. — Ну, ня руш у раба божия, нихай и век не баляць" (Rom. V 82 Nr. 166). Gegen Zahnschmerzen gibt es auch andere Beschwörungsformeln, wie z. B. Дуб дзяравянны́й, камянь камянны́й, месяц малады́й, зуб касцяный — кали яны́ сайдуцца у места, нехай тады рабу Ивану баляць зубы (Werеńko 156).

In den Beschwörungsformeln gegen Augenkrankheiten, besonders gegen den Star, treten Jesus Christus, die Gottesmutter oder der Hl. Georg auf in Begleitung dreier Windspiele, die den Star vom Auge weglecken und ihn heilen (Rom. V 102, NNr. 259—261).

In literarhistorischer Beziehung sind die Beschwörungsformeln gegen das Fieber interessant. Es wird darin versucht, die Geheimnamen der als Schwestern gedachten, personifizierten Fieberqualen und deren Zahl festzustellen. Gewöhnlich beträgt letztere 7, 12 oder 77. Nach vielen Beschwörungsformeln sind diese Schwestern Töchter des Herodes, die dem Meere entsteigen. Sie fürchten sich vor einigen Heiligen (Isiman, Susoj, Saksenij, Avksentij), von denen ihnen unter Androhung von Züchtigung (mit zwölf eisernen Ruten) befohlen wird, die Kranken zu verlassen. Der Besprechende greift dabei zu verschiedenen Zeremonien: der Kranke bekommt Brot oder Papierstücke mit Aufschriften unverständlicher Worte zu essen; man versucht das Fieber auch durch verschiedene Amulette zu verscheuchen. Die weiteren Ausführungen werden zeigen, daß die heutigen Fieberbeschwörungen auf verschiedenen Apokryphen beruhen und östliche, wie auch byzantinische Elemente enthalten. Ihren Kern bilden jedoch alte Volksvorstellungen vom Fieber als einem lebenden Wesen ohne jegliche Beziehung zum Christentum.

Zu den ältesten Beschwörungsformeln gehören diejenigen gegen Blut (Hieb- und Schnittwunden, Verrenkungen usw). Aber auch sie enthalten viele spätere Elemente, zum größten Teil biblischen oder apokryphen Charakters. Für diese Beschwörungen haben sich sogar besondere, allen russischen Stämmen gemeinsame Ausdrucksformeln herausgebildet. Mitunter wird darin der Grund für die Entstehung der Krankheit, z. B. der Verrenkung, angegeben: Ехаў извих на калиновом мосту, мост проломиўся, конь спотыкнуўся" (Šejn M. II 538 Nr. 27). Verrenkungen heilt gewöhnlich die Gottesmutter: „На мори, на лука-мори . . . на кияни сама Пречиста . . . хадзила, шаўкову траву ирвала . . . и ко звиху прикладала, памоги давала" (ib). Bisweilen vollziehen auch andere Wesen die Heilung; Erwähnung findet ferner der Faden, mit dem die Wunde verbunden oder zugenäht wird. Manchmal trägt die Gottesmutter Schlüssel, um das Blut zu verschließen.

Literatur: V. Mansikka, Über russische Zauberformeln mit Berücksichtigung der Blut- und Verrenkungssegen. Helsingfors 1909.

In den Beschwörungsformeln gegen Bisse durch tollwütige Hunde erscheint gewöhnlich ein grauhaariger Greis, der am Meeresstrande Wachholder bricht, ein blaues Feuer anmacht, vor der Tollwut Ratschläge erteilt und sie aus Knochen und Gebeinen und der Leber herausnimmt usw. (Rom. V 105 Nr. 270).

Die Beschwörungsformeln gegen Schlangenbisse wenden sich an den König oder die Königin der Schlangen mit der Bitte oder dem Befehl, die Schlange zu entfernen. Dabei wird eine schwere Strafe angedroht.

Mitunter tritt auch der Hl. Georg darin auf. Z. B. „Царь змеиный Ир и царица Ирица! Лютых своих змей унимай, лихо жало вынимай“ ... (Šejn M. II 548.)

Nach der Volksvorstellung können auch Krankheiten durch den bösen Blick oder das böse Wort verursacht werden. Diese heilt man gewöhnlich durch Besprechen und verschiedene Gegenmittel, hauptsächlich Wasser. Vgl. z. B. Раб божый устаець ранёшенька мыецца бялёшенька, выходзиць на восточную старану у вароты, из варот у чыстае поле. На чыстым поли река бяжыць, змываець травы и карэньня, и каменьня, и пяски вырываець и уроки выганяець ... (Wereńko 216 VIII.) Für das hohe Alter dieser Beschwörungsformeln sprechen die darin üblichen Formen уроци, суроци mit palatalisiertem k, Formen, die durch den Ersatz des Nom. pl. durch den Acc. pl. im Russischen früh geschwunden sind.

Wenn man das Vieh zum erstenmal aufs Feld trieb, wandte man sich, um es vor wilden Tieren und Krankheiten zu schützen, an den Hl. Jahorij (Georg), dem die Wölfe unterstellt sind. „Господу богу помолюся и Святому Ягорью поклонюся. Запасаю скоцину разной шерсци и ўсякоя масци, и ссылаю псоў ў моха, ў болота, ў ницыя лозы, во ўси чатыры стороны; и замыкаю зубы и губы золотыми замками, сярэбраными ключами; ношное урэмя обгороджуюсь у цемным леси звяздами, у чистом поли месяцом“ ... (Rom. V 42 Nr. 157.)

Es gibt auch Beschwörungsformeln für verschiedene Ereignisse im Leben des Einzelnen und der Gemeinschaft; einige davon sind fraglos früh, andere spät, wenn auch nach dem Vorbild der alten entstanden. Zu den ältesten Beschwörungsformeln gehören zweifellos diejenigen, die das Verhältnis von Mensch und Natur widerspiegeln. Meines Wissens haben sich aber solche in Weißrußland nicht erhalten: ihr Untergang wird wohl durch den Einfluß der christlichen Religion bedingt sein. Dafür kennen die Weißrussen eine Menge von Zaubermitteln, mit denen sie verschiedene Naturerscheinungen hervorzurufen oder zu verhindern vermeinen: man glaubt, Mittel zu kennen, um ein Gewitter abzuwenden, Regen hervorzurufen usw. (Nikiforovskij NNr. 1661—1663, 1675—1679 u. a.)

Aus den hier angeführten Beschwörungsformeln ist es ersichtlich, bis zu welchem Grade mythische, die primitive Weltanschauung des Volkes offenbarende Elemente darin enthalten sind. Man darf jedoch mythologische Elemente nicht dort sehen wollen, wo sich zweifellos Entlehnungen aus übersetzten griechischen Büchern oder mündliche Überlieferung aus dem Osten resp. anderen Ländern nachweisen lassen. So wird z. B. in vielen weißrussischen, wie überhaupt russischen Beschwörungsformeln der Stein Alatyr' erwähnt: „на поли, на кияни, на мори на сияни ляжиць камень латырь“. (Rom. V 173 u. a.) Die Anhänger der mythologischen Schule, z. B. Afanasjev (Поэтич. воззрения II 142) sehen hierin einen Hinweis auf die Sonne. Wie jedoch die Untersuchungen von Jagić, Veselovskij u. a. ergeben, hat man hierin eher ein altare zu sehen; in den weißrussischen Beschwörungsformeln kann dem alatyr' auch jantar' oder irgendeine andere Entlehnung zugrunde liegen.

Literatur: V. Jagić Die christlich-mythologische Schicht in der russischen Volksepik (Archiv f. sl. Ph. I). A. Veselovskij Разыскания в области русск. дух. стиха. III. Алатырь в местных преданиях Палестины. Vgl. auch C. Baudouin de Courtenay Известия ОРЯС. 1914 Nr. 2, 90—107 und dazu M. Vasmer Indogerm. Jahrbuch VIII (1921) 184.

Auf christliche Apokryphen gehen zweifellos die Fieberbeschwörungen zurück: a) auf die Legende von der Austreibung des Dämons aus der Melentija durch deren Bruder Sisinij, und b) auf das Gebet des Sisinij, durch das ein Dämon mit vielen Namen, die Personifikation verschiedener Krankheiten, besonders des Fiebers, vertrieben wurde. Aus den Motiven von Legende und Gebet sind Fluch- und Beschwörungsformeln entstanden. Oft werden darin anstatt des Sisinij andere Personen erwähnt, deren Namen aber an diesen erinnern.

Literatur: I. Mansvetov Византийский материал для сказания о 12 трясовицах. Москва. 1881. A. Veselovskij Разыск. дух. стих. VI 40 u. a. M. Sokolov Материалы и заметки по старинной славянской литературе I. M. 1888, 23—50. V. Vasiljevskij О Гилло ЖМНП. 1889 VI. N. Poznanskij Сисиниева легенда (Жив. Ст. 1912, I).

Die weißrussischen Beschwörungsformeln sind nicht nur inhaltlich, sondern auch ihrer Form nach interessant. In den ältesten Formeln werden vor dem eigentlichen Fluch oder der Beschwörung die Umstände, unter denen sie gesprochen werden, erwähnt; gleiches ist in den chaldäischen Beschwörungsformeln der Fall (vgl. Русск. Мысль 1896 VII 86); ferner im zweiten Merseburger Zauberspruch aus dem VIII. Jahrh. Besonders auffallend ist in solchen Formeln die genaue Beschreibung der Zeremonien, unter denen man an diese heilige Handlung herantrat: Стану я, раб божий, благословясь и пойду перекрестясь из избы дверями, из двора воротами, на восток, ... под красно солнце, под млад ясен месяц, под частые звезды, под черные облаки, под всю небесную силу. И умоюсь... утреннею росою и пойду я благословясь, на все четыре стороны помолясь... (Rom. V 52 Nr. 194.)

Nach dieser Einleitung folgt die häufig aus zwei Teilen bestehende, eigentliche Beschwörung. Die Zweigliederung entsteht durch den Vergleich der vorliegenden oder absichtlich hervorgerufenen Erscheinung mit der erwünschten:

Как сухой рябине лисцьев не пускаць,
Так табе дзяцей не рожаць;
Как зимой лету не быць,
Так вам умесце не жиць.
(Šejn M. II 557 Nr. 69. Vgl. oben S. 12.)

In der Beschwörung selbst wendet man sich häufig in poetischer Form an die Elemente und Himmelsgestirne. Eine gute Parallele hierzu ist der bekannte Anruf von Wind, Sonne und Dnjepr durch die Jaroslavna im Igorliede. Vgl. z. B. жарко сонцо, ясный месяц, три зарицы (Rom. V 26); Ветр буй и огнь садатор, унимись (ib. 50).

Solche Vergleiche und Anrufe verleihen den Beschwörungsformeln einen hochpoetischen Anstrich. Hierzu dienen auch andere Mittel wie: häufig angewandte Epitheta, z. B. красное солнце (Rom. V 51), млад ясен месяц, частые звезды (ib. 52), войстрая мечь (ib. 68), шовковая трава (ib. 78), из буйныя головы, з горячия крыви, з жоўтыя косьци, з румянаго лица, з ярых вочей, з белих грудзей (ib. 90) usw.; Tautologien: золотые замки замыкаци (ib. 57), зара заранница (ib. 80), молодзик молодый (ib. 81) usw.; die Verwendung häufig sich wiederholender Synonyme: я же цябе прошу, я ж молю (ib. 60). Der poetische Charakter wird ferner hervorgerufen durch einleitende, mitunter auf den Apokryphen beruhenden Erzählungen fiktiver Ereignisse: Ишоў Исус пы травы, обрезыў ноги ды крыви. Прышоў Исус к синю мору; на синим моры латырь-камень, на латыру каменю раба-баба. Раба-баба пы каменю ляп, и кроў не кап. Амин" (Rom. V 167 Nr. 81) u. ä.; außerdem durch einen gewissen Rhythmus, mitunter sogar Reime, erzielt:

Царь змеиный Ир
И царица Ирица!
Лютых своих змей унимай,
Лихо жало вынимай!"

(Šejn M. II 548 Nr. 52.)

Nach der primitiven Weltanschauung beruhte die Zauberkraft der Beschwörungsformeln namentlich auf jenen poetischen Worten und plastischen Ausdrücken, in die sie gefaßt wurden. Besonders verstärkt wurde diese Zauberkraft noch durch die beschließenden Befehlssätze mit Erwähnung von Schlössern, Schlüsseln, Riegeln u. ä.

Literatur: Die beste Sammlung weißrussischer Beschwörungsformeln ist E. R. Romanov Белорусский сборник Lief. V (Vitebsk 1891); viele Beschwörungsformeln finden sich auch bei P. Šejn Материалы для изучения быта и языка русского населения Северозападного Края. 2 Bd. (Petersburg 1893), ferner im Aufsatz von F. Wereńko Przyczynek do lecznictwa ludowego (Materjały antropologiczno-archeologiczne i etnograficzne I). Eine Reihe von Beschwörungsformeln enthält auch V. Dobrovol'skij Смоленский этнографический сборник, Bd. I (Petersburg 1891). Endlich bietet N. Nikiforovskij Простонародные приметы и поверья (Vitebsk 1897) viel Material zur Erklärung derselben. Genauere Literaturangaben enthält E. Karskij Белорусы III 1, S. 57—89; hinzugefügt sei hier noch: N. Poznanskij Заговоры (Petersburg 1917). Vs. Miller Ассирийские заклинания и русские народные заговоры in Русская Мысль 1896 Juli. V. Mansikka Über russische Zauberformeln mit Berücksichtigung der Blut- und Verrenkungssegen Helsingfors 1909. F. Zelinskij О заговорах. Сборн. Харьковск. Истор.-Филол. Общ. X 1897. A. Vetuchov Заговоры, заклинания, обереги и другие виды народного врачевания Warschau 1907. (РФВ.).

II. Kultische Lieder (Обрядовые песни).

Kultische Lieder und verschiedene Gebräuche leben bis heute noch im weißrussischen Volk und sind teilweise auch dem Mittelstande bekannt. Besonders reich an Gebräuchen und den sie begleitenden Liedern ist aber das Leben der Bauern in weit von der Stadt entfernten Dörfern. Die jährlich sich wiederholenden, allgemeinen Feste, wie Christwoche (святки), Butterwoche (масленица), Ostern, Johannistag usw. Auch die Feldarbeiten werden unter verschiedenen Zeremonien und Liedern begangen, aber auch wichtige Lebensereignisse, wie Geburt, Hochzeit, Begräbnis können nicht ohne sie gefeiert werden. Man bringt diesen Liedern sogar eine gewisse Ehrfurcht entgegen: so weigern sich z. B. Sänger, dieselben außer der Zeit vorzutragen, weil sie darin gleichsam eine Sünde sehen. In verschiedenen entlegenen Gegenden werden die Gebräuche bei Hochzeiten, dem erstmaligen Austreiben des Viehs auf die Weide usw. in der Art gottesdienstlicher Handlungen vollzogen.

Die Entstehung der verschiedenen Bräuche und Lieder fällt zweifellos in graue Vorzeit, als der primitive Mensch sich noch die Naturkräfte und -erscheinungen belebt vorstellte und es für möglich hielt, in einen unmittelbaren Verkehr mit ihnen zu treten. Bei Vollziehung einer gewissen Zeremonie ahmte man in gleicher Weise wie bei den Beschwörungsformeln Naturerscheinungen nach, vielleicht in der Absicht, diese willkürlich heraufzubeschwören. Ferner unterliegt es keinem Zweifel, daß in jener ältesten Zeit des menschlichen Daseins die Zeremonie von einem entsprechenden Liede begleitet wurde, das den Sinn und die Reihenfolge der einzelnen Handlungen erklärte oder vielleicht sogar einen lyrischen Anruf der Gottheit enthielt, deren Ehrung man beabsichtigte. Durch die Zeremonie erhielt das Lied eine gewisse Starrheit und konnte sich in Verbindung mit jener jahrhundertelang erhalten. In einem spätern Entwicklungsstadium erweiterte der primitive Slave den Kreis der alten Naturgottheiten durch neue, wie z. B. den Schutzgott des häuslichen Herdes, ferner, als der Ackerbau an Umfang zunahm, durch den Getreidekult. Auch verschiedene Ereignisse des öffentlichen und des Familienlebens boten Anlaß zu neuen Zeremonien und den sie begleitenden Liedern. Gleiches läßt sich auch über die Feldarbeiten und den Schutz des Hausviehs vor Krankheiten und Unglücksfällen behaupten. Da sich diese Anlässe in bestimmter Reihenfolge wiederholten, verteilten sich auch die heidnischen Zeremonien auf gewisse Zeiten, sozusagen auf die Volks- und Familienfeste. In der Weltanschauung des Primitiven war die Sonne die wichtigste Gottheit. Aus diesem Grunde bildete die Zeit ihres Todes und Wiedererwachens die Grundlage für die heidnischen Feste. Diese gruppierten sich hauptsächlich um die Winter- und Sommersonnenwende; der ersteren gab man den Vorzug, weil es die Zeit ist, die dem Sommer entgegengeht, weil dann die Sonne stärker zu wärmen beginnt und dadurch die Natur wieder belebt. Die winterliche Sonnenwende fand am 22. Dez., nach Einführung des Julianischen Kalenders am 24.—25. Dez. statt. In diese Zeit fiel wahrscheinlich das Kol'adafest. Die Sommersonnenwende (um dieselben Monatstage im Juni) wurde unter dem Namen Kupalo gefeiert. Auch die zwei Tag- und Nachtgleichen, im Frühling und Herbst, fanden einen Widerhall in den Volksliedern und -festen. Hierbei darf nicht vergessen werden, daß man den Frühling seit den ältesten Zeiten für den Jahresanfang hielt und erst in christlicher Zeit den Jahresbeginn in den Herbst verlegte.

Außer den eben genannten Hauptfesten gab es noch eine Reihe anderer. Auch an solche Ereignisse wie Geburt, Hochzeit, Begräbnis knüpften sich Zeremonien und Lieder.

So lagen die Dinge in der heidnischen Zeit. Mit Annahme des Christentums verloren die alten heidnischen Gebräuche allmählich ihre ursprüngliche Bedeutung, lebten aber trotzdem fort. Das an die Zeremonien gebundene Lied wurde unverständlich oder man legte ihm einen anderen Sinn unter, der mit dem neuen Glauben im Einklang stand. Heidnische und christliche Weltanschauung kämpften miteinander, es war gleichzeitig ein Kampf der Volksdichtung um ihre Existenz. Immer tiefer drangen die neuen Lehren in das Volksleben ein und bemächtigten sich sogar der Gebräuche und Lieder. Aus diesem Grunde enthalten sie heute eine Unmenge von christlichen Elementen, wie Erwähnung der Heiligen, Gottes, Jesu Christi, der Gottesmutter, christlicher Motive (Sterne, drei Könige zu Weihnachten statt des früheren Gesanges von Kol'adaliedern). Unter Einfluß des Christentums verknüpfte man die heidnischen Feiertage mit wichtigen christlichen Ereignissen: Kol'ada mit der Geburt Christi, Kupalo mit dem Tage Johannes des Täufers, die Frühlingsfeste mit Ostern und Pfingsten usw. Erwähnt werden muß ferner, daß in Rußland das Neujahrsfest dreimal verlegt wurde (März — September — Januar); gleichzeitig mit ihm kamen auch die Neujahrswünsche enthaltenden Lieder in eine andere Jahreszeit, die ihren Eigenarten nach der vorhergehenden nicht entspricht. Lieder, die vielleicht für den März oder September bestimmt waren, wurden nunmehr Ende Dezember gesungen. Auch die Fastenzeit wirkte zersetzend auf die Gebräuche ein. Unter Einfluß des Christentums wurden aber nicht nur die heidnischen Feste auf die christlichen verlegt, sondern auch die Erwähnung heidnischer Gottheiten kam in Fortfall. Nur harmlose Epitheta wie Kupala oder Festbezeichnungen z. B. Kol'ada sind zum Teil in den Liedern erhalten. Reste altheidnischer Vorstellungen liegen den Kostümierungen von Menschen, Puppen, Bäumen usw. zugrunde, die die Epitheta der Gottheiten personifiziert vorstellen sollen.

Abgesehen vom Christentum wirkten auch andere Faktoren ändernd und zersetzend auf die alten heidnischen Gebräuche ein, und zwar waren es die besonderen Lebensumstände, denen die einzelnen russischen Stämme sich mit der Zeit unterwerfen mußten. So lebte West- und Südrußland seit dem 14. Jahrh. unter anderen Bedingungen als der Nordosten: es stand unter dem Einfluß seiner Nachbarvölker, der Polen und Litauer. Natürlich erstreckte sich dieser Einfluß auch auf die kultischen Lieder. Im Laufe der Zeit änderte sich der Charakter der heidnischen Feste, das Verhältnis von Zeremonie, Spiel und Lied, den Begleiterscheinungen des Festes zueinander, wird gestört. Das Lied hört auf, die Zeremonie zu erklären, es hört auf deren Bestandteil zu sein, wie etwa das Gebet oder die Beschwörung. Spiele und Tänze, die früher an bestimmte Lieder gebunden waren, verlieren den Zusammenhang mit der Zeremonie. Die Bedeutung der verschiedenen Gebräuche gerät immer mehr in Vergessenheit, und man beginnt in dem früher dazugehörigen Liede nur einen Zeitvertreib zu sehen, ja häufig sogar einen nicht für Erwachsene, sondern für Kinder bestimmten. Einige dieser Lieder können allerdings auch jung sein: die Namen der heidnischen Feste, Epitheta der Götter, wie auch einige Züge des Heidentums sind vielleicht aus anderen Liedern übernommen.

Durch die Verschmelzung verschiedener Lieder wurden natürlich einzelne, mit der Zeit unverständlich gewordene Wörter, aber auch ganze Wendungen und Darstellungen verstümmelt. Besonders schlecht erhalten sind die Refrains einiger Lieder mit did, lada, lel'a, lalym, laly moj usw., die wohl unter dem Einfluß des kirchlichen Halleluja entartet sind.

Als die alten heidnischen Gebräuche und Lieder entstellt waren, mußten sie natürlich immer mehr in Vergessenheit geraten, wenn auch nicht beim ganzen Volksstamm, so doch bei einem Teil desselben. So sind z. B. die Kol'ady bei den Großrussen wenig verbreitet; auch die Kupalalieder fehlen ihnen fast ganz; ihre Frühlingslieder (веснянки) sind weniger poetisch als die der Weiß- und Kleinrussen; dafür kommen aber andererseits die für die Großrussen charakteristischen Bylinen (старины) bei den Weißrussen nicht vor.

Nach Verdrängung der heidnischen Anschauungen durch die christlichen konnten unter Beibehaltung der früheren Stilmittel neue Lieder nach dem Vorbilde der alten entstehen, jedoch mit christlicher Grundlage, in christlichem Milieu. Selbst die alten Feste werden beibehalten; es knüpfen sich an sie aber bereits neue Lieder mit christlichem Inhalt, die mit der Zeit den heidnischen Charakter der Feste ganz verwischen. Alt ist in diesen Liedern nur der Aufbau. Viele ihrer Züge lassen sich daher häufig nur durch das Christentum erklären, nicht aber durch alte, mythische Anschauungen. Zieht man ferner in Betracht, daß Zeitvertreib und Belustigungen der unteren Schichten durch die oberen beeinflußt sind, die ihrerseits vieles, teilweise durch Lektüre von anderen Völkern übernommen haben, so ist es verständlich, daß auf die russischen Gebräuche und Lieder auch byzantinische und westeuropäische Literatur eingewirkt hat.

In der weiteren Behandlung der kultischen Dichtung soll unter anderem auf folgende volkskundliche Werke verwiesen werden: P. Bezsonov Белорусские песни Moskau 1871; P. Šejn Белорусские песни in Записки Русск. Геогр. Общества V Petersburg 1873; ders. Материалы для изучения быта и языка русск. населения Северо-Западного края Petersburg 1887—90 Bd. I, 1 und 2; Jul. Kračkovskij Быт западнорусского селянина Moskau 1874; A. Dembovеckij Опыт описания Могилевской губ. I Mogilev 1882; V. Dobrovol'skij Смоленский этнографический сборник II, Petersburg 1894; E. Romanov Белорусский сборник Lief. I—II Kiev 1886, Lief. VIII—IX Wilna 1912; ders. Материалы по этнографии Гродненской губ. Lief. I—II Wilna 1911—1912; N. Nikiforovskij Простонародные приметы Vitebsk 1897; A. Potebn'a Объяснение малорусских и сродных народных песен I Warschau 1883, II 1887; A. Veselovskij Разыскания в области русского духовного стиха VII, XIV u. a. (= Сборник XXXII f.); E. Aničkov Весенняя обрядовая песня на Западе и у славян I Petersburg 1903 (= Сборник LXXIV) II Petersburg 1905 (= Сборник LXXVIII); N. Sumcov Культурные переживания Kiev 1890; P. Vladimirov Введение в историю русской словесности Kiev 1896.

1. Kultische Lieder der verschiedenen Feiertage.

a) Weihnachtsbräuche und Lieder.

In den meisten Gegenden beginnt das Kol'adafest am Heiligen Abend und dauert bis zum Vorabend des Epiphaniasfestes. Die Großrussen nennen diese Zeit sv'atki, die Weiß- und Kleinrussen kol'ady, wobei die einzelnen Abende ščedry genannt werden; daher heißen die während dieser Tage üblichen Lieder kol'adki oder ščedrovki.

Wie es aus dem Stoglav (Kap. 41 und 92) und dem Sendschreiben des Patriarchen Filaret Nikitič (1628) hervorgeht, war das Kol'adafest in ganz Rußland seit alters her bekannt. Infolge strenger Verfolgungen von seiten der Kirche sind bei den Großrussen die Zeremonien und Lieder in Vergessenheit geraten. Dagegen haben sie sich bei den Weiß- und Kleinrussen in ihrem ganzen Umfange bis auf heute erhalten, nur daß die kol'adki mit den ščedrovki vermengt werden und die Weißrussen mit dem Singen der kol'adki nicht am Heiligen Abend, sondern erst am ersten Feiertage beginnen. Das Fest selbst beginnt aber auch bei ihnen am Heiligen Abend mit der kuc'c'a, einem Fastenessen am Abend, das sich durch seine Reichhaltigkeit an Speisen auszeichnet. Die wichtigste, ja obligatorische Speise, der auch der Tag seinen Namen verdankt, heißt gleichfalls kuc'c'a, ein Brei aus Honigwasser und Gerste, der in der Handramme gestoßen ist. Überall findet man auch verschiedenes Gebäck aus Gerstenmehl (Piroggen, Pfannkuchen usw.). Der Abendbrottisch wird gewöhnlich mit etwas Heu bedeckt. In einigen Gegenden wird auf die Bank unter den Heiligenbildern eine ungedroschene Roggen- oder Weizengarbe gelegt, die dort bis Neujahr verbleibt. Ferner kommt auf den Tisch über das Heu noch ein Tischtuch, vor den Heiligenbildern wird das Lämpchen oder eine Kerze angezündet und alle setzen sich dann zum Essen nieder. Während des Abendbrotes (вечéра) wird gewöhnlich über die künftige Witterung und Ernte gewahrsagt. Nachdem der Wirt den ersten Löffel von der kuc'c'a genommen hat, schlägt er mit der Faust an die Wand und wendet sich an den Frost mit folgenden Worten: „Мороз, мороз, ходзи куцьци есьци! штоб ты не морозиў ячменю, пшаницы, гороху, сочевицы, проса и гречки и ўсяго, што мне бог судзиць посеяць“. Mit einer ähnlichen Bitte ruft darauf die Wirtin den Frost an und zählt Gemüsearten auf (Šejn M. I 1, 47). Einige Heugräser werden dann unter dem Tischtuch herausgezogen und es wird auf das Gedeihen des Flachses gewahrsagt oder man nimmt aus der Garbe eine Ähre: ist sie gefüllt, so sind die Ernteaussichten im kommenden Jahre gut. Die gleiche Kuc'c'a gibt es auch am Vorabend des Epiphaniasfestes. Übrigbleibende Körner werden für die Hühner hingestreut, damit sie mehr Eier legen, das Heu gibt man dem Vieh, damit es gesund bleibt. Mit dem Stroh der Garbe werden die Bienenkörbe und Fruchtbäume bewickelt, weil man annimmt, daß dadurch die Ernte besser wird (Rom. Мат. Гродн. I 40).

In Südweißrußland findet man noch hin und wieder folgende Sitte (die Kleinrussen haben sie am Silvesterabend); nach dem Abendessen stehen alle vom Tische auf, der Wirt setzt sich in die Ecke unter die Heiligenbilder, seine Frau setzt sich ihm gegenüber und fragt: „Чи бачишь ты мене?“ Er antwortet: „Не бачу!“ — „Каб же ты не бачиў за стогами, за копами, за возами, за снопами свету!“ Darauf fragt der Wirt seine Frau: „Бабо! чи бачишь ты мене?“ — „Не бачу.“ — „Каб же ты не бачила за гурками, за гарбузами, за капустою, за бураками свету“ (Šejn M. I 1, 47).

Am Weihnachstage beginnen die Umzüge, das sogenannte kol'adovanije. Scharen von Kindern und Erwachsenen bleiben an den Fenstern stehen und bitten um die Erlaubnis zum kol'adovanije. Darauf singen sie Lieder, in denen gewöhnlich der Wirt, die Wirtin und deren Kinder gepriesen werden und die Bitte vorgebracht wird, man möge ihnen doch Wurst und Geld schenken; über sich selbst sagt man etwas Humoristisches, wie z. B.:

Пошла коляда колядуючи,
Да за ею хлопчики жебруючи;
Пошла коляда по леду,
Рассыпала коляду. (Зап. V 236.)

Der besungene Wirt, sein Haus usw. werden in einen Idealzustand erhoben: zur Weltbedeutung, sogar Verwandtschaft mit Gott, zu hoher gesellschaftlicher Stellung, Reichtum, Tugend, Mut, Schönheit u. ä. Diese Preisungen sind aufrichtig gemeint und entbehren vollkommen der Falschheit. Gleich den Beschwörungsformeln beruhen sie auf dem Glauben an die Macht des Wortes. Alles dasjenige, was man für das kol'adovanije erhält, Wurst, Fett, Geld usw. (gewöhnlich gibt man es derjenigen, die den Sack trägt) wird unter allen Sängern verteilt.

Am Silvesterabend findet eine reichliche kuc'c'a statt. Auch an sie knüpfen sich verschiedene Gebräuche und Sitten, die ursprünglich wahrscheinlich für eine andere Zeit bestimmt waren. Dieses Abendessen (вечépa) ist vorwiegend sehr üppig: da man von der Menge der Speisen auf den Wohlstand im anbrechenden Jahre zu schließen pflegt. Man gibt recht viel Fleischspeisen, in einigen Gegenden sind Schweinsköpfe obligatorisch (Зап. V 343), es werden Bliny und Piroggen gebacken.

In Weißrußland und einigen anderen Gegenden herrscht die Sitte, sich am Kol'adatage zu verkleiden. So lieben es die jungen Burschen, sich zottige Tierfelle anzulegen und die Tiere nachzuahmen: sie führen dabei Ziegen, Bären, Kraniche mit sich. In den altrussischen Sprachdenkmälern läßt sich diese Sitte bis ins 11. Jahrh. verfolgen („москолудство“ bei Luka Žid'ata, „тур-сатана“ bei Innokentij Hizel').

Einen solchen Verlauf nimmt das Kol'adafest bei den Weißrussen; ähnlich wird es auch von den anderen Slaven, ja sogar von nichtslavischen Völkern gefeiert. Viele Züge der Kol'adazeremonien hat A. Veselovskij im 7. Kap. seiner Разыскания в области русского духовного стиха erklärt. Er stellt darin fest, daß die entsprechenden rumänischen und griechischen Feste hinsichtlich der Zeremonien und Liedermotive viel Gemeinsames mit den slavischen aufweisen und erklärt dieses durch gleiche, ihnen zugrunde liegende naturalistische Anschauungen. Dabei wird aber an der Möglichkeit festgehalten, daß es sich um eine alte kulturelle Beeinflussung der Völker handeln kann, der zu verschiedenen Zeiten sogar neue Gebräuche unterlegen sind. In einigen Fällen dürften es wohl Reste allgemeiner primitiver Anschauungen sein, die sich zum Teil noch auf indogermanischem Boden entwickelt haben.

Der Festname kol'ada selbst hängt zweifellos mit lat. calendae, griech. καλάνδαι zusammen, den Slaven, Rumänen und Albaner aus gleicher Quelle entlehnt haben. Dieser Name ist ein Rest jener heidnischen Feste, um derentwillen Christen von der Kirche verfolgt wurden, weil sie sich dann Vergnügungen und Spielen hingaben, Calendae-Lieder sangen, sich verkleideten, unter anderem auch als Tiere. Nach den Untersuchungen von A. Veselovskij gehen die Calendae, Vota und Brumalia auf Feste zu Ehren des Dionysos zurück. Man feierte die Calenden, den ersten Tag eines jeden Monats; durch besondere Feierlichkeiten und Gelage zeichnete man aber die Calenden des Januar, den Jahresanfang, aus. Jenes Fest nahm bereits im Dezember seinen Anfang. Von seinen Bräuchen verdienen hauptsächlich Beachtung solche wie: Ferkelschlachten, Bewirtungen, Geschenke, Spiele usw. Besonders lustig verbrachte man die Zeit vom 1. bis zum 5. Januar: man glaubte ja, das Leben im kommenden Jahre nehme den gleichen Verlauf wie an diesen ersten Tagen des neuen Jahres. Unter Einfluß des Christentums wurde allmählich die heidnische Neujahrsfeier durch einen neuen Festzyklus, die Weihnachtszeit, verdrängt, die heidnischen Traditionen durch christliche, die alten Verkleidungsbräuche und Spiele durch Umzüge mit weissagenden Königen und Sternen.

Dem Brauch der Verkleidung zum Kol'adafest und der Sitte, Ziegen, Bären, Kraniche und andere Tiere mit sich zu führen, liegt ein heidnischer Brauch zugrunde. Die Vertreter der mythologischen Schule (z. B. O. Miller Опыт истор. обозрения русской словесности [2] 38) sehen darin teils Hinweise auf die winterliche Umgestaltung der Natur, teils auf den Besuch der von den Primitiven in Tiergestalt gedachten Götter bei den Menschen.

Das Vorkommen von Schweinefleisch und Würsten auf dem Kol'adafest hängt mit der Ferkelschlachterei bei den Saturnalien zusammen. Auch dieses Fest feierte man früher ungefähr um die gleiche Zeit. Die Mythologen führen diese Sitten des Kol'adafestes auf ehemalige Opferdarbringungen an die lichtspendende Gottheit (Freyr) zurück, der das Schwein geweiht war. Heute noch kommt in russischen Märchen das Schwein als Personifikation der Sonne vor (свинка — золотая щетинка). Allerdings kann das Essen von Schweinefleisch zu Weihnachten in Weißrußland auch durch die Wirtschaftsverhältnisse erklärt werden, weil es dort um jene Zeit kein anderes Fleisch gibt.

Die Grütze, kuc'c'a, zu Weihnachten und bei anderen Gelegenheiten (Hochzeit, Taufe, Begräbnis) geht auf die heidnische Sitte zurück, die Götter des Ackerbaues und der Viehzucht mit dieser Speise zu füttern. Auf jeden Fall war es eine Opferspeise wie auch das bei der Kol'adazeremonie gleichfalls vorkommende Brot; mitunter legte man dieses sogar auf die kuc'c'a. (Šejn M. I 1, 44).

Bei den Kol'adazeremonien spielt ferner Korn eine Rolle. In Kleinrußland, hin und wieder auch in Weißrußland, streuen Kinder, wenn sie ihre Glückwünsche vorbringen, verschiedenes Korn (Rom. VIII 126) mit den

Worten: „Радзи Божа, жыта-пшаницу, ўсякую пашницу.“ Unter die Heiligenbilder legt man eine ungedroschene Garbe, in die Körbchen mitunter auch einzelne Körner. Man darf annehmen, daß sich hier das Korn auf die Fruchtbarkeit bezieht.

Im gleichen Verhältnis zu Ernte und Ackerbau steht die Sitte, sich hinter Piroggen (Pastetchen) zu verstecken, die auch bei den Serben in der Herzegowina verbreitet ist. Früher muß sie gleichfalls den anderen Slaven bekannt gewesen sein. Jedenfalls berichtet Saxo Grammaticus (12. Jahrh.), daß man in Arcona zum Swantevitfest einen großen Honigkuchen gebacken hatte, hinter den sich ein Wahrsager versteckte und dem Volk eine noch bessere Ernte wünschte als im Vorjahre.

Ferner herrscht bei den Slaven, teilweise auch bei den Nichtslaven die Sitte, in der Nacht vor Weihnachten Feuer anzuzünden, zweifellos um dadurch auf die Wiedergeburt des himmlichen Feuers, die Sonne, hinzuweisen. Vielleicht geht das Anzünden von Lampen und Kerzen bei den Weißrussen auf diese Sitte zurück. Natürlicher wäre es aber, hierin einen Einfluß der christlichen Kirche zu sehen.

Durch christlichen Einfluß muß man auch die Verwendung von Heu und Stroh auf dem Abendbrottisch am Vorabend des Weihnachtsfestes erklären. Es soll eine Erinnerung an die Krippe sein, in die das Jesuskind gebettet wurde.

Gewahrsagt wird in der Weihnachtszeit auch hinsichtlich der Getreide- und Grasernte, so meint man z. B., daß am Peter- und Paulustage stets die gleiche Witterung sei wie einige Tage vor Neujahr; ist der Himmel am heiligen Abend sternklar, so wird sich das Vieh gut vermehren, die Beeren- und Pilzernte wird reichlich sein usw. Alle diese Wahrsagungen stützen sich auf die Bildung von Kategorien der Kausalität aus dem Verhältnis, wenn auch nur einem scheinbaren, der Gleichzeitigkeit, Konsequenz und Analogie. Mit dem üblichen Terminus würde man es als post hoc, ergo propter hoc ausdrücken. Die verschiedenen, an Wahrsagungen geknüpften Wünsche beruhen auf dem Glauben an die Kraft des Wortes.

Die Motive der Weihnachtslieder (колядки und щедровки) gehören alle einem bestimmten Gebiet an. Eine Scheidung zwischen diesen beiden Liedergattungen läßt sich bei den Weißrussen weder hinsichtlich des Versmaßes noch des Inhalts durchführen. Übrigens werden die Kol'adki häufiger von Erwachsenen gesungen, während Kinder und junge Frauen den Ščedrovki den Vorzug geben. Zum Teil werden die Motive der Kol'adki von den Weißrussen in den Osterliedern, den Voločebnyje, weitergeführt. An dieser Stelle sollen die Motive der weißrussischen Kol'adki und Ščedrovki gemeinsam behandelt werden.

Vor allen Dingen ist die Verherrlichung des Wirtes, der Wirtin und ihrer Kinder zu erwähnen; die Schilderung ihres Reichtums ist dabei besonders eingehend; der Wirt und seine Familie werden als Sonne, Mond und Sterne gepriesen. Vom Wirt heißt es, er habe einen:

Богатый двор, зялезцый тын,
Зялезный тын, мядвяны воротцы,
Защепочка точеная поволоченая.

Es kommen zu ihm die Kol'adasänger und bitten ihn, aus dem Fenster zu sehen. Dabei erweist es sich, daß auf seinem Hofe drei Paläste (Var. drei Fenster im Palast) stehen:

У пярвом циряму — свицёл месяц,
У другом циряму — ясна соўнушка,
А ў трецьцим циряму — частыи звёздычки.
Свицёл месиц — хазяин в даму
Ясна сонца — хазяюшка,
А частыи звёздычки — малы дзетушки.

(Зап. V 327 Rom. VIII 116.)

In den verschiedenen Kol'adki geht die Beschreibung vom Hof und Palästen in den Einzelheiten auseinander. Die Zahl der Säulen ist verschieden; von der Torschwelle wird gesagt, sie sei aus Elfenbein (Зап. V 360). Ähnliche Schilderungen finden sich in den kleinrussischen Kol'adki und den serbischen Volksliedern. In der Darstellung des Hofes erinnern die weißrussischen Kol'adki an die Bylinen von D'uk Stepanovič; daher geht diese wahrscheinlich auch auf die gleiche Quelle zurück, nämlich auf das Sendschreiben des Presbyters Johannes (12. Jahrh.) über die Wunder des Indischen Reiches. Die Schilderung der Paläste in den Kol'adki ist dieselbe wie in den obengenannten Bylinen und wie in denjenigen von Solovej Budimirovič. „На небе солнце — в тереме солнце" erinnert an Wendungen bei Homer, die in literarischer Bearbeitung im Laufe des Mittelalters vielleicht auch nach Rußland gekommen sind und dort Architektur und Dichtung beeinflussen konnten.

Literatur: A. Veselovskij Южнорусские былины, III—XI, 172 u. a. A. L'aščenko Былина о Дюке Степановиче (Известия ОРЯС., XXX).

Für die Anrede des Wirtes:

А ци спишь, ци ляжишь, пан хазяин?
Кали ш ты спишь, то спи здароў,
А кали ня спишь — атапры вакно...

(Rom. VIII 114)

findet man Parallelen bei den anderen Slaven, z. B. den Bulgaren:

Станенйне, господйне
Тéбе пеіем, домакине,
Добрй сме ти госкье дошлй,
Добър сме ти глас донéли...

(Сборн. за нар. ум. I 2, 2.)

Auch bei den Serben:

Добар вече, коледо! домаћине, коледо!

Ferner in den mährischen Kol'adki:

O spiš — 'i tu, hospodaři, či čuješ?
Či — 'i nam ty koledničku hotuješ?

(Potebn'a 71, 73.)

Alles dieses beweist das hohe Alter solcher Lieder.

Darauf fordern die Kol'adasänger den Wirt auf, durch das Fenster die drei ihm von Gott gesandten Freuden zu sehen:

Ў твоим доми — дробны дзетки,
Ў твоим оборы — волы, коровы,
Ў чистом поли — буйна жита...
(Šejn M. I 1, 81.)

Gleiches findet sich auch bei den anderen Slaven. Bemerkenswert ist, daß in diesen Kol'adki nicht der Winter, sondern der Sommer, nicht die Nacht, sondern der Tagesanbruch geschildert wird.

Die in dieser Kol'adka nur allgemein gegebenen Gedanken werden in den anderen gewöhnlich bis in die Einzelheiten entwickelt. So heißt es, der Wirt habe vollen Erfolg in der Landwirtschaft; er habe: сохи золотые, подсошники медзяные, палицы серебряные, поводки шоўковые (Šejn M. I 1, 61). Da Gott selbst mit Hilfe der Heiligen bei ihm pflüge, seien die guten Ernten verständlich. Besonders sei der heilige Elias (Il'la) um ihn besorgt.

Ходзя Илья на Василья,
Нося пугу плецяную, дроцьвяную.
Гдзе пугой махне, там жито расьце,
Гдзе ни бывае, там вылегая.
(Rom. I—II 447.)

In allem hat der gepriesene Wirt Erfolg: die Rinder- und Pferdezucht gedeiht bei ihm, viele Bienenschwärme fliegen ihm zu usw. Doch die Kol'adasänger preisen nicht nur das Glück des häuslichen Lebens, ihre Wünsche gehen darüber hinaus, sie wollen den Wirt als Richter sehen (Šejn M. I 1, 64). Ja in ihren Glückwünschen versteigen sie sich sogar zu der Behauptung, Jesus selbst halte für ihn Gottesdienste ab und bete für ihn (Rom. VIII 119); doch nicht genug damit, Gott, Petrus und Elias kommen zu ihm zu Gast (ib. 112). In einigen Kol'adki besuchen ihn ferner жарка соняйка, ясян месячка und дробян дощик (Radčenko 115 Nr. 13).

Aus dem Inhalt ist ersichtlich, daß diese Lieder ihrem Kern nach sehr früher Entstehung sind. Es finden sich darin primitive Züge (Sonne, Mond, Sterne), mitunter sehr alte Entlehnungen (als Parallele für den goldenen Pflug könnte man auf die von Herodot IV 5—7 angeführte skythische Legende verweisen), aber auch christliche Bestandteile, teilweise sogar recht junge (Richter); ferner begegnet man darin Schichtungen, die im weißrussischen Volksleben wurzeln (Gott wird mit Schnaps bewirtet: Перед Господом зелено вино Radčenko 116).

Lieder zu Ehren der Wirtin gibt es verhältnismäßig wenig. Es heißt darin, sie sei bei der Arbeit sehr geschickt; sie habe soviel Geld, daß man dafür ganze Städte kaufen könne (Šejn M. I 1, 80), sie teile die Arbeit gut ein und sei natürlich sehr schön.

Der Wirtssohn ist ein ausgezeichneter Jäger, der ein jedes Tier erlegen kann. Geschont werden von ihm nur solche, die ihm bei der Brautwerbung nützlich sein könnten (РФВ. XXI 246). Er selbst versucht sich seine Braut zu erringen. Früh am Morgen weckt er seine Brüder und reitet zur Jagd:

На 'блаву едзьця кунаў сачици,
Кунаў сачици, дзевок свcaptаци.
Вам, братцы, куна, куна ў дзерави,
Мне, братцы, дзеўка, дзеўка ў церями.
(Rom. VIII 113.)

Bei der Brautwerbung nennen die Starosty die in Frage kommende Jungfrau gewöhnlich Marder (куница). Ebenfalls in lettischen Liedern wird die einem Manne vom Schicksal bestimmte Jungfrau Marder genannt. Einen Marder schenkt auch der Bräutigam seinem Schwiegervater für die Braut; hierüber berichten die weißrussischen Hochzeitslieder und die mährischen Kol'adki (Potebn'a 352 f). Früher hieß auch eine besondere Hochzeitssteuer Kunica: „А мировая куница и свадебная имати по шти грошей" (Жалов. гр. Смольнянам кн. Вас. Ив. 1514). Aus dem Gesagten geht hervor, daß die Preislieder mit Erwähnung von Mardern, die eine gewisse Ähnlichkeit mit Hochzeitsliedern haben, in sehr früher Zeit entstanden sein müssen.

Der tapfere Jüngling zieht gewöhnlich selbst aus, sich seine Braut zu holen, mitunter ist er auch bereit, sie sich zu erkämpfen und sie aus der Gefangenschaft zu befreien. Er ist immer tapfer und verfügt über eine gute Bildung.

Hochzeitsliedern ähnlich sind auch die Kol'adki zu Ehren der erwachsenen Tochter des Wirtes. Aber auch die kleinen Kinder werden mit Liedern bedacht.

Hin und wieder finden sich in den Kol'adki auch epische Motive. Zweifellos sind einige Bilder dem Kriegsleben entnommen. So wird in einer Ščedrovka (Rom. I—II 447) z. B. erzählt:

Ой бегла, бегла сторожа с поля,
Да и ўдарила пикой ў вороты...

Die näheren Einzelheiten der Aufregung enthält ein anderes Lied: Türken und Tataren haben die Braut des Helden gefangen genommen (Rom. VIII 117). Sein Pferd erinnert daran, wie sie gemeinsam im Türkenlande waren, und die Pfeile hinter ihnen wie Donner rasselten „за нами кули поле орали" (Šejn M. I 1, 85). Diese Bilder erinnern an die застава богатырская (сторожа ‚Wächter') der Bylinen und stellenweise an das Igorlied, das auch vom Säen der Pfeile und Pflügen der Erde mit Lanzen erzählt.

Schließlich begegnet man in einer ganzen Reihe von Kol'adaliedern religiösen Motiven. In den meisten Fällen werden diese Motive wohl von den südwestlichen Nachbarvölkern (Griechen, Rumänen, Südslaven) übernommen worden sein, viele können aber auch auf russischem Boden unter Einfluß von nicht ganz verstandenen Evangeliengeschichten entstanden sein. Die größte Rolle kommt aber wohl den Apokryphen zu.

Die sog. Святки, die Zeit von Weihnachten bis zum Epiphaniasfest am 6. Januar (крещенье) boten selbstverständlich am meisten Stoff für die колядки, der mit dem Sinn beider Festtage zusammenhing. Aber dazu kamen auch andere Stoffe, die sekundär damit verknüpft wurden: von der Geburt und Taufe des Heilands ging die колядка konsequent zu der Leidensgeschichte Christi über, indem sie den ganzen Zyklus biblischer Erzählungen und Apokryphen vom Leben Christi umfaßte. Ein beliebtes Motiv ist die Taufe Christi, die man unmittelbar nach der Geburt Christi ansetzt. Man meint von der Taufe, daß sie bereits am Jesuskinde vollzogen worden sei. Als ganz selbstverständlich wird die Teilnahme der Gottesmutter an dieser Handlung angenommen. Ferner wird Jesus von seiner Mutter, der er im Tempel abhanden gekommen war, gesucht; schließlich erzählt man sich von der Verfolgung Christi durch die Juden und von seinem Tod (vgl. Šejn M. I 1, 56). Diese Motive werden in den Kol'adki bis in die Einzelheiten ausgearbeitet.

Häufig werden in der Weihnachtszeit auch verschiedene Spiele gespielt, zu denen man bestimmte Lieder singt. Genannt werden müssen hier die Spiele Цярэшка und Ящур. Zum ersten wird z. B. gesungen:

Цярешка волочицца:
Яму жаницца хочецца,
Волочицца, выглядаиць:
Кого-то ён поймаиць... (Šejn M. I 1, 105.)

In dem Liede, das zum Spiele Ящур gesungen wird, heißt es, daß dieser in einem Nußbaum sitzt und Heiratsgedanken hat:

Бяры сабе, Ящур,
Бяры сабе дзеўку,
Ой за белу руку,
За мезиный палиц,
За залатый персцинь.
Ладу, ладу! (Rom. VIII 125.)

Alle Lieder, die zu diesen Spielen gesungen werden, beziehen sich auf das Heiraten.

Überhaupt begegnet man in den verschiedenen Spielen Spuren primitiver Weltanschauung; man behauptet, diese Spiele und Lieder seien früher ernst genommen worden und erst nach Schwund des früheren Glaubens wären sie zu einem Belustigungsmittel herabgesunken. Als Beweis hierfür wird besonders das Spiel „Goldverstecken" (хоронение золота) herangezogen, das den Großrussen, zum Teil den Weißrussen (Bezsonov 82 Nr. 129), Čechen und in etwas veränderter Gestalt (Einbacken in Brot) den Bulgaren bekannt ist. Die Anhänger der mythologischen Schule vergleichen es mit dem himmlischen Gold, der Sonne, die im Winter verborgen ist (O. Miller Опыт[2] 39). Es mag sein, daß hierin irgendwelche Zusammenhänge mit der primitiven Weltanschauung vorliegen, den Sängern sind sie aber nicht mehr bewußt.

Ferner vollziehen sich verschiedene Scherze unter Liedern besonderer Art und Entstehung, so z. B. der Umzug mit einer Ziege. Einen Jüngling verkleidet man mit Hilfe zweier umgekehrter Pelze als Ziege, befestigt an seinem Kopfe Hörner aus Zweigen oder Stroh, versieht ihn mit einer entsprechenden Maske und zieht dann mit ihm von Haus zu Haus. In Begleitung der „Ziege“ befinden sich der „дзед“, „важачий“, eine „цыганка“, dann noch „музыки“, „песельники“.

An ein Fenster kommend, bittet man um die Erlaubnis „погуляць“. Erhält man sie, so geht der ganze Zug ins Haus, und man beginnt dort zum einförmigen Tanz der „Ziege“ in einem Liede zu erzählen, wie man sie gefunden und welche Taten sie vollbracht habe:

Го, го, го коза,
Го, го, го сера!
Гдзе ты хадзила,
Гдзе ты блудзила... (Šejn M. I 1, 93.)

Weiterhin werden die Vorzüge der Ziege besonders in bezug auf die Landwirtschaft gepriesen:

Дзе коза ходзиць,
Там жито родзиць;
Дзе коза хвостом,
Там жито кустом;
Дзе коза ногою,
Там жито копою;
Дзе коза рогом,
Там жито стогом...
(Šejn M. I 1, 91.)

In einigen Gegenden wird in gleicher Weise der Ziegenbock besungen. Darauf werden die Leiden der Ziege geschildert, wie sie von Jägern und Wölfen verfolgt wurde: man wollte sie töten und ihr das Fell abziehen. Noch größere Gefahren drohten ihr aber vom alten Greis, der sie „згубя, шкуру облупя, дуду пошия“. Als die Ziege dieses bemerkte, versteckte sie sich in einem Gebüsch; dort aber wurde sie vom Wolf überfallen. Schließlich wird die Ziege erschossen oder von einem Wolf zerrissen und stellt das Tanzen ein. In Kleinrußland herrscht noch die Sitte, die Ziege wieder zu beleben.

Zur Erklärung der oben besprochenen Belustigung muß folgendes berücksichtigt werden. Im weißrussischen Krippenspiel (der sogenannten betlejka) tritt in einer Szene Anton mit einer Ziege auf. Diese wird störrisch und man muß sie antreiben; dabei beginnt die Ziege sogar ihren Führer mit den Hörnern zu stoßen. Dazu werden mitunter die gleichen Lieder gesungen wie bei dem oben erwähnten Spiel mit der Ziege. Dieses Krippenspiel ist jedoch nicht volkstümlich. Es wird von den Skomorochi gespielt und geht auf den klassischen Mimus zurück. Dort gab es eine Szene, wo der Schauspieler mit einem Bock zu kämpfen hatte. Auf Grund des Gesagten darf daher angenommen werden, daß das Ziegenspiel mit den gekünstelten Vorstellungen der Skomorochi in Verbindung steht. Einige Varianten des Spieles erwähnen sogar die Skomorochi, ferner ein altes Weib, das Lärm geschlagen habe (Šejn M. I 1, 98). Anderseits wird die Ziege mit der Fruchtbarkeit des Bodens und der Ernte in Verbindung gebracht. In diesem Falle erinnern die Lieder an Erntelieder, worin auch Ziege und Ziegenbock erwähnt werden (Šejn M. I 1, 265).

Somit weist die Verkleidung als Ziege, alter Mann usw. darauf hin, daß diese Sitte aus der griechisch-römischen Welt entlehnt ist. Es mag sein, daß diese Sitte in den ziegenähnlichen, satyrischen Gestalten der heidnischen Brumalien ihren Ursprung hat. Außer bei den genannten Völkern kommen solche Verkleidungen auch noch in Norwegen, Dänemark, England und Deutschland vor.

Die Beziehungen zwischen Ziege und Ackerbau beruhen auf der alten mythischen Vorstellung, daß die Seele der Wiese (des Heuschlags und überhaupt der Pflanzen) ein der Ziege oder dem Ziegenbock ähnliches Wesen sei (vgl. die Faune, Silvane); wenn sie von den Schnittern verfolgt wird, verbirgt sie sich im letzten ungebundenen Ährenbüschel, das von verschiedenen Völkern „Ziege" (коза) oder „Ziegenbart" (борода козла) genannt wird. Dieser bei verschiedenen Völkern lebendig gewesene Glaube muß auf das Ziegenspiel eingewirkt haben.

Das Motiv der von Jägern und Wölfen verfolgten Ziege (resp. des Ziegenbockes) erinnert an die klassischen Erzählungen von den Abenteuern des Dionysos in den ersten griechischen Tragödien.

Literatur: Veselovskij Разыскания. Сборник ОРЯС. XXXII.

b) Die Butterwoche (масленица).

In Weißrußland wird die Butterwoche nur wenig gefeiert. Es fehlen jene lustigen Gelage, wie sie bei den Großrussen üblich sind. Selbst die Bliny sind in Weißrußland nicht obligatorisch. In den Polen benachbarten Gegenden herrscht wie in Kleinrußland die Sitte, daß am ersten Montag der Fastenzeit alle Häuser von unverheirateten Burschen oder volljährigen Mädchen aufgesucht werden, wo ihnen ein Klotz angebunden wird. Die Jugend versteckt sich, man sucht sie aber auf und nur durch Loskaufen kann sie sich vom Klotz befreien. So hat sich von den alten Bräuchen der Butterwoche in Weißrußland fast gar nichts erhalten.

Die Lieder der Butterwoche behandeln die gleichen Motive wie die Kol'adki. In den an Großrußland grenzenden Gebieten begegnen wir noch Spuren der alten volkstümlichen Sitten: Butter-, Käsespeisen, lustige Gelage u. dgl. (Зап. V. 352). Die Nähe des Frühlings macht sich aber in den Liedern der Butterwoche im allgemeinen schon bemerkbar. Unter anderem wird der Kummer des unverheiratet gebliebenen Mädchens geschildert, das auf der Straße am Reigen teilnehmen möchte, die Klage der verheirateten Frauen über das schwere Leben in der fremden Familie usw., dieses alles sind aber nicht die eigentlichen Motive der Butterwochenlieder; nur die Ungezwungenheit im Ausdruck kann als Spur des westlichen Karnevals aufgefaßt werden.

Andere Lieder enthalten Motive von Hochzeitsliedern, allerdings mit einigen Andeutungen auf die Verkleidungssitte:

Ня стой, Рожа, с Кузьмом,
Кузьма цябе зражиць...
Ўбраўся Кузёмка
Ў жаноцкая плацьця
Ў дзявоцкая обличча. (Зап. V 355.)

Endlich findet sich eine ganze Reihe von Familienliedern. Sie schildern die Lage der verheirateten Frau: alle verlangen Dienstleistungen von ihr, nur der Gatte sucht ihre Liebe zu gewinnen (Зап. V 337). Besonders schlecht behandelt sie der Schwiegervater, dem sie dafür alles Schlechte wünscht. Mitunter verfährt aber selbst der Gatte streng mit ihr und erlaubt ihr nicht, die Freundinnen aufzusuchen (Šejn I 1, 120).

c) Frühlingsbräuche und -lieder.

Die poesiereichsten Schöpfungen der weißrussischen Volksdichtung sind die Frühlingslieder (веснянки). Man beginnt sie bereits Anfang März zu singen, obgleich es noch die Zeit der großen Fasten ist. Aber erst von Mariä Verkündigung ab (Šejn M. I 1, 125, Rom. VIII 143) fängt man überall in Weißrußland den Frühling zu „rufen" (гукаць) an und fährt darin bis zum Pflügen des Landes fort. Dieses Herbeirufen des Frühlings wird gewöhnlich von erhöhten Orten, sogar von den Scheunen und Hausdächern aus, vorgenommen.

Den Hauptinhalt dieser Frühlingslieder bildet die Gefangennahme des Winters, Herbeirufung des Frühlings und Sehnsucht nach einem guten Sommer:

Благослови, Божа, зиму замыкаци,
Зиму замыкаци, вясну вагукаци...
(Šejn M. I 1, 126.)

In anderen Liedern (Bezsonov 166) heißt es weiter: „На цихоя лето, на ядряно жито... у поли копами, на гумне стогами, на току умолотом, у прудзя намолом, у дзяжи подходом, а ў печи ростом... людзям на здороўя." Mitunter wird noch die Frage aufgeworfen, worauf der Frühling wohl angefahren kommt. Dieser antwortet: на сошке, на бороночке, на овсяном снопу, на ржаном колосу. In dieser Liedergattung finden auch die Vorboten des Frühlings: verschiedene Zugvögel, Schnepfen, Lerchen, Schwalben, Störche, Dohlen, Erwähnung. Häufig wird in den Frühlingsliedern auch der Wunsch ausgesprochen, der Frühling möge den Jungfrauen die Ehe bringen („красным дзеўкам по вяночку"). In einigen Gegenden schichten die Jungfrauen einen Scheiterhaufen auf und zünden ihn an. Am Feuer singt man verschiedene Frühlingslieder (Rom. VIII 143). Diese auch bei den Serben verbreitete Sitte (Milićević Живот срба сељака 95) ist zweifellos sehr alt. So heißt es in der Abschrift der Kormčaja (Nomokanon) von 1282, daß am Abend vor Mariä Verkündigung: передъ храминами своими или враты домовъ своихъ запаливше, перескакають по древнему некоему обычаю.

Von den Frühlingsbräuchen ist noch das Baden am Gründonnerstag (чистый четверг) bis Sonnenaufgang (Зап. V 9—10), ferner das Waschen in den Badstuben bis Tagesanbruch zu nennen (Rom. VIII 153). Am 9./21. März, dem Frühlingsanfang, wird in den Toren des Viehstalls oder der Tenne für die Jugend eine Schaukel angebracht, auf der man sich, um gesund zu bleiben, unbedingt, wenn auch nur ein wenig, schaukeln muß (Rom. VIII 142).

Die Sitte des Frühlingsrufens von erhöhten Orten aus wird gewöhnlich dahin gedeutet, daß die Kultstätten der heidnischen Slaven auf Anhöhen gelegen haben. Das Rufen vom Dache aus, wo Opferdarbringungen ja nie stattgefunden haben können, erklärt sich jedoch einfacher durch den Wunsch, das Lied möge recht weit gehört werden und der Frühling möge sich möglichst bald in der Natur zeigen. Den Worten wird dabei die gleiche Wirkung wie in den Beschwörungsformeln zugeschrieben. Das Anzünden von Scheiterhaufen hatte die Bedeutung der Reinigung; hierher gehört natürlich auch das Baden im Wasser. Diese Sitten haben zweifellos auch dem Tage seinen Namen (чистый четверг) gegeben. Eine Reinigung durch die Luft bezweckt ferner das Schaukeln. Auf der Personifikation des Frühlings beruht die Anrufung desselben als eines lebenden Wesens.

Die allerfrühesten Frühlingslieder handeln von der Begegnung des Winters mit dem Sommer:

Зима в летом сустрекаетца,
Про здоровейко пытаетца...
(Radčenko 1 Nr. 1b.)

Dabei fragt der Winter, warum man den Sommer lobt, dagegen ihn selbst verfluche. Der Grund liegt im verschiedenen Einfluß, den beide Jahreszeiten auf die Natur ausüben. Aničkov (Весен. обряд. песня 291—295) sieht in diesen Liedern einen Reflex des deutschen Streites zwischen Winter und Sommer, der eine lange Literatur von Karl dem Großen an bis auf unsere Zeit hat. Bei einer solchen Erklärung bleibt es jedoch unklar, wie dieses in Polen unbekannte Motiv in den östlichen Teil von Weißrußland gedrungen sein könnte.

In den übrigen Liedern dieser Zeit wird die allgemein belebende Wirkung des Frühlings auf die Natur geschildert, die bei den Menschen und überall in der Natur eine freudige Stimmung hervorruft. Neben Lerchen, Schwalben, Nachtigallen wird darin die struppige Weide, weiße Birke, der Maßholder, das seidige grüne Gräschen — das Wiesenkraut besungen, vor allen Dingen aber die Liebe, die die Jungfrau zum Frühlingsreigen ins Freie treibt (vgl. Rom. I—II 267—268).

Соловей мой, соловеюшко,
Соловей мой, дробна пташунька...
Кому воля, кому волюшка гуляць?
— Дзеўкам воля, дзеўкам волюшка гуляць...

Der letzte Sonntag vor Ostern heißt Verbnica (Palmsonntag). Beim Verlassen der Kirche, häufiger aber noch beim Nachhausekommen schlägt man sich in Weißrußland gegenseitig mit Weidenruten und sagt dazu: „Не я бъю, верба бъе! Хира ў лес, а здароўе ў косьци“ (Rom. VIII 153). Mit Weidenruten schlägt man auch das Vieh in der Meinung, daß man dadurch die Macht der bösen Geister und alle Krankheiten vertreiben könne. Obgleich dieser Brauch auf der bekannten kirchlichen Sitte beruht, ist er seiner Entstehung nach doch sehr alt und soll eine Reinigung bedeuten (Aničkov 327—330).

Darauf folgt das Osterfest (Вялѝкдзень, Вялѝкодне). Der Volksvorstellung nach „spielt" an diesem Tage die Sonne. Wenn der Gesang Христос воскресе erschallt, werden fast überall in Weißrußland Gewehr- und Böllerschüsse abgegeben. In vielen Gegenden schaukelt man zu Ostern und tanzt Reigen.

Früher war die Bezeichnung великъ день für das Osterfest auch in Großrußland allgemein verbreitet („А во велице дни оклички на радуницы, въюнецъ и всякое въ нихъ бесновaние", Stoglav). Sie beruht auf einer apokryphen Erzählung, daß während der ganzen Osterwoche (светлая неделя) die Sonne nicht untergegangen sei. Im 16. Jahrh. mußte sogar Maksim Grek diese Apokryphe widerlegen. Der Glaube, daß die Sonne spiele, ist vielleicht christlicher Entstehung, wird doch in der Kirche zu Ostern gesungen: „днесь изъ гроба, яко отъ чертога, воссия Христосъ". Ferner wird ja auch Christus häufig die Sonne der Gerechtigkeit (солнце праведное) genannt. Das Osterschießen als Ausdruck der Freude aller Christen über das Anbrechen des großen Feiertages ist gleichzeitig ein Überbleibsel heidnischer Anschauungen: durch Lärm glaubte man die unreinen Geister zu vertreiben. Ähnliche Bräuche kommen auch bei anderen Völkern vor (Aničkov 269).

Während der Osterwoche werden in Weißrußland die sogenannten velikodnyja oder vološebnyja Lieder gesungen. Nur die Weißrussen, nicht einmal die Kleinrussen kennen sie. Inhaltlich stehen sie den Kol'adki und Ščedrovki nahe, wenn auch in letzteren die Anteilnahme am Wachsen des Getreides, der Fruchtbarkeit und des Felderschutzes nicht so systematisch unter alle hauptsächlichsten, den Bauern bekannten Heiligen der orthodoxen Kirche verteilt wird; auch fehlt ihnen die leuchtende Charakteristik der Heiligen, wie sie in den Osterliedern gegeben wird. Ferner gehört noch eine ganze Reihe von Liedern zu den velikodnyja im engeren Sinn, die sich aber ausschließlich auf die Ehe bezieht.

Alle diese Lieder werden von den Voločobniki gesungen, diese haben ihren Namen vom Verbum voločicca, 'sich herumtreiben', erhalten:

Ишли-брали вылачобники...
Вылачобники — нымачилися.

In einigen, den Litauern benachbarten Gegenden heißen sie auch lalynščiki oder lalounʼiki (vgl. lit. łałūti). Früher kannte man auch die kukól'niki. Es waren die Nachfolger der Skomorochi. Mitunter nennt man heute auch die Voločobniki — ral'ošniki (d. h. rajošniki, Rom. M. Гр. I 103). Das Singen der Osterlieder geht in gleicher Weise wie zu Weihnachten vor sich. Als Belohnung erhalten die Sänger Speise und Geld. Der Wirt wird gewöhnlich in den voločobnyja Liedern gepriesen, seine erwachsenen Töchter dagegen in den velikodnyja.

Die voločobnyja Lieder beginnen gewöhnlich mit einem Hinweis auf die Zeit des Umzuges (а на перши двень да на Вялигдзень) und der Charakteristik der Sänger (добры молойцы, людзи чэсныя, сыны ацецкия). Sie kommen an das Haus des Wirtes, um ihn zu preisen. Gott selbst zeigt ihnen den Weg und macht Angaben über den Hof (железный тын, шулочки мурованые, верeюшки точеные, вороцики позлаченые, подворотница бела рыббя косьць). Mit einem goldnen Ring klopft man ans Fenster. Der Wirt beeilt sich nicht herauszukommen, da er keine Zeit hat (умываетца, прибираетца, до храму божжаго собираетца). Bis in die Einzelheiten wird seine kostbare Kleidung beschrieben. Er geht in die Kirche und kehrt darauf nach Hause zurück. Ausführlich wird beschrieben, was er bei sich auf dem Hofe und auf den Feldern sieht. Der Herrgott, die Gottesmutter und alle wichtigen Heiligen kümmern sich darum, daß der gute Wirt in allem Erfolg habe. Mit einer Bitte enden gewöhnlich diese Lieder: Любишь госцей — проси ў хату, А ня любишь — одпраўляй борждзей (Šejn M. I 1, 139).

Für die Einzelheiten dieser Lieder gelten die gleichen Erklärungen wie für die Kol'adki und Ščedrovki. Ein Lied muß hier aber besonders hervorgehoben werden. Es beginnt mit den Worten: „Чи не ластоўка ў окно бьецься"... (Bezsonov 8 Nr. 7). Bereits bei den alten Griechen wurde als Frühlingsgruß ein Lied von der Schwalbe als Frühlingsboten gesungen (Aničkov 217).

Auch die eigentlichen Velikodnyja sind den Kol'adki ähnlich, worin die erwachsenen Kinder des Wirtes gepriesen werden. Obgleich die anderen Lieder ihren Themen und Motiven nach gleichfalls einander ähnlich sind, so entsprechen doch die Kol'adki inhaltlich zweifellos am besten den Frühlingsbräuchen. Ursprünglich wurden sie wahrscheinlich von den Russen im Frühling gesungen und erst später auf die Weihnachtszeit übertragen.

Vom zweiten Osterfeiertage ab beginnt man in Weißrußland (besonders im südöstlichen Teil) Reigen zu tanzen (Radčenko XXVII, Rom. VIII 177), während in Großrußland das erst am Sonntage Quasimodogeniti üblich ist. Im Weißrussischen heißen die Reigen корогоды (bereits bei Skorina 16. Jahrh.). Es nehmen daran hauptsächlich Jungfrauen teil. An der Spitze der Reigenlieder, deren die Weißrussen nicht wenige besitzen, steht das Säen der Hirse (сеянье проса), ein allen russischen Stämmen bekanntes Lied. In den vorhandenen Aufzeichnungen (Rom. I—II 435, Radčenko 24) fehlt der Refrain Ой Дид Ладо. Etwa vor vierzig Jahren hörte ich diesen Refrain von einer Analphabetin, einem jungen Mädchen aus Novoselki-Zatrokskija, Gouv. Wilna. Beim Singen dieses Liedes teilen sich die Tanzenden in zwei Gruppen:

А мы лядо копали, копали.
Зелена наша дуброва, дуброва!
А мы просо сеяли, сеяли.
Зелена наша руточка, жовтый цвет!

Das Weitere ist wie bei den Großrussen.

Da auch die anderen Slaven dieses Spiellied kennen, soll hier genauer darauf eingegangen werden. In dem von den Weißrussen schon fast vergessenen Refrain Ой Дид Ладо, Диди Ладу sehen die Anhänger der mythologischen Schule Götternamen. Sie berufen sich dabei auf die Erwähnung des Gottes Lado in der Gustinskaja Letopis' (ПСРЛ. II 257): „Ладо (си естъ Плутонъ), богъ пекельный; сего вѣрили быти богомъ женитвы, веселія, утѣшенія и всякаго благополучія." Wie jedoch seinerzeit Potebńa

(Веснянки 20—38) bewiesen hat, handelt es sich hierbei wohl kaum um Götternamen. Лада „Gemahl" kommt im Igorliede vor, Дид war vielleicht früher das Epitheton irgendeiner Gottheit, z. B. des Daž'bog, für dessen Enkel sich die Russen hielten. Im Liede wird von der Hirsenaussaat gesprochen. Hirse und Gerste sind aber so ziemlich die einzigen Getreidearten, die die alten Slaven kannten. Zieht man noch den oben genannten Refrain dieses Liedes in Betracht, so muß man es für eins der ältesten halten. Außerdem wird darin noch die Wahl der Braut, vielleicht sogar durch Kauf, geschildert.

Im allgemeinen haben die Reigenlieder der Weißrussen einen volkstümlichen Charakter: sie handeln von dem schweren Schicksal des Mädchens, das einen ungeliebten Mann heiraten muß oder der jungen Frau eines alten Mannes, der ihr nicht erlaubt, am Reigen teilzunehmen. Mitunter wird auch das tragische Schicksal eines Burschen geschildert, wie z. B. im Liede:

Ляцела страла да ўдоль сяла!
Убила страла ясна сокола,
Ясна сокола да на выляци,
Добра молоцца да на выязди...

(Rom. VIII 178.)

Die Woche nach Quasimodogeniti (Фомина неделя — Thomaswoche) heißt bei den Russen Radunica, Radonica (vielleicht vom griech. ῥοδώνια, ἡμέρα τῶν ῥόδων[1]) oder mit Volksetymologie Radaўnica (von радоваться, weil sich nach dem Volksglauben die Toten an diesem Tage über die Auferstehung Christi freuen). An diesem Tage gedenkt man von alters her auf den Friedhöfen in Gebeten der Verstorbenen; dann findet dort ein Gedächtnisschmaus statt, zu dem auch die Toten eingeladen werden: „святыи радзицели, хадзице, хадзице к нам есьци, што бог послаў!" Die Stimmung schlägt oft in zügellose Heiterkeit um. Folgendermaßen charakterisiert ein weißrussisches Sprichwort diesen Tag: „На Радоницу до обеда пашуць, па обедзе плачуць, а вечером скачуць". Ihren Gebräuchen nach erinnert die Radonica an die alte Trizna, wie sie im Chronikenbericht über die Rache der Olga geschildert wird. Auf Grund dieser Vereinigung von christlicher Seelenmesse und heidnischer Totenfeier darf man annehmen, daß die Radonica heidnischen Ursprungs ist und mit dem Ahnenkult zusammenhängt. Bei Anbruch des Frühlings will man die Ahnen ermuntern und sie dadurch bewegen, dem Landarbeiter bei der Arbeit zu helfen (Aničkov 298). Daher ist es verständlich, daß die Kirche sich ablehnend gegen die Anrufung der Toten am Radunicatage („окличка мертвых на Радуницу" Stoglav, 25. Frage) verhielt. Neben dem oben angeführten святые родзицели besteht diese Aufforderung bei den Weißrussen noch aus verschiedenen Klageliedern an den Gräbern:

Ах мой же ты дорогéньки!
Да на што ж ты помираў?

[1]) Vgl. Murko, Wörter und Sachen II (1910) 151—152, dagegen Vasmer Roczn. Slawist. V (1912) 123ff., s. auch L. Niederle Živ. st. sl. 292.

Ци ты забыў, як мы летось
Да сюды да разом да приходзили,
Своих мярцоў да поминали? usw. (Šejn M. I 2, 617).

Mit dem Ahnenkult hängt ferner der Navijtag (vgl. abg. навь, got. naus — navis) zusammen, der von den Großrussen am Dienstag der Thomaswoche (vgl. S. 34) gefeiert wird, die Weißrussen begehen ihn (Навское скрисеньне) am Donnerstag der Osterwoche (Nikiforovskij 244 Nr. 1929). In der Laurentiuschronik werden die Verstorbenen als Navje bereits 1092 erwähnt. Auch die Bulgaren kennen diese Bezeichnung.

Nach dem Zeugnis von Sacharov (Сказания русского народа II. Buch VIII 83) findet in der Radunicawoche bei den Großrussen die Anrufung des Regens (закликание дождя) statt. Auch den Weißrussen ist diese Sitte, wenn auch in verdunkelter Gestalt, bekannt, so daß das entsprechende Lied nur in einer Kindervariante erhalten ist:

Идзи, идзи до́жджику,
Зварим табе бо́рщику,
Паставим пад лаўкаю,
Накрыем булаўкаю. (Kračkovskij 97.)

Gleiches bezweckt die serbische Sitte der Dodola.

An den Tag des hl. Georg (Ягорий, Юрий) am 23. April (6. Mai) knüpfen sich gleichfalls einige Bräuche und Lieder, die sich auf Viehzucht und Landwirtschaft beziehen.

1. Überall wird an diesem Tage das Vieh auf die Weide getrieben, meistens zum erstenmal, gewöhnlich mit einer am Palmsonntag geweihten Weidenrute. Dabei beräuchert man mitunter das Vieh mit geweihtem Kraut oder Weihrauch. Vor dem Viehstall wird in einigen Gegenden ein umgekehrter Pelz ausgebreitet, in den man Brot wickelt; bei diesen Gebräuchen spielen auch Eier eine Rolle; man vergräbt sie oder legt sie einfach auf die Schwelle und zwingt das Vieh über sie hinwegzusteigen. Dem Volksglauben nach wird das Vieh dadurch vor wilden Tieren und jeglichem Übel geschützt. Einige Gebräuche dienen Reinigungszwecken. Die Hirten werden mit Käse, Brot, Milch und Eiern bewirtet; manchmal wird dabei die Eierspeise unter Beschwörungsformeln gegen wilde Tiere rings um die Herde getragen. Es mag sein, daß dieses Festessen der Hirten auf die alten Opferdarbringungen zu Ehren des Viehgottes zurückgeht (Aničkov 144). Das erstmalige Austreiben des Viehs auf die Weide am Georgstage beruht auf dem Volksglauben, daß dieser der Schutzheilige des Viehs sei und über die wilden Tiere herrsche. Letztere dürfen nur mit der Erlaubnis des hl. Georg fressen. So heißt es in einem geistlichen Liede über Georg, daß dieser auf einer Fahrt durch das heilige Rußland eine Wolfsherde traf und folgendes zu ihr sagte:

Звери вы, звери серыя,
Разбяжыцеся, равыйдзицеся
Па два, па три, па ядыному,
Пиця же вы, ежця позволёное,
Што хвабрый Ягория вам павволиць ... (Rom. V 314.)

Augenscheinlich ist hierin der hl. Georg an die Stelle irgendeiner heidnischen Gottheit getreten.

2. Ferner ist der hl. Georg der Schutzheilige der Landwirtschaft. Ein Lied lautet z. B.:

Юрий, ўставай рано!
Адмыкай землю,
Выпущай росу
На цеплое лето,
На буйное жито,
На ядренистое,
На колосистое,
Людзям на здороўе.
(Kračkovskij 116.)

Der Tau am Georgstage ist gut für Gesundheit und Landwirtschaft. Über ihn rollen sich daher in einigen Gegenden die Burschen und Mädchen. Einige Lieder dieser Art erwähnen auch noch eine Frau (die Mutter des Georg oder einfach Marija, Morena, bei den Čechen Mořena u. a.), von der Georg Schlüssel nimmt. Offensichtlich handelt es sich hierin um eine Vermischung christlicher Heiliger, ja sogar der Gottesmutter selbst mit heidnischen Anschauungen vom Tode und Winter. An einigen Orten wird Morena in Gestalt einer Strohpuppe im Frühling verbrannt.

3. Die anderen Bräuche und Lieder des Georgtages beziehen sich auf die Heirat der Jungfrauen, stimmen darin also mit den übrigen Frühlings- und Reigenliedern überein. In einigen davon fällt das Bestreben der Jungfrauen und Burschen, sich gegenseitig zu necken, auf:

На горé новы двор.
Разыграўся Юрьяў конь,
Разбиў камянь капытом.
Як у камени ядра нет,
Так у двеўчат праўды нет.

На горé новы двор.
Разыграўся Юрьяў конь,
Разбиў горех копытом.
Як у горесе ядро ёсьць,
Так у дяяцюкоў праўда ёсьць.
(Bezsonov 23 Nr. 35.)

Die Frühlingsreigen dauern bis zum Nikolaustage am 9./22. Mai, der hinsichtlich der Bräuche an den Georgstag erinnert. Auch Mikola wird mit dem Ackerbau in Verbindung gebracht. So heißt es in einem Frühlingsliede:

Святый Юрья з росицаю,
Святая Микола с севалкой у поле...
(Rom. I—II 268.)

Zu dieser Zeit beginnt man mit der Aussaat, das Vieh läßt man nicht mehr auf den Heuschlägen weiden. Die Pferdehirten halten Nikolaus für ihren Schutzheiligen, von diesem Tage an bleiben daher die Pferde nachts auf der Weide. Dem Volksglauben nach schützt die Feier des Nikolaustages vor Hagel. Augenscheinlich sind auch auf Nikolaus Züge einer heidnischen Gottheit, der zu Ehren man die Frühlingsfeste feierte, übertragen worden.

Literatur: A. Kirpičnikov Св. Георгий. A. Veselovskij Разыскания в области дух. стиха II, Сборник ОРЯС. XXI. Aničkov Микола угодник и Св. Николай. Записки Неоф. Общ. при Спб. Университете 1892.

d) Die grüne Woche (зеленая, auch русальная). Pfingsten.

Im folgenden sollen die dem Pfingstfest, in Weißrußland сёмуха genannt, angegliederten heidnischen Feste behandelt werden. Die Gebräuche und Lieder dieser Zeit erinnern an diejenigen des Frühlings: auch sie handeln von Liebe und Ehe. Doch sie weisen daneben gleichfalls eigene Züge auf, z. B. die Vorstellung der Rusalki, zu deren Ehren einige Zeremonien vollzogen und teilweise auch Lieder gesungen werden. Hierher gehören ferner einige mit Pflanzen, besonders aber kleinen Birken zusammenhängende Gebräuche.

Begonnen werden diese Feste mit Seelenmessen. Bereits nach griechischer Anschauung war es den Seelen der Verstorbenen erlaubt, zwischen Ostern und Pfingsten auf die Erde zurückzukehren. Im russischen Volk glaubt man an eine Wiederkehr der Toten in der Woche vor Pfingsten. Um die Toten zu beruhigen und sich der Mithilfe der Vorfahren, der Beschützer ihrer Nachkommen, zu versichern, geht man in der wichtigen Zeit der allgemeinen Blüte auf die Friedhöfe, um ihrer zu gedenken. Diese Sitte ist sehr alt. Vielleicht beziehen sich darauf auch die Andeutungen im Stoglav über die Mißbräuche am Pfingstsonnabend. Bis auf den heutigen Tag werden in Weißrußland die Verstorbenen mit der Mahlzeit „на дзеды" bewirtet, wozu man sie einladet. Nach dem Volksglauben sind die Rusalki ebenfalls Seelen Verstorbener, jedoch nicht von Erwachsenen, sondern von ungetauft gestorbenen kleinen Mädchen, ferner von erstickten oder ertrunkenen Frauen. Alle treten sie aber als Erwachsene auf, mit langem, dunkelblondem, immer gelöstem Haar. Sie leben auf dem Grunde der Flüsse und kommen nur nachts an die Oberfläche. Im Mai halten sie sich im Korn auf und kitzeln die Vorübergehenden. Sie lieben es auch, auf hohen Bäumen zu leben und sich in den Ästen zu schaukeln. Nach Sonnenuntergang gehen sie auf die Kirchhöfe. Die durch die Taufe sich ergebende Einschränkung hat wahrscheinlich erst in christlicher Zeit stattgefunden. Ursprünglich verstand man unter den Rusalki oder Mavki (aus Navki bei den Kleinrussen) die Toten im allgemeinen. Der grüne Pfingstsonnabend (man schmückt dann die Häuser mit Grünwerk) und die darauffolgende Woche (зеленые святки) sind die hauptsächlichsten Feste zu Ehren der Rusalki. Somit ist diese ganze Woche dem Ahnenkult gewidmet und seine Bräuche gehen noch auf die heidnische Vorzeit zurück, als die Russen ihre Toten an Scheidewegen (nach der Leichenverbrennung stellte man die Asche in Gefäßen „при путехъ" auf), in Wäldern auf Bergen bestatteten oder sie ins Wasser versenkten. Diese Orte hält man noch heute für die Wohnsitze der Rusalki. Erst in späterer Zeit natürlich hat man sie nur den Flüssen und Seen zugewiesen.

Zieht man das Gesagte in Betracht, so muß man sich mit A. Veselovskij (Разыскания XIV) einverstanden erklären, daß der Name Rusalki und der nach ihnen benannten Woche mit den alten Rusalien zusammenhängt, die eine Umbildung des Namens der römischen Totengedenkfeste im Frühling, der sogenannten dies rosae, rosalia, byzantinisch Ῥουσάλια darstellen. Auch in slavischen Sprachdenkmälern kommt diese Benennung bald für gottlose, teuflische Spiele, bald für die Woche vor oder nach Pfingsten bereits sehr früh vor (Laurentiuschronik 1068, Hypatiuschronik 1174). Übrigens sind die Rusalki bei den Russen weiblichen Geschlechts und leben vorwiegend im Wasser. Daraus ergibt sich die Frage, ob nicht hier mit den in der grünen Woche gefeierten Seelen der Vorfahren irgendwelche Wasserjungfrauen in der Art der Najaden zusammengefallen seien.

Das Schmücken der Häuser mit Zweigen, der Frauen mit Kränzen, der Wohnorte der Rusalki auf den Ästen, alles Zeichen von dem Wiedererwachen der Natur, sind wohl Reste des alten Baum- und überhaupt Pflanzenkultes. In einigen Fällen hatte dieser Kult auch einen magischen Charakter: das Schmücken von Menschen und Häusern mit Grünwerk sollte dem Pflanzenwuchs in der Natur fördern. Natürlich ist hierbei auch kirchlicher Einfluß, der biblischen Geschichte vom Besuch der drei Pilger (die die Dreieinigkeit vorstellen) bei Abraham unter der Eiche im Hain Mamre, möglich. Kränze sind das Symbol der Ehe, des Frühlings und Sommers.

Literatur: Afanasjev Поэтич. воззрения славян на природу Bd. III. Miklosich Die Rusalien. Sitzungsberichte d. Wiener Ak. Bd. 46. Zelenin Очерки русской мифологии I. Умершие неестеств. смертью и русалки (Petersburg 1916).

Die Liedermotive dieser Zeit sind nicht besonders zahlreich. Ein Teil davon handelt von den Rusalki und ihren Taten: auf Bäumen sitzend, bitten die Rusalki die Mädchen um ihre Gewänder „у дзевак сарочек" (Rom. VIII 207), auch schrecken sie die Vorübergehenden besonders im Roggenfelde (Šejn M. I, 1, 199) oder tragen zu einer guten Ernte bei (ib.).

In anderen Liedern werden Bäume, besonders Birken besungen. In ihnen gehen schöne Mädchen und junge Burschen, um Gevatterschaft zu schließen: „Мы покумимся, поголубимся" (Šejn M I 1, 188). Eins dieser Lieder lautet z. B.

Ну не радуйся ты дубняк, ель кудрявая . . .
Только радуйся бела береза . . .
Што к табе идуць красны дзевицы,
И несуць табе ўсё госьциночки,
Ўсё ширыночки да платочечки . . .
Ўсё яичницы со драчоною.

(Šejn M. I 1, 189.)

Beachtet werden muß in diesen Liedern a) die Gevatterschaft, eine symbolische Bestätigung der Vorstellung von der Zusammengehörigkeit verwandter Seelen, sogar derjenigen von Verstorbenen, b) die den Birken dargebrachten Lappen sollen den Rusalki als Kleider dienen, c) die Speisen, die zu den Birken getragen werden, beziehen sich auf den Ahnenkult, auf die Opferdarbringungen zu Ehren der Vorfahren.

Viele Lieder handeln über die Sitte des Kranzflechtens und der sich daran knüpfenden Wahrsagungen, z. B. über die Verheiratung. In Weißrußland bezieht man das Flechten von Kränzen und darauf ihr Loswickeln auf die künftige Ernte. Gleiches gilt für Beschwörungen wie

Мы заўем веночки,
На годы добрые,
На жито густое
На ячмень колосистый,
На овес ресистый,
На гречиху черную,
На капусту белую usw.

(Šejn M. I 1, 185 und 191.)

Eher ein poetischer Vergleich, als eine Spur mythologischer Weltanschauung[1]) liegt vor in Liedern von einer Gewitterwolke:

Туча с громом сговорилася:
Ты пойдзем-ка, гром, погуляем со мной,
Погуляем с красным дзевушками . . .
Ну пойдзем ли мы вянки завиваць,
Зелену березу пойдзём заломаць.

(Šejn M. I 1, 192 Nr. 193.)

In einigen Liedern über das Kränzeflechten werden noch Rätsel erwähnt „Завивши вяночки, загадаем загадки" (ib. 186). Mitunter werden diese einer „дзеўка сямилѣтка" vorgelegt, in der man eine Rusalka sieht (vgl. Radčenko 44 Nr. 17); in anderen Fällen richtet wiederum das Mädchen Rätselfragen an einen Burschen. Im allgemeinen gehören aber die Lieder mit Rätseln einem anderen Festzyklus an.

e) Kupalo (Johannisfeier).

Fast überall in Weißrußland wird in der Nacht vom 23. auf den 24. Juni (vom 6. zum 7. Juli), am Vorabend des Johannistages, das Kupalofest gefeiert. Nach Bedeutung und Bräuchen kann dieses zur Zeit der vollsten Naturentfaltung stattfindende Fest auf eine Stufe mit den Kol'ady gestellt werden, denen es auch an Alter nicht nachsteht. In alten Sprachdenkmälern wird Kupalo als Zeitangabe bereits seit dem 12. Jahrh., in den westrussischen seit dem 14. Jahrh. („а миръ от покрова богородицѣ до иваня дне до купалъ" Urkunde von 1349) erwähnt. Die Feier selbst wird in der gleichen Weise, wie sie auch heute noch stattfindet, bereits in der Gustinskaja Letopis' aus dem 17. Jahrh. beschrieben.

Nachdem man verschiedenes Gerümpel zum Feueranmachen, das nötige Gras, z. B. Wermut (stellenweise Nesseln) und Blumen gesammelt hat, umgürtet sich die Jugend mit Grünwerk (die Mädchen haben Kränze auf dem Kopf) und geht singend gewöhnlich an einen Fluß oder See, wo der Scheiterhaufen angezündet werden soll. Hier werden junge Bäume, meist Birken, in die Erde gesteckt und das Feuer wird angemacht. Damit die Flamme möglichst hoch sei, werden alte Räder auf hohe Stangen gesteckt und angezündet (Šejn M. I 1, 219; Зап. V 425; Rom. VIII 221). Einzeln oder paarweise springen dann die jungen Leute durch das Feuer; mitunter setzen die Jünglinge auch zu Pferde darüber hinweg; in einigen Gegenden wird gleichfalls das Haustier an den Scheiterhaufen getrieben. Darauf tanzt man unter Dudelsack- oder Geigenbegleitung manchmal die ganze Nacht durch. Bur-

[1]) Vgl. Kraus Volksglaube und religiöser Brauch der Südslaven S. 2—10. Pypin История русск. лит. III 59—61.

schen und Mädchen bilden zwei Gruppen und machen sich in Liedern übereinander lustig. Nach Beendigung der Spiele finden sich die einzelnen Paare zusammen und nutzen häufig die Nähe der Roggenfelder aus, um dort das Ende der Nacht in der Einsamkeit zu verbringen. Am Morgen badet man gewöhnlich im Fluß. Manchmal fertigt man auch eine Kupalopuppe, die Mara, an (Radčenko XXVI, Rom. VIII 208) und springt mit ihr durchs Feuer oder stellt sie unter Bäumen am Zaune auf; nachher wird die Puppe verbrannt oder ins Wasser geworfen. In dieser Nacht führen nach dem Volksglauben die Hexen ein ausgelassenes Leben, das Farnkraut steht in Blüte, die den Weg zu Wohlstand und reichen Schätzen weist.

Aus dem Gesagten lassen sich bereits einige Schlüsse über das Kupalo ziehen. Obgleich in späterer Zeit Kupalo als Gott verehrt wurde, dessen Symbol die oben erwähnte Puppe, in einigen Gegenden sogar eine mit Grünwerk bekleidete Jungfrau (Зап. VII 410) war, obgleich die Benennung selbst auf den ersten Blick eine Wurzel kup-, lat. cupio (Buslajev) weist, so können doch alle diese Erwägungen nicht angenommen werden: 1. in den ältesten Chroniken wird Kupalo unter den Göttern nicht erwähnt; 2. von den heutigen Slaven kennen diesen Namen nur die Russen, und dabei nicht einmal alle: den Großrussen ist er fast gar nicht bekannt, die galizischen Kleinrussen nennen den entsprechenden Festtag Sobotka, wie er auch bei Polen und Čechen heißt. Einen Aufschluß zum Verständnis dieses Terminus gibt die Zuordnung des Festes auf den Vorabend des Johannes dem Täufer geweihten Tages, jener soll ja die Menschen getauft d. h. sozusagen gebadet (купал) haben. In diesem Sinne entsprechen einander Kupalo und Täufer. Man hätte den Namen dann von der Wurzel kǫp- herzuleiten (Erklärung von N. Kostomarov). Hieraus würde sich auch die Sitte, nach der nächtlichen Bummelei („плещевания") ein Bad im Fluß zu nehmen, erklären. Eine solche Deutung des Namens liefert jedoch keine Erklärung für das Fest selbst, das zweifellos Spuren eines hohen Alters zeigt.

Das Kupalofest findet zur Sommersonnenwende statt, ehe sich die Sonne zum Winter neigt, folglich zu einer Zeit, da die Natur, obgleich sie in vollster Entfaltung steht, doch schon dem Tode sich nähert. Die primitive Weltanschauung empfand deutlich diesen Zustand in der Natur und bemühte sich mit äußeren Gebräuchen alles Lebende, Produktive, das mit dem abnehmenden Sonnenlicht zu schwinden droht, in erhöhtem Maße zu ehren. Ferner ließ die Trauer um die schwindenden Güter, das Wohlleben, die Liebe, Gedanken an den Tod aufkommen. Alle alten Sprachdenkmäler tadeln die Kupalospiele und halten sie für unschicklich. So war die Stellung der Kirche ihnen gegenüber, und doch waren sie zweckdienlich zur Erhaltung der Naturkräfte. Wie erinnert doch diese Versammlung der Jugend an die bekannte Stelle der alten russischen Chronik, wo behauptet wird, daß bei den Radimiči, V'atiči und Sever'ane браци не бываху, но игрища межю селы", wobei die Frauen geraubt werden. Und durch wahlverwandtschaftliche Verbindungen, die Gevatterschaft, deren Spuren man teilweise in den Rusalienbräuchen findet, versuchte man, die schwindenden Kräfte der Natur zu erhalten, um so mehr, da nun auch die хлопцы (Rom. VIII 229) daran teilnahmen.

Das Anzünden von Scheiterhaufen in der Johannisnacht kann durch die Notwendigkeit erklärt werden, sich für die Zubereitung der Speisen beim nächtlichen Gelage eine Beleuchtung zu schaffen. Auch konnte das Feuer die heiße Sommersonne bedeuten, deren schwindende Kraft man auf der Erde durch ein künstliches Feuer gleichsam zu erhalten suchte. Augenscheinlich weist auch auf diese Beziehungen zwischen Feuer und Sonne die Sitte, Räder auf dem Scheiterhaufen zu verbrennen, hin. Zweifellos hatte das Feuer gleichfalls die Bedeutung einer Reinigung (das Springen durchs Feuer), wie auch eines Schutzmittels gegen Zauberei (das Hintreiben des Viehs zum Scheiterhaufen). Gleiches findet man in den Zeremonien der anderen Feste. Eine besonders starke Verbreitung hatten früher in Rußland und auch im sonstigen Europa die Johannisfeuer.

Die Puppe war die Personifikation des Festes selbst. Während sich die Zeremonien am Scheiterhaufen durch Fröhlichkeit und Erotik auszeichnen, tragen diejenigen mit einer oder zwei Puppen (Kupalo und Mara) einen traurigen Charakter: gewöhnlich bestattet man die Puppen und beweint sie darauf. Diese Bestattung weist auf den Gedanken von der Ohnmacht des mächtigen Sonnengottes hin. In einigen Gegenden ersetzen die Puppe mit Bändern geschmückte Bäume, die augenscheinlich den Frühling versinnbildlichen sollen. In Weißrußland verkleidet man auch eine Jungfrau als Busch (Bezsonov; Rom. M. Гр. I 134; Nikiforovskij 251 Nr. 1977). Wie zu Pfingsten wahrsagt man mitunter auch an der Hand von Kränzen über Verheiratungen.

Ferner werden am Kupalotage verschiedene Kräuter gesammelt, von denen man Heilung und Schutz vor Hexen erwartet. Auch dieser Glaube beruht auf jener naheliegenden Anschauung, daß sich die ganze Pflanzenwelt zu dieser Zeit auf der höchsten Stufe ihrer Entwicklung befinde und daher Wunder bewirken könne.

Literatur: Kostomarov „Маяк“ 1843, XI Материалы 170. M. Sokolov Живая Старина 1890, II, 137. Veselovskij Гетеризм, побратимство и кумовство в купальской обрядности (ЖМНП. 1894, февр.). Sumcov Культурные переживания.

Die Kupalolieder zeichnen sich nicht durch große Mannigfaltigkeit der Motive aus. Sie enthalten vor allen Dingen eine Aufforderung an die Jugend, auf die Straße zu kommen und an den Festlichkeiten teilzunehmen (Зап. V 426). Den Faulen wird dabei mit Krankheiten gedroht. Ferner handeln sie über das Sammeln von verschiedenen Kräutern, unter anderem um die Burschen zu bezaubern:

Да гэто ж, дзевачки, купалё,
Да гэто ж ваша гулянё.
Да дзевачки гуляюць скачучи,
А малбйцы цяшко ўздыхаюць плачучи.
(РФВ. XII 128 Nr. 5.)

Auch die Kupalospiele selbst werden in diesen Liedern besungen: die Kupalka sitzt „на плóце“ (auf dem Zaune) und bittet Gott um gutes Wetter, damit das Fest einen guten Verlauf nehmen könne. Der hier erwähnte плот (Zaun) auch паркáн genannt, ist auch anderen Liedern eigentümlich, wie überhaupt häufig auf umzäunte Orte hingewiesen wird (Зап. V 721). Alles dieses erinnert an jene Hindernisse und Befestigungen, die beim Frauenraub zu überwinden waren. Erwähnung findet in diesen Liedern auch das Johannisfeuer (ib. 433 Nr. 224). Einige davon handeln auch von den Streichen der Hexen in der Kupalonacht. So ladet die Kupalka den Il'ja zu den Spielen ein, er aber entschließt sich nicht, der Aufforderung Folge zu leisten:

А я ня пойду, цёмная ночка!
Я буду жито пилноваци,
Што б тая ведзьма не заломала,
Што б у короў молока не одбирала.
(Šejn M. I 1, 224.)

In anderen Liedern wird den Hexen das Auflesen des Taues zugeschrieben (Зап. V 426), der nach der Volksanschauung nicht nur auf Menschen, sondern auch auf Tiere heilend wirkt. Aus gesundheitlichen Rücksichten wälzt man sich auch heute noch mitunter im Tau und badet am Johannismorgen.

Eins der poetischsten Motive der sich auf die Pflanzenwelt beziehenden Kupalolieder ist die Verwandlung von Bruder und Schwester, die aus Unwissenheit eine Ehe eingegangen sind, in ein Stiefmütterchen (Иван-да-Марья, брáтки). Die hierher gehörenden Lieder sind sehr zahlreich. Ihr Inhalt ist ungefähr folgender: Eine Jungfrau hütete an einem Flüßchen Schafe und schlief dabei ein. Da kam ein Held herangeritten und entführte sie. Im Laufe des Gespräches entdeckten sie aber, daß sie Geschwister sind. Der Gedanke allein an die Möglichkeit, eine Ehe miteinander einzugehen, versetzte sie in ein solches Entsetzen, daß sie sich verwandeln:

Пойдзям, сястра, ў поля,
Рассеимся обоя:
З мяне будзиць жоўты цвет,
С цябе будзиць сини цвет;
Будуць дзеўки краски рваць,
И брата с сястрою поминаць:
„Гэто тая травица,
Што брацейка с сястрицай."
(Šejn M. I 1, 233 Nr. 247.)

A. Veselovskij („Гетеризм" ЖМНПр. 1894 Februar) führt es auf das alte Motiv der Liebe zwischen Adonis und Aphrodite zurück, das auch auf die deutsche Literatur eingewirkt hat: infolge hoffnungsloser Liebe verwandeln sich Johannes und Margarete gleichfalls in Blumen.

Beachtet werden müssen ferner die in Frühlingsliedern üblichen Motive der Liebe und Ehe; es gibt ihrer sehr viele, was bei dem erotischen Charakter der Kupalobräuche durchaus verständlich ist.

Viel Interessantes bieten gleichfalls die Spottlieder, worin sich die Jungfrauen und Jünglinge übereinander lustig machen. Solche Lieder findet man außerdem nur noch auf Hochzeiten als Überbleibsel des Brautraubes. Sie wurzeln in dem feindseligen Verhalten der Braut und ihrer Freundinnen zu dem Bräutigam und dessen Angehörigen. Als Beispiel für die Spottlieder der Jünglinge diene:

Ишли дзеўчатка межою,
Да пили смолу дзежою:
Ишли хлопчики границею,
Да пили мёд шклянинцею.

Ишли хлопчики бором,
Да говорили з богом:
Ишли дзеўчатка лесом,
Да говорили з бесом.

(Bezsonov 33 Nr. 61.)

Für die Spottlieder der Mädchen:

Сягоньни Купала, а заўтри Ясь,
Пагонюць мальцы кошык пась.
Кошки на ёлки скакáли,
Мальцы на кошык брихáли:

„Лесця, кошки, далóўки,
Нам нада ици дамóўки
Будзим вас, кошки, даиць,
Будзим дзевык кармúць.“

(Rom. VIII 221.)

f) Gebräuche und Lieder bei Feld- und Erntearbeiten.

Die sich an Beginn und Abschluß der Feldarbeiten knüpfenden Bräuche zeichnen sich durch hohes Alter aus. Die meisten davon sind allen Russen, den übrigen Slaven und sogar Nichtslaven bekannt. Bei den Slaven lassen sie sich bis ins 12. Jahrh. verfolgen (vgl. den von Saxo Grammaticus beschriebenen Brauch mit dem Kuchen). In einer Predigt des Izmaragd aus dem 14. Jahrh. heißt es „праздновати зажинанью“.

Auf die Ausführung der Feldarbeiten bezieht sich die sogenannte толокá, eine gemeinsame Arbeit, die nicht gegen Entlohnung, sondern gegen kostenlose Bewirtung geleistet wird. Sie findet Anwendung bei der Düngerabfuhr aufs Feld und beim Ernten. Der gleichen Sitte begegnet man auch bei den Serbokroaten (тлáка), Bulgaren (тлакá — тлъка) und Letten (talkas); ferner bei den kaukasischen Čečencen und Ingušen[1]). Man hat darin einen Rest des primitiven, patriarchalisch-gemeinschaftlichen Lebens zu sehen.

Während der Arbeit werden vorwiegend Familienlieder gesungen über die traurige Lage irgendwelcher Familienglieder, ferner über die Ehe, das traurige Schicksal der Waisen usw. Hierher gehören auch die Lieder, in denen von der die Arbeiter erwartenden Bewirtung die Rede ist:

А ў хлеви мужчинки, як жучки, гудзяць,
На поли жоночки, як пчолки, звиняць.
Да ўчини, да ўчини (господар) славоньку свою:
Да ўпой, да ўпой толоку твою.

(Vgl. Зап. V 414 Nr. 188.)

Zur Roggenernte (зажинать рожь) nimmt man Brot, Salz, häufig auch Käse, mitunter Herzen von Mariä Lichtmesse (громничные, сретенские свечи) mit. Auf dem Felde beginnt man dann zu singen:

Добрáдзинь Господу Богу,
Жыту ядраному, хазяину палявому!
— Здароў, здароў, жнеи маладыя,
— Сярпы залатыя! (Rom. VIII 240.)

[1]) Vgl. Sumcov Культурные переживания 343—344.

Die erste Handvoll des geschnittenen Getreides wird zu einer kleinen Garbe zusammengebunden, nach Hause gebracht und unter die Heiligenbilder gestellt. Beim Übergang auf das nächste Feld bitten die Schnitter, das Feld möge ihre bereits erschöpften Kräfte wieder herstellen. (Зап. V 465.) Besonders interessant sind aber die дожинки. Bei Beendigung der Ernte wird eine große Garbe (баба) gebunden. In einigen Gegenden lassen die Schnitter einige Halme, den sogenannten Bart des Feldbesitzers oder Ziegenbockbart, stehen. Hierüber wurde bereits anläßlich des Kol'adafestes gehandelt. Die Ähren dieses „Bartes" werden für die Babagarbe oder einen Kranz verwendet, den man der schönsten Jungfrau auf den Kopf legt und unter Liedern und Glückwünschen dem Wirte bringt. Für den Kranz erhalten die Schnitter Geld oder sie werden bewirtet.

Während der Feldarbeit werden verschiedene Lieder gesungen: Hochzeits-, Liebes-, Familien- oder eigentliche Erntelieder. Nur die letzteren sollen an dieser Stelle behandelt werden. Beachtenswert ist dabei, daß sie bis auf heute Spuren der Leibeigenschaft aufweisen. Es wird die schwere Erntearbeit und die Arbeitsfreudigkeit der Schnitterinnen darin geschildert. Selbst nachts wird die Arbeit bisweilen fortgesetzt:

Пора, жонки, дамоў ици,
Поцеряла заря ключи,
Коло постаци идучи...
А ўзойдзице ясны зорки
И найдзице ключи звонки:
Пора землю одмыкаци,
Пора росу выпускаци.
(Зап. V 95.)

Besonders schwer hat es jene Schnitterin, die einen weiten Heimweg hat und zu Hause noch in der Wirtschaft arbeiten muß. Zur Erschwerung der Arbeit trägt außerdem noch bei, daß die Leute durch die sog. пригонятые zur Eile getrieben werden (РФВ. XIII 273).

In einigen Ernteliedern wird in sehr schöner Weise der Roggen personifiziert. So erinnert z. B. das folgende an Nekrasovs Несжатая полоса:

Павалам, житко, павалам
За нашим панам недбалым...
Ходзя наш пан па полю
Запраша житко да дому:
„Да дому, житко, да дому,
Настаялася на полю...
Да дому, житко, ў гасцины,
Пойдзеш на поля на зиму"...
(РФВ. XXI 254.)

Die Ernte wird mit dem Kriege verglichen:

У нас сянни война была,
Ўсё поле звоевали,
Змели поле мецёлками,
Идзём домоў весёлками...
(Зап. V 98 Nr. 20.)

Wie die Kupalolieder zeigen auch die Erntelieder eine gewisse Spottlust; die jungen Schnitter lachen über die Alten oder diejenigen aus anderen Dörfern: „Топкоўския жнеи, што чорныя змеи, жнеи ўсё худыя, сярпы лубяныя; яны ўсё не жали, под межой лежали; топкоўское поле задремало стоя" (Šejn M. I 1, 252). Auch in diesen Liedern werden der Wirt, die Wirtin und deren Kinder gepriesen, natürlich mit Andeutungen auf die

Erntezeit: у нашего пана куна на дворе играе, соболя вывывае...; ой часты, густы на небе звезды, ой часцей гусцей на поли ў копах... (Зап. V 94.) Beim Gesang von Liedern, die Glückwünsche für den Wirt und die Aufforderung, den außergewöhnlichen Gast zu empfangen, enthalten, werden die Kränze geflochten und darauf dem Wirt überreicht:

Повейце, ветры, по чистом поли,
Нясице вёсци нашему пану,
Што его жнейки жито дожали,
Жито дожали, поле нивмяроное,
Наклали копы нивличоные...

(Зап. V 493 Nr. 356.)

In gleicher Weise wie in den Kol'adki wird hier der Reichtum des Hausherrn geschildert, und erzählt, daß Gott selbst, der sporyš (Personifikation des Reichtums, der Ernte) und der raj[1]) (Epitheton des Korovaj-Brotes, also ein besonders gutes Brot) auf den Hof des guten Wirtes kommen würde.

Die den Erntekranz überreichende Schnitterin äußert bei der Überreichung den Wunsch, Gott möge dem Wirt behilflich sein, das geerntete Getreide im Wohlstande auszunutzen:

Судзиў бог пожаць,
Судзи ж, боже, и спожиць.
Перенёс бог через серпок,
Перенеси, боже, через лёгенький душок.
Дай, боже, на току умолотом,
У двежи подходом, у печи ростом,
У печи ростом, на столе сыцьцю.

(Зап. V 97 Nr. 18.)

Aus den hier behandelten Liedern geht somit hervor, daß sie in gewissen Eigenarten von den anderen Liedern abweichen: aus ihnen spricht Zufriedenheit, man spürt in ihnen die Wärme des Sommerabends und den Duft des soeben geschnittenen Feldes.

Literatur: Sumcov Культурные переживания. Kiev 1890. Vladimirov Введение в историю русской словесности. Kiev 1896.

2. Kultische Lieder zu verschiedenen Ereignissen des Menschenlebens.

a) Gebräuche und Lieder bei einer Geburt.

Im Leben des Menschen werden hauptsächlich drei Ereignisse beachtet: Geburt, Hochzeit und Tod. An sie knüpfen sich viele Gebräuche, Aberglauben und Lieder.

Mit der Geburt hängen bei den Weißrussen wie auch den anderen Slaven eine Menge beachtenswerter Gebräuche zusammen, die ein hohes Alter aufweisen und die Ansichten der Primitiven über Kind und Mutter, ihre Stellung in Familie und Gesellschaft, sowie über die Zukunft des Kindes bekunden.

Die Frau, die sich Mutter fühlt, genießt hohe Achtung. Das hängt aber weniger mit der ethischen Einstellung zusammen, als mit der aber-

[1]) Vgl. Potebńa Колядки 168—172.

gläubischen Furcht, die man vor ihr hat. Sie gilt als gefährlich, weil sie neben ihrer eigenen Seele noch die Keime eines anderen geheimnisvollen Wesens in sich trägt. Für die Nichterfüllung der Wünsche einer Schwangeren gibt es Strafen: Mäuse zernagen dafür die Kleider (Зап. V 298). Potebn'a (О мифическом значении некоторых обрядов 90) deutet diese Mäuse als Seelen und vergleicht sie mit den deutschen Elben.

Um die Geburt zu erleichtern, greift man zu verschiedenen symbolischen Handlungen; unter anderem werden Knoten gelöst, Schlösser geöffnet, ein auch anderen Völkern (z. B. den alten Römern) bekannter, in den Beschwörungsformeln begegnender Brauch. Ferner tritt eine Erleichterung der Geburt ein, wenn ein Teil der Leiden der Gebärenden auf den Gatten übertragen wird. In einigen Gegenden läßt man daher auf diese oder andere Weise auch den Mann leiden. Von diesen Maßnahmen ist die noch heute mitunter in Weißrußland (Gouv. Mohilev, Kr. Smolensk, Dorf Mikulino, vgl. Dobrovol'skij Смоленский Этнограф. Сборник II 369—372) übliche couvade zu erwähnen: während der Entbindung stöhnt und ächzt der Gatte, was sich auch in dem entsprechenden Liede widerspiegelt.

Alle Sorgen der Mutter, wie auch der übrigen Familienglieder und der das neugeborene Kind Umgebenden sind dahin gerichtet, ihm ein glückliches Los auf Erden zu bereiten. Seine ganze Zukunft hängt nach dem Volksglauben davon ab, wann und wo es geboren wurde. Unglücklich ist das außerhalb des Hauses geborene Kind:

Спородзила маци Иванюшу не ў доми — ў дуброви,
Не дала Иванюшу ни щасця, ни доли...
(Rom. I—II 88.)

Unglücklich sind auch die Kinder einer Witwe (Зап. V 279). Ganz besonders bedauernswert sind jedoch die zu einer bösen Stunde Geborenen (ib. 524). In einem Liede antwortet ein Mädchen auf die Frage, warum es traurig sei, daß seine Mutter es „ў злую пору на свет родзила". Der Ausdruck лихая годзина gilt sogar als Schimpfwort. Unter Einfluß christlicher Anschauungen heißt es in einigen Liedern, daß ein glückliches Schicksal (счастье-доля) von Gott abhänge (Зап. V 512, 525).

Der Glaube an gute und schlechte Stunden wie auch Tage beruht auf den alten mythischen Anschauungen über den Wechsel von Tag und Nacht einerseits, der Jahreszeiten andererseits. Wenn alles in der Natur lebt, dann gibt es auch Glück. Der am Tage geborene muß deshalb glücklich sein; besonders günstig ist es am Sonntag, dem Sonnentage, geboren zu werden; der Montag (dies lunae, des Nachtgestirns) gilt als Unglückstag. Noch in einigen altrussischen Sprachdenkmälern finden wir diesen Glauben an gute und böse Tage und Stunden.

Was den Geburtsort anbelangt, so ist besonders der im Walde oder Felde, weitab von den Schutzgöttern des heimischen Herdes Geborene zu bemitleiden.

Ein sichtbares Zeichen des angeborenen Glückes ist das sogenannte Hemdchen. Glück und Wohlergehen verlassen nie den darin Geborenen und dessen Familie (Nikiforovskij 11 Nr. 72—73, Rom. VIII 325). Dieser

Glaube ist sehr alter Herkunft (vgl. Potebn'a Доля); man findet ihn auch bei anderen Völkern.

Aus dem Gesagten geht hervor, daß das Schicksal einem Menschen gleichsam von seiner Mutter mitgegeben wird, daß es angeboren ist und von der Vererbung abhängt. Heute erscheint als Verkörperung des Geschlechts der am heimischen Herd wohnende Deduška Domovoj. Neben dem Geschlecht (Rod) wurde früher noch die Gebärerin (Rožanica) verehrt. Beiden brachte man Opfer (требы) dar; solchen Ursprungs sind wohl die verschiedenen heute der Mutter dargebrachten Speisen, wie Grütze, Pastetchen (Piroggen) usw. Rod und Rožanica gehören dem Ahnenkult an. Von ihnen hängt Schicksal und Glück ab. Unmittelbar empfängt man beides aber von der Mutter, da sie dem Säugling am nächsten steht. Ihre Segenswünsche gehen immer in Erfüllung:

Тагды мяне родна матушка благаславила,
Як яна мяне малюсиньку спарадвила,
А спарадзиўши с сырой зямельки узьнила...
А спавиўши кумам на ручки падала...
(Rom. VIII 385.)

Auf diese Weise ist das Schicksal einem Menschen angeboren, es entsteht nicht erst im Laufe des Lebens:

Еще бо я не родзилася,
Лиха доля причапилася,
Еще бо я ў пелюшечках лежала,
Лиха доля за ноженьки дзержала,
Еще бо я коло лаўки ходзила,
Лиха доля за ручеьки водзила.

Unter dem Einfluß des Christentums ändert sich die Auffassung vom Schicksal, nur Gott verleiht es einem; er kann es daher auch ändern.

Literatur: Sumcov О славянских народных воззрениях на новорожденного ребенка (ЖМНПр. 1880). Ders. Культурные переживания, Доля. Сборник Харьков. Ист.-Фил. Общества IV Кар. 7—9, Veselovskij Разыскания XIII; Aničkov Язычество и древняя Русь. Petersburg 1914.

Lieder, die zur Geburt eines Menschen gesungen werden, gibt es nicht; viele der hier angegebenen Momente bei der Geburt finden sich aber in den Tauf liedern wieder.

Die Taufzeremonie, soweit sie christlich ist, braucht nicht besprochen zu werden; an diese knüpfen sich aber einige Bräuche, die heidnisch anmuten. Hierher gehört die Reinigung von Säugling und Mutter mit Wasser, wohinein Gold- oder Silbermünzen, auch wertvolle Sachen, gelegt werden. In diesem Falle kommt ihnen die Bedeutung von Opferdarbringungen zu (Šejn M. I 1, 4; III 391). Eine ähnliche Sitte findet man auch in Bulgarien und stellenweise in Deutschland. Reinigungen mit Feuer kommen in Rußland nicht vor, dafür beräuchert man den Säugling mit verschiedenen Kräutern, ein Schutzmittel gegen den bösen Blick und Krankheiten. In einigen Gegenden legt man noch die Säuglinge auf einen mit dem Fell nach oben gekehrten Pelz. Mitunter wird darauf Wasser mit Hafer gestellt (Rom. VIII 329, 331). Außerdem kennt man diesen Brauch noch auf Hochzeiten; durch ihn soll Reichtum und Überfluß heraufbeschworen werden. In den ersten Tagen nach der Geburt läßt man das Kind nachts bei Beleuchtung schlafen, weil man befürchtet, daß es von den unreinen Kräften vertauscht werden könnte (Federowski Lud białoruski I Nr. 1634, 1636). Ähnliche Aberglauben kommen gleichfalls bei vielen anderen Völkern vor. Um den Säugling dem Schutzgott der Kinder zu unterstellen und ihn den Hausgeistern zu nähern, wurde er geschoren, wobei die Haare als Opfer galten. Diese Haarschur (постриги) läßt sich in Rußland seit dem 12. Jahrh. verfolgen, obgleich sie einen christlichreligiösen Charakter hatte. Das Alter dieser Sitte wird dadurch bestätigt, daß sie in gleicher oder etwas geänderter Gestalt ebenfalls bei andern, selbst nichtslavischen Völkern vorkam (Niederle Život st. slovanů 62—64). Von seiten der Eltern wurden den Göttern Versöhnungsopfer in Gestalt von Speisen dargebracht, besonders Grütze, Honig, Milch, die ursprünglich für das Göttermahl bestimmt waren, wie bei den Indern, den Römern und Germanen. Unter Einfluß des Christentums wurden diese Speisen nachher zum Taufessen gereicht.

Zur Taufe sind nur die Verheirateten anwesend: ledige Männer und Jungfrauen werden nicht zugelassen. Daher zeichnen sich die Tauflieder durch einen freieren Inhalt aus. Vor allen Dingen wird darin das Taufgelage geschildert: die Hauptteilnehmer und die Bewirtung, ferner in bezug auf die Mutter die Vorahnungen der Geburt. Einige Lieder sind der Hebamme gewidmet, der man die zärtlichsten Epitheta und Vergleiche beilegt. Ferner wird in allegorischer Weise der Zustand der Mutter geschildert, jedoch in einer Weise, die das ästhetische Gefühl keineswegs verletzt:

Ой чия ж то жина
Черев речку брыла?
Помочила бобры
И чорные соболи,
Черные соболёчки?
Ой Мартынова жина usw.
(Šejn M. I 1, 18 Nr. 1.)

In den Liedern wird auch das Verhältnis des Vaters zum neugeborenen Kinde dargestellt: ist es ein Knabe, so ist jener sehr zufrieden und gern bereit alle Wünsche seiner Frau zu erfüllen; über ein Mädchen ist er weniger erfreut (Зап. V 234). So antwortet der Vater z. B. auf die Bitte seiner Frau, ihr Kirschsaft zu geben:

Пытайцеся, да хто ж то родзиўся?
Коли сын родзиўся, я соку добуду,
Коли дочухна, водзицей отбуду.
Коли сын родзиўся, слаўный город стаўлю,
Коли дочухна, я и шацёр не постаўлю.

Wenn die Hebamme ihre Grütze auf den Tisch stellt, singt sie ein an den Vater gerichtetes Lied:

Пыздароў, Божа, кывыля,
А што скываў нам двиця!
А ни ў ручки ни хукыў,
А ни молытым ни стукыў,
А ў мягких подушкых,
А пад цёплый дзяружкый,
Бяз молыта, бяз кывадла,
А пыглядзиш — дзиця ладна.
(Rom. VIII 330.)

In den Liedern von den **Taufpaten** wird dem Neugeborenen alles Glück gewünscht. Unter ihnen gibt es aber auch eine ganze Reihe von Liedern, die von allzu freien Beziehungen zwischen Gevatter und Gevatterin handeln. Der Gevatter bewirtet gewöhnlich die Gevatterin mit Fisch, meist einem Sandart, bringt Getränke herbei, und dann beginnen Kneiperei und Ausschweifungen. Seit den ältesten Zeiten werden solche Beziehungen von der Kirche verfolgt.

Ferner gibt es Tauflieder, worin man sich über seine eigene Armut lustig macht:

Чаму ж нам ня пець,
Чаму ни гуляць,
Кыли ў нашый хатыццы
Пырадык идвець:
Мушка на вакошыццы
Ў цымбалики бъець,
Павучок на сценыццы
Кросинцы снуець usw.
(Vgl. Rom. VIII 337.)

Zu den sich auf die Geburt beziehenden Liedern gehören gleichfalls die **Kinderlieder**. Diese zerfallen in zwei Gruppen: teils sind es Wiegenlieder, teils werden sie von den Kindern selbst gesungen. Sowohl die einen als auch die anderen haben wenig Gemeinsames mit den Kultliedern. Neben allen, auch anderen Liedern eigentümlichen Eigenarten und Vorzügen, wie Lebendigkeit und Bildhaftigkeit der Sprache, Reichtum an volkstümlichen Zügen, Tiefe des Gefühls und unmittelbare Lyrik, zeichnen sich die Wiegenlieder noch durch reicheren Inhalt, Mannigfaltigkeit und Lebendigkeit aus; dieses hängt hauptsächlich mit der Stellung derjenigen, von denen die Wiegenlieder gesungen werden, zusammen.

Auf diese Weise sind die Wiegenlieder aus dem Wunsche heraus, das Kind einzuschläfern, entstanden, späterhin wurden sie aber auch dann gesungen, wenn das Kind wach war. Der Inhalt dieser beiden Liedergattungen ist derselbe, sie unterscheiden sich aber durch ihre Refrains, derjenige der ersteren ist „aa aa, люли!" (vgl. lit. luleti ‚Wellen schlagen'; luloti ‚sich auf einer Schaukel schaukeln'); mit diesen Worten beginnt man auch ein Kind einzuwiegen. Um die stummen Fragen des Kindes zu beantworten, beschreibt die Mutter die nächsten Gegenstände. In erster Linie wird der Freund des Kindes, der **Kater**, berücksichtigt:

Люли, люли, люли!
Полев кот по дули,
Поморозиў лапки,
Ўвлев на полатки.
Стали лапки грецца,
Нейгдзе коту деццa...
(Зап. V 300 Nr. 26.)

Züge aus dem Volksleben bieten jene Katerlieder, die von einer bösen Stiefmutter handeln:

У кота — воркота
Была мачеха лиха;
Ена била его
И журила его...
(**Radčenko** 245 Nr. 9.)

Viele Lieder enthalten moralisch belehrende Züge: Diebstahl und Faulheit werden darin verurteilt, Eigenschaften, die wiederum dem Kater zugeschrieben werden:

Бици кота, бици, | З хаты выгнаци
На што покраў ници, | И есци не даци.

(Зап. V 304 Nr. 38.)

Ferner handeln die Wiegenlieder auch von Tauben (гули) und Hühnern, mit denen das Kind von klein auf bekannt ist. Aber auch andere, beim Volke beliebte Vögel kommen vor (Gänse, Sperlinge, Elstern usw.).

Wie in den Kultliedern begegnet hier auch der Ziegenbock. Früher einmal hat es wahrscheinlich eine ganze Reihe gedanklich miteinander verknüpfte Lieder gegeben, jetzt werden aber nur einzelne Episoden geschildert, in denen der Ziegenbock der Leidende ist.

Mitunter begegnet man in den Kinderliedern auch historischen Andeutungen (Tataren, Fürsten, geistlichen Richtern). Die Vorlagen dieser Lieder sind jetzt vergessen. Hin und wieder (jedoch selten) finden sich darin Erinnerungen an die Leibeigenschaft:

Чи, чи, чи, сорока! | Была у пана на току,
Гдзе была? — Далёко. | Видзила там толоку usw.

(Зап. V 307 Nr. 45.)

Am interessantesten sind diejenigen Kinderlieder, die von den Kindern selbst gesungen werden. Der Unterschied zwischen ihnen und den Wiegenliedern ist gleichfalls nicht allzu groß: auch sie werden von den Müttern bewahrt und den Kindern übergeben. Den Wiegenliedern am nächsten stehen diejenigen, die von den Müttern zur Unterhaltung der Kinder gesungen werden, wenn sie nicht schlafen, und später von den Kindern wiederholt werden. In diesen Liedern sind gewöhnlich nicht Menschen, sondern Tiere die Handelnden. Zu erwähnen wäre an dieser Stelle: „Дорожка" (кую, кую ножку, поедем в дорожку), „Ладки" und „Сорока". Als Beispiel diene das gesprochene „Ласачка":

Ласачка, гдзе была? — Ў бога.
Што рабила? — Кросны ткала.
Што ваткала? — Кусок сала...

(Зап. V 310 Nr. 53.)

Neues im Vergleich mit den Wiegenliedern bieten diejenigen Kinderlieder, in denen mehrmals die Frage aufgeworfen wird, wo etwas geblieben ist oder wozu es existiert. Diese Fragen stellen eine feine Parodie zu der außergewöhnlichen Fragesucht der Kinder dar. Z. B.: Eine graue Krähe fliegt auf den Hof des Иванка, der eine Sense dengelt. Sie fragt ihn: „На што гэта каса?" — „Сено касиць" „На што гэто сенко?" — „Кароўки кармиць" „На што гэты кароўки?" — „Малачко даиць" usw. (Vgl. Зап. V 310, 311; Šejn M. I 1, 35.)

Eine besondere Gattung bilden ferner die Insektenlieder, z. B.:

Мухи лазню тапили,
Камары воду насили,
Блох париўся usw.

(Зап. V 313.)

Lieder aus der Insekten- und Tierwelt gibt es sehr viele. Vielleicht sind dieses die Überreste eines früher in sich geschlossenen Tierepos.

Unter den Kinderliedern läßt sich eine ganze Reihe solcher angeben, die zweifellos Spuren der Weltanschauung des Primitiven, seiner Nähe zu der ihn umgebenden Natur und der Möglichkeit, in unmittelbare Beziehung zu ihren Kräften zu treten, aufweisen. Hierher gehören z. B. die überall unter den Russen verbreiteten Lieder mit Anrufung der Sonne.

Соўнушко-ядрушко,
Выблесни, выгляни!
Твои дзетки на поветке
Сыр колупаюць . . .
(Vgl. Rom. I—II 172.)

In dieser Art sind auch die Regenlieder. Heutzutage zeigt sich darin bereits der Einfluß der Christentums:

Дожджик, дожджик, припусци!
Я поеду у кусты,
Богу помолицца,
Христу поклоницца. (ib. 173.)

Dieser Anruf des Windes wie auch die Erwähnung der Sträucher (Anbetung der Bäume) muß auf eine sehr alte Zeit zurückgehen.

Anzuführen sind hier ferner Lieder halbvolkstümlicher Entstehung, die unter dem Einfluß von Halbgebildeten aufgekommen sind, wie z. B. die Lieder von den Zahlwörtern: Раз, два — булдава, три, чатыры — почепили usw. (Rom. I—II 172), ferner Spottgedichte über Namen: Антон козу ведзе . . ., Василь, Василь, Василёк — пахучая зелля . . . (ib. 175 f). Sogar auf Gebete gibt es bei den Weißrussen, wie auch Kleinrussen Parodien:

Господзи, помилуй!
Дзед бабу покинуў;
Сухари побраў,
А бабе не даў. (ib. 178.)

Literatur: Die Geburtsbräuche behandelt: N. Sumcov О славянских народных воззрениях на новорожденного ребенка ЖМНПр. 1880 Bd. 212; derselbe Культурные переживания Kiew 1890 Nr. 73—76, 78—80. — Borovikovskij Чтения общ. ист. и др. 1867. — Afanasjev Поэтич. воззрения славян III 318 ff. — Veselovskij Разыскания XIII (Сборник отд. русск. яз. 46). — Aničkov Язычество 161 ff. Weitere Angaben s. Verf. Белорусы III 1 (1916) 217 ff.

Über Wiegenlieder vgl. A. Vetuchov Народные колыбельные песни, Этнограф. Обозрение XII, XIII—XIV, XV 1892. — Verf. Белорусы III 1, 226 ff.

Über Kinderspiele, vgl. Romanov VIII 551—593.

b) Hochzeitsbräuche und Lieder.

Unter den Kultliedern stehen zweifellos die Hochzeitslieder an erster Stelle. Die alte Bezeichnung für Hochzeit веселье ist allgemeinslavisch (vgl. Niederle Život st. sl. 95). Eine andere Bezeichnung als вяселья, вяселе für die Hochzeit kommt in Weißrußland nicht vor. Beim einfachen Volke dauern die Hochzeitsspiele einige Tage, unter Beteiligung einer großen Anzahl von Personen. Unter solchen Bedingungen ist es natürlich, daß die ursprünglichen Hochzeitsbräuche und -lieder gut erhalten sind. Einige davon sind außerordentlich alt und liefern daher ein in vielen Beziehungen interressantes Material. Sowohl der Volkskundler als auch der Rechts- und Literaturhistoriker kann aus ihnen eine Reihe von Belehrungen schöpfen. So schildert uns z. B. die älteste Chronik (Načal'naja Letopis') noch jene Zeit, als sich die Russen ihre Frauen selbst raubten, als Bräute gekauft und verkauft wurden. Die russischen Kultlieder aber schildern solche Erlebnisse, aus denen man auf ganz wilde Sitten schließen kann. Auf Grund der historischen und sprachlichen Tatsachen muß man für die ältesten Slaven eine patriarchalische Lebensweise annehmen. An der Spitze der Sippe stand der Stammälteste, und die Familienbeziehungen waren stark entwickelt. Die volkstümlichen Hochzeitsbräuche und -lieder weisen aber auf eine noch ältere Zeit zurück, als nicht der Vater, sondern die Mutter der Familie vorstand, als die Frauen der ganzen Familie, nicht aber einem einzelnen gehörten. Da die Familie sich damals auf die Polyandrie und Polygamie gründete, spielte die Paternität keine Rolle. Wo es keinen beständigen, von allen anerkannten Gatten gibt, kann auch von einem allerseits anerkannten Vater nicht die Rede sein. Die Blutsverwandtschaft wurde nach der Mutter bestimmt. Daher kam die Verteidigung von Sippe und Familie nicht dem Vater zu, sondern dem Bruder der Mutter und den Brüdern der Schwestern, die allein als Verwandte gelten konnten.

Es versteht sich von selbst, daß die Hochzeitsbräuche und -lieder eine Menge wertvoller Hinweise für die Geschichte der patriarchalischen Lebensweise bieten, da es eine persönliche Ehe, aufgebaut auf Frauenraub, -kauf oder Vertrag gab. Sie stimmen durchaus mit den Zeugnissen der ältesten Chronik (Načal'naja Letopis') von den Sitten der Pol'ane (Eheschließungen auf Grund von Verträgen, sogar mit einer Mitgift), der Radimiči, V'atiči und Sever'ane (Raub mit Einverständnis der Frau) überein. Selbst der von der Chronik bezeugte Brautkauf geht deutlich aus einigen Liedern hervor. In historischer Zeit konnten diese Formen der Eheschließung bei den verschiedenen Stämmen gleichzeitig bestehen, bei dem einzelnen Stamm konnten sie einander ablösen. Dagegen ließen sich Gebräuche und Lieder nicht so leicht von anderen verdrängen. Bis auf den heutigen Tag haben sich darin in dieser oder jener Gestalt Spuren der genannten Eheformen erhalten; besonders deutlich treten sie in den weißrussischen Liedern aus abgelegenen Gegenden hervor.

Von den Kultliedern ist die Abteilung der Hochzeitslieder gut bearbeitet. Es liegen eine Menge durchaus befriedigender Textausgaben und wertvolle Untersuchungen darüber vor. Die weißrussischen Hochzeitsbräuche und Lieder sind gesammelt in den bekannten Ausgaben von Šejn, Romanov, Dobrovol'skij, Nikiforovskij, Radčenko, ferner in den Untersuchungen von Sumcov (О свадебных обрядах, преимущественно русских), Th. Volkov (Свадбарскитѣ обреди на славянскитѣ народи), Ochrimovič (Значение малорусских свадебных обрядов и песен в истории эволюции семьи), Dovnar-Zapol'skij (Белорусская свадьба в культурно-религиозных пережитках), Vladimirskij-Budanov (Черты семейного права в Западной России в половине XVI в.), A. Z(ankevi)č (Белорусские свадебные обряды и песни сравнительно с великорусскими. Русская Беседа 1896 Oktober). Kist'akovskij (К вопросу о цензуре нравов у народа. Записки Геогр. Общ. по отд. этнографии VIII usw.). Smirnov (Очерки семейных отношений по обычному праву русск. народа. Юрид. Вестник 1877, XII). Genauere Literaturangaben bei Niederle, Život st. slovanů S. 67, vgl. auch Verf. Белорусы III 1, 235—295.

An dieser Stelle soll natürlich nur eine Zusammenfassung der Ergebnisse geboten werden.

Die Hochzeitsbräuche und -lieder verteilen sich auf folgende wichtige Momente der Hochzeit: Brautwerbung, Ehevertrag (заручины), Polterabend (девичник), kirchliche Trauung, eigentliche Hochzeit (erster und zweiter Tag).

Heutzutage finden Dorfhochzeiten zu allen von der Kirche erlaubten Zeiten statt, am häufigsten aber im Herbst und Winter nach Beendigung der Feldarbeiten (im Oktober und Februar). Das ist durchaus natürlich, da sich die Jugend während der Frühlings- und Sommerreigen, wie auch an Winterabenden näher kennenlernen kann; außerdem fordern die bevorstehenden Frühlings- und Sommerarbeiten neue Hilfskräfte in der Familie; auch verfügt man zu den angegebenen Zeiten über mehr Geldmittel für die Hochzeit.

Brautwerbung. Wenn die Eltern beschließen, daß es für ihren Sohn Zeit zum Heiraten sei, sieht man sich nach Freiwerbern um, die in das Haus der mit Einverständnis des Sohnes Auserwählten geschickt werden. Gewöhnlich betraut man mit der Brautwerbung einen verheirateten Mann mittleren Alters. Dieser muß redegewandt, lustig sein und das Hochzeitsritual kennen. Dem Freiwerber teilt man noch zwei erfahrene Männer zu. Diese Gesandtschaft begibt sich abends an das Haus des in Frage kommenden Mädchens. Hier bleibt sie am Fenster stehen, klopft an und bittet, übernachten zu dürfen. Zuerst wird sie nicht hineingelassen, doch endlich willigt man ein. Im Zimmer werden dann verschiedene, nebensächliche Gespräche geführt, endlich beginnt der Freiwerber allegorisch den Zweck seines Kommens darzulegen. Sie seien Wildfänger, Jäger, die den Spuren der Marderin (oder Füchsin) gefolgt wären. Mitunter bezeichnet der Freiwerber sich selbst und seine Begleiter auch als Kaufleute: „у цебе, господарю, ёсьць товар ледзенец, а у мене ёсьць купец молодзец“ (Зап. V 134). Manchmal nimmt das Gespräch auch einen anderen Verlauf: „наш бык да да вашей цялушки привык; каб даў бог таго нам даждаци, штоб вашу цялушку да да нашаго быка загнаци“ (Šejn M. I 2, 128, Aufzeichnung aus dem Jahre 1800). Anfangs täuschen die Eltern vor, die Allegorie nicht zu verstehen, dann wird die Angelegenheit geklärt und die Braut ins Zimmer gerufen, damit sie ihre Zustimmung gebe. Die Braut bleibt bescheiden am Ofen stehen und beginnt darin zu schüren. Darauf gibt sie in unbestimmten Ausdrücken: „што ж, пайду, кали так треба" (Зап V. 135) ihre Zustimmung. Schließlich reicht die Mutter einen Imbiß, gewöhnlich Rührei, und der Freiwerber entnimmt seiner Flasche Schnaps.

Alle aufgezählten Momente der Werbung haben einen historischen und soziologischen Sinn. Die Werber, am Abend kommende Wanderer, die den Zweck ihres Kommens verheimlichen, sind natürlich Vertreter eines fremden Stammes, Gehilfen des Bräutigams bei dem Brautraube. Ihre Reden enthalten jedoch auch Spuren von späteren Sitten: des Brautkaufs, wenn sie sich selbst als Kaufleute und die Braut als Ware bezeichnen, ferner der Vertragsehe, da die Braut um ihre Zustimmung gefragt wird. Der Vergleich der Braut mit einer Marderin weist auf den Brauch hin, dem Schwiegervater für die Braut zu bezahlen und darauf der ganzen Sippe das Marderfell zu geben. Der Kaufpreis für die Braut ist hier auf sie selbst übertragen und dient als Bezeichnung für sie selbst. Der Vergleich des Bräutigams mit einem Stier und der Braut mit einem Kalb stammt wohl aus der Zeit, als das Volk noch eine nomadisierende Lebensweise führte. Die Wendung „привык" deutet auf die in einigen Gegenden verbreitete Sitte, daß die Jünglinge bereits vor der Hochzeit zu den Mädchen übernachten gehen. Das Übernachten hatte den Zweck, festzustellen, wie weit das Mädchen fähig ist, Kinder zu empfangen (Volkov). Das Stochern des Mädchens im Ofen wird als Rest des Hausgötter- und Ahnenkultus gedeutet, und wurde so verstanden, daß das Mädchen die Ahnen, die Bewohner des häuslichen Herdes gleichsam um Rat fragt. Die Bewirtung dient als Beweis des Kaufabschlusses. Von den Anhängern der mythologischen Schule wird die Bewirtung als Rest früherer Opfer an die Sonne gedeutet, der man einst Hühner darbrachte, heute aber nur einen Teil davon, nämlich ein Ei in Gestalt einer Eierspeise (Sumcov 120).

Lieder werden bei der Werbung nicht gesungen.

Der **Ehevertrag** (змовины, заручины) findet einige Tage vor der Hochzeit statt. Sein Zweck besteht in der öffentlichen Bekanntgabe der stattgefundenen Werbung und der Festlegung des ganzen Verlaufes der Hochzeit, sowie von Ausgaben, Mitgift, Geschenken usw. Es nehmen daran die beiderseitigen Verwandten als Zeugen teil, nicht aber Braut und Bräutigam. Unterdessen geht die Braut in die Häuser der Verwandten, um sie zu sich einzuladen. Dabei verbeugt sie sich vor einem jeden, sogar vor kleinen Kindern bis zur Erde. Wie gesagt, wird der juristische Teil des Ehevertrags in Abwesenheit von Bräutigam und Braut erledigt, weil man diese nicht für berechtigt hält, irgendwelche Verpflichtungen einzugehen. Später erscheint auch der Bräutigam mit den Schaffern und Freiwerbern. Sie bleiben vor der verschlossenen Pforte stehen und bitten um Einlaß, oft bezeichnen sie sich dabei als Kaufleute. Nach langem Hin- und Herreden werden sie eingelassen, wobei der Bräutigam selbst häufig über den Zaun steigt, die Pforte öffnet und sogar die Haustür aufbricht. Manchmal geben die Begleiter des Bräutigams vor, Jäger zu sein und betreten hochmütig, die Mützen auf dem Kopfe, das Haus. Nach den Verhandlungen wird die Braut in das Haus geführt; sie beschenkt den Bräutigam und die nächsten Verwandten mit

Handarbeiten (Gürteln, Handtüchern usw.) Dann findet die Verlobung mit Ringwechsel statt. Die Freiwerber reichen einander die Hände, in die der Bräutigam und die Braut auch die ihrigen legen (заручины). Seinerseits beschenkt der Bräutigam die Braut mit Geld (er gießt ein Glas Schnaps ein und wirft eine Münze hinein). Nachher wird getanzt. Bei der Abfahrt des Bräutigams füllt die Braut eine der von ihm mitgebrachten Schnapsflaschen mit Roggen, umwickelt sie mit einem Handtuch oder einem roten Gürtel und übergibt sie dem Freiwerber.

Beim Ehevertrag muß beachtet werden: die Einladung der ganzen Verwandtschaft, manchmal des ganzen Dorfes, wie es auch zur Hochzeit geschieht. Hierdurch wird die ganze Sippe von der bevorstehenden Heirat eines ihrer Glieder benachrichtigt. Die Gäste gelten als Vertreter einer fiktiven Sippe. Spuren der Sitte des Brautraubes sind das Verschließen der Pforte, Aufbrechen der Türen, feindseliges Verhalten der Begleiter des Bräutigams, Sitzen mit tief in die Stirn gerückten Hüten. Eine weitere Spur ist auch das Verstecken der Braut. Einiges hat sich ferner aus der Zeit des Brautkaufs erhalten: so die in einigen Gegenden übliche Bezeichnung der Begleiter des Bräutigams als Kaufleute oder die Erwähnung des Verkaufes der Tochter in den Liedern (Зап. V 157). Eine Besichtigung der Braut gibt es in Weißrußland nicht, in den Liedern werden aber ihre Vorzüge gepriesen (ib. 766) „наша нявеста ня кривая, ня хромая, тонка пряла, звонка ткала, бела белила, вам дары спраўляла“. Der Ringwechsel bildet heute einen Bestandteil der kirchlichen Zeremonie, er ist aber auch heidnischen Völkern bekannt und geht offensichtlich auf die Ketten zurück, die man früher einer Sklavin, wenn man sie sich zur Frau nahm, anlegte; späterhin erhielten sie die Bedeutung eines Bindemittels zwischen Mann und Frau. Gleichfalls ein Überrest aus alter Zeit ist der Austausch von Geschenken. Die Braut bietet dem Bräutigam ihre Jungfernschaft, wofür er sie mit Geld belohnt. Diese Sitte stammt aus der dem Eheleben vorangehenden Zeit des Hetärentums, als die Jungfrau nach freiem Ermessen über sich verfügen konnte. Die bei dem Ehevertrag stattfindenden Tänze sind aus den rituellen entstanden, die ursprünglich einen besonderen Sinn hatten. Das Mädchen gehörte allen Männern, und sie gab sich ihnen gegen eine Bezahlung hin, die heutzutage den Musikanten zukommt. „Пляшущая бо жена многимъ мужемъ жена есть“, so dachte man im alten Rußland (P o n o m a r e v Памятники древне-русской церковной литературы III 104). Von den zum rituellen Tanz gesungenen Liedern ist beachtenswert das ‚Kopfkissen‘ („Подушечка“)-Lied:

Подушечка, подушечка,
Да ты пуховая!
Молодушка, молодушка,
Да ты молодая!

А я тую подушечку
Двеўце подарую,
Кого люблю, кого люблю,
Того поцелую . . .

(Зап. V 158.)

Die Flasche mit Roggen soll dem Wunsche Ausdruck geben, daß der Bräutigam alles im Überfluß haben möge.

In unmittelbarem Zusammenhang mit den genannten Zeremonien stehen die bei dem Ehevertrag gesungenen Lieder, da sie sich aus den Bräuchen ergeben. Auf den Brautraub weist hin:

А ты, шера вуточка, ховайся, Бо ён цябе вуточку приклюе,
Лютому соколу не давайся, Ў чужую сторону понясе.
(Šejn M. I 2, 156—157.)

In anderen Liedern wird wiederum ohne jegliche Allegorie von einem Pfeil gesprochen, den die Werber durch das Fenster des Elternhauses der Braut geschossen hätten, und den zu holen sie gekommen seien (Зап. V 157). Erwähnt wird ferner die Begleitschaft des Bräutigams, bestehend aus mehr denn siebenhundert Menschen (ib. 609). Vom Verkauf der Braut handeln sehr viele Lieder. Es heißt darin, daß Vater und Mutter sie vertrinken:

Матка дочку продала, продала,
На горелоцце пропила, пропила . . . (Зап. V 157.)

Nicht alle Lieder drücken das feindliche Verhalten gegenüber dem Bräutigam aus: häufig denkt das Mädchen an ihn mit unverhohlener Liebe (ib. 744), hält Ausschau, woher er kommen könnte und idealisiert ihn:

Сам сём паяжджая, Вушками вайну чуя,
Пад им коник броя, Вочками звезды лича . . .
Капытом землю кроя,
(Šejn M. I 2, 132 Nr. 3.)

Für ihn bereitet die Braut Geschenke vor: залатй персцень, шаўковую хустку и самў сябе (ib. 71). Im allgemeinen sind aber solche fröhliche Motive selten: meist weint die Braut über den Verlust des Kranzes (Зап. V 579), der Blumen, nach denen sie geschaut hat, die aber erfroren oder abgemäht sind, über den Zopf usw. und nimmt Abschied von dem schönen Mädchenleben:

Шерая зезюлинька! Молодая дзевынька!
Ўже твоё минаецца Ўже твоё минаецца
Полевое полеванийко Дзявоцкая погулянийка,
И лесовое кукованийко. Моладая красованийка. (ib. 623.)

Nach Erfüllung aller Zeremonien des Ehevertrags gilt die Braut bereits als an den Bräutigam gebunden, als sein Eigentum (ib. 744): „женишок с княгинькой по домам росли, росли яны, соходзилися, сыйдуцца — не разыйдуцца".

Der **Polterabend** findet am Vorabend der Hochzeit statt, wird aber in Weißrußland nicht immer девичник genannt. Die Freundinnen der Braut lösen ihr die Flechte und legen ihr einen Kranz aus Bändern und Papierblumen auf den Kopf. Währenddessen beweint die Braut das Ende ihrer Jungfernschaft. In einigen Gegenden besteht die Sitte, in die Badstube zu gehen. Nachdem das Haupt der Braut geschmückt ist, beginnt man mitunter einen Tannen- oder Kirschzweig mit Papierblumen, Strohkreuzen, Kerzen usw. aufzuputzen (ўюць елку). An einigen Orten steckt man in den auf dem Tisch stehenden Kuchen (коровай) eine kleine Tanne. Darauf findet die Bewirtung statt, zu der der Bräutigam mit Geschenken für die Braut erscheint. Manchmal führt man das Brautpaar dreimal um den Tisch, wobei man sich vor dem daraufliegenden Brot verneigt und es küßt.

Von den Polterabendbräuchen verdient der Gang der Braut zur Badstube besondere Beachtung. Infolge des rauhen Klimas hat nämlich die Badstube das rituelle Waschen im Fluß, die Reinigung durch Wasser, verdrängt. Daß es sich dabei um einen heidnischen Brauch handelt, geht aus seinem Verbot durch die Kirche hervor (in den Vorschriften des Metropoliten Kyrill im 13. Jahrh.). Das bei slavischen und auch nichtslavischen Völkern verbreitete Hochzeitsbäumchen ist wahrscheinlich gleichfalls ein Rest aus der Heidenzeit, als man noch die Bäume anbetete und ihnen Opfer brachte, besonders als man noch die Trauung um eine Tanne herum vollzog (венчали вокруг ели), wie es im Sprichwort heißt. Dem Kranz kommt hier die gleiche Bedeutung wie bei den anderen Bräuchen zu, er dient als Symbol der Jungfräulichkeit. Es ist durchaus möglich, daß er ursprünglich (wie es die Mythologen annehmen) den Strahlenkranz der Sonne bedeutete; so heißt es in einem lettischen Liede, die Tochter der Sonne durchwate das Meer, nur ihr Kränzchen sei sichtbar (Sprogis Памятники литов. народ. творч. 312). Falls das Gehen um den Tisch nicht unter Einfluß der kirchlichen Zeremonie aufgekommen ist, geht es auf die Zeit zurück, als die Trauung um eine Tanne herum vollzogen wurde (венчались вокруг ели), wofür auch das Hochzeitsbäumchen spricht. Obligatorisch ist ferner das Weinen der Braut am Polterabend:

Колам слонейко па небе ходзиць,
Молодая дзеванька па застоллю бродзиць,
Да белые ручаньки ломиць,
Да дробныя слёзачки рониць . . .
(Šejn M. III 473.)

Die Jungfrau mußte natürlich traurig sein über den Abschied von ihren Angehörigen. Der tiefere Sinn dieser Klage ist aber ein anderer: in den Zeiten des Brautraubes fiel sie ja von dem Augenblick an in fremde Hände.

Die Lieder am Polterabend sind voll tiefer Lyrik, reich an symbolischen Vergleichen, Bräutigam und Braut werden mit Fürsten und Fürstinnen verglichen. Schlaflos grübelt die Braut über den Abschied von ihren Eltern: „матушка родзимая, . . . разлучаць мяне с табой князи да бояре, молодый Петрушка". (Šejn M. I 2, 439.) Wie sie einschläft, sieht sie bedeutungsvolle Träume: ein Adler und Tauben kommen zu ihr herangeflogen; sie zerzausen die schwarze Seide (ihre Flechten) und werfen ihr eine große Perle (Tränen) hin. Besonders rührend sind die zahlreichen Lieder der Braut, die als Waise geschildert wird (Rom. VIII 386). Sie bahnt sich einen schwarzen Fußpfad zum Kirchhof, wo sie ihre Mutter anruft:

Ўстань, ўстань, мая матухна, ни ляжи,
Хуць ты мне (ў) ету цёмну ночку памажи . . .

Die Mutter antwortet, daß sie „рада б устаци сваяму дзицяци баславення даци", aber das feste Grab hält sie gefangen. — In einigen Liedern begegnet man, wie in den Kol'adki, Lobpreisungen des Bräutigams; er wird als König oder Königssohn dargestellt: „па полю едзиць — василёчком спелецца, а ў вороты едзець — вороным конем хвалицца" . . . (Šejn M. I 2, 476). Unter Liedern werden auch die Tannen geschmückt.

Korovaj. Einer der wichtigsten Bestandteile einer jeden Hochzeit ist das Hochzeitsbrot — Korovaj. Selbst auf den alten Hochzeiten war er obligatorisch; so werden verschiedenartig geschmückte Korovaj in der Beschreibung von Zarenheiraten des 16.—17. Jahrh. erwähnt. An das Backen des Hochzeitsbrotes knüpfen sich verschiedene Bräuche. Es wird gewöhnlich am Tage vor der Hochzeit oder am Hochzeitstage selbst angefertigt. Nicht nur die Verwandten, sondern nach Möglichkeit das ganze Dorf nimmt teil an seiner Herstellung. Der Korovaj hat die Form eines großen runden Brotes und wird mit reliefartigen Darstellungen von Sonne, Mond, Tannenzapfen, Tieren oder deren Teilen (Euter, Hörner) verziert; die Ränder bildet eine ringförmige Kante. Mitunter finden sich darauf auch geschmacklose Abbildungen.

Zu beachten sind am Korovaj: seine runde Form und die Darstellungen der Gestirne. Beim Backen werden Lieder gesungen mit Anrufung der Sonne und des Mondes. Daher darf man annehmen, daß der Korovaj ein Symbol für die göttlich verehrten Gestirne ist oder ihnen als Opfer dargebracht wurde (Sumcov 143). Im Слово некоего Христолюбца aus dem 13. Jahrh. heißt es, den Göttern wurden als Opfer Korovaj dargebracht (короваи ломять). Aber auch Tiere konnten geopfert werden, deshalb werden Körperteile von ihnen auf dem Korovaj dargestellt. Die uns zynisch erscheinenden Verzierungen und die entsprechenden Lieder beim Backen des Korovaj sind Reste des früheren Phallus- und Priapuskults. Die Teilnahme fast des ganzen Dorfes am Korovajbacken weist darauf hin, daß die Verheiratung eine Angelegenheit der ganzen Sippe war.

Eine jede Handlung beim Backen wurde von entsprechenden Liedern begleitet. Die Vorbereitungen beginnen damit, daß die Mutter als Repräsentantin der Sippe um ihren Segen gebeten wird: „Быслави, маци, ды свайму дзицяци кырывай учиняци" (Rom VIII 337); mitunter wendet man sich auch an die Vertreter der ganzen Sippe: „Благословицо людзи, близкие суседзи" . . . (Зап. V 188); unter dem Einfluß des Christentums wird jetzt natürlich auch Gott angerufen (Šejn M. I 2, 74). Als gemeinsames Erzeugnis wird der Korovaj in den Liedern sehr groß geschildert: ein jeder hat dazu eine Schüssel Mehl, ein Schock Eier usw. zu stiften; es heißt von ihm, daß der Mond ihn in den Backofen setzt, die Morgenröte ihn verschließt und die Sonne ihn bäckt (месяц ў печ саджая, зоренька закладая, слонейко запекая) . . . (Kračkovskij 38); er ist stark verziert: „ай на нашим короваи ўси птушички, што ў раи" . . . (Dembovečkij I 553).

Einige Male wurden hier bereits besondere Benennungen für die Hochzeitsteilnehmer erwähnt; so wird z. B. der Bräutigam Fürst (князь), die Braut Fürstin (княгиня) genannt; sie sind von dem aus Bojaren, Bojarinnen und dem Brautführer bestehenden Gefolge (Družina) umgeben. Außerdem gibt es noch den Brautwerber, die Brautwerberin, den Ältesten, den Tyśackij, in einigen Gegenden (Rom. VIII 507) den Marschall. Überall treten die nächsten Verwandten (Vater, Mutter, Bruder) auf, falls es keine solchen gibt, werden sie durch eine rituelle Verwandtschaft ersetzt. Die Verwandtschaftsgruppen des Brautpaars sind gut organisiert und werden Sippen (роды) genannt. An der Spitze der Hochzeitsgesellschaft steht der Freiwerber (сват); in einigen Gegenden heißt er тысяцкий oder маршалок. Alle diese Personen spiegeln neben der Lebensweise in Sippen noch das Hofleben, das frühere Ideal des einfachen Volkes, wieder. Die Bezeichnung маршалок ist ein Rest der Polenherrschaft.

Die **Trauung.** Die meisten Hochzeitslieder und -bräuche beziehen sich auf den Tag der Trauung. Allerdings sind dabei einige Bräuche und Zeremonien Wiederholungen derjenigen, die bereits bei der Verlobung usw. begegnen. In einigen Gegenden gehen der Bräutigam und die Braut, häufiger diese allein, noch am Vorabend der Hochzeit, manchmal am Hochzeitstage selbst, durch das ganze Dorf und laden das Hochzeitsgefolge (дружина) und die Gäste ein; dabei bittet die Braut, daß man sie segne. Um die gleiche Zeit findet beim Bräutigam oft der постриги und посад statt. Ein Brottrog wird herbeigebracht und mit einem umgekehrten Pelz bedeckt. Darauf führt der Bruder dreimal den Bräutigam um den Trog. Letzterer verneigt sich dann vor den Eltern und erhält ihren Segen. Ist der Bräutigam keusch, so setzt er sich auf den Trog und der Bruder sengt ihm mit einem Licht von Mariä Lichtmesse (громничная) die Haare auf der Stirn, im Nacken und an den Schläfen ab. Am Hochzeitstage werden der Braut die Flechten gelöst, wozu sie sich, wie oben der Bräutigam на посад setzen muß. Ein lediger Bruder löst ihr darauf die Flechten und brennt sie gleichfalls mit einer Kerze etwas an. An Stelle des Backtroges nimmt man mitunter auch eine mit Roggen bestreute Bank. Nachher wird die Braut auf den Ehrenplatz gesetzt, und die Bewirtung beginnt, doch die Braut ißt nicht mit. Darauf findet eine eigentümliche Zeremonie statt: Der Brautführer (дружко) oder eine andere im Hochzeitsritual erfahrene Person klettert auf den Ofen oder auf die Säule am Ofen; in den Händen hat sie dabei Brot und eine Pirogge und, wenn Stille eingetreten ist, beginnt sie das S ä u l e n l i e d (столбовая песня) zu singen. Nach Beendigung desselben werden Pirogge und Brot nach der Tür zu geworfen, wo die Kinder sie auffangen. Dann empfängt die Braut den Segen der Eltern; ist der Bräutigam nicht anwesend, so findet die Segnung auch in seinem Hause statt. Schließlich begibt man sich zur Trauung in die Kirche. Vor der Abfahrt wird Schnaps um die Pferde herumgetragen, dem Brautpaar streut man einige Körner hinter den Kragen; auch wirft man Brot über die Pferde. Am Hochzeitszuge beteiligen sich immer Musikanten, mitunter wird die Straße versperrt und der Hochzeitszug muß sich den Durchlaß erkaufen.

In der Kirche wird die Trauung gewöhnlich nach dem Mittagsgottesdienste vollzogen. Selbst dabei glaubt man an verschiedene Vorzeichen, deren Entstehung aber nicht alt ist. Bei der Rückkehr des Brautpaares nach Hause wird gleichfalls der Weg versperrt. Auf den Hof der Brauteltern legt man ein kreuzförmiges Strohbündel, zündet es an und führt das Brautpaar durch das Feuer. Die Brautmutter empfängt es in einem umgekehrten Pelz und hat auf dem Boden des Backtrogs Brot, Salz und ein Glas mit Honig. Sie taucht darauf ihren kleinen Finger hinein und führt ihn an die Lippen des Brautpaares, damit diese ihn ablecken. Schließlich reicht man dem Paar Wein, den es aber nicht trinkt, sondern hinter sich ausgießt. Danach beginnt das Gelage.

Von den angeführten Zeremonien muß besonders die Haarschur (постриги) hervorgehoben werden, die teils die gleiche Bedeutung wie bei der Taufe hat, teils die Aufnahme in den Kreis der Erwachsenen andeuten soll: „Пострыгайся, Янечка, з ребяцкого стану, да ў мужескую славу" (Dovnar-Zapol'skij 104—119). Die Sitte, sich auf den посад zu setzen, hält Kostomarov für eine Nachahmung der fürstlichen Thronbesteigung als Zeichen der Amtsübernahme. Es liegen übrigens Gründe zur Annahme vor, daß durch diese Zeremonie der Braut der Wohlstand von Haus und Familie gefördert werden sollte und das Getreide immer gedeihe (ib. 135—136). Über das Umdrehen des Pelzes wurde bereits unter den Gebräuchen bei der Geburt gehandelt: hier hängt es mit dem Kult des Ackerbaus zusammen, da das Schaf als bestes Opfer für die Gottheit gilt. Außerdem erhöht das Fell, nach der Ansicht der Alten, die Fruchtbarkeit der Frau. Eine andere Bedeutung kommt nach dem Volksglauben dem umgedrehten Pelz der Mutter zu, indem sie den Jungvermählten entgegengeht:

Убралася цеща ў аўчину,
Хацела зяця злякаци,
Ни хацела дачки аддаваци.
(Rom. VIII 456.)

Bevor die Braut zur Trauung fährt, bedeckt man in einigen Gegenden ihr Gesicht mit einem großen Tuche, das heutzutage mitunter auch aus Seide (фата) und größtenteils von roter Farbe ist. Offenbar handelt es sich hierbei um eine alte Sitte, deren Bedeutung aber unklar ist. Die Mythologen wollten hierin Wolken sehen, die die Erde bedecken und aus denen segenspendende Feuchtigkeit herabrieselt (Sumcov 161). Näherliegend ist aber meines Erachtens die Erklärung derjenigen (Schrader, Die Indogermanen³ 62), die hierin Spuren des Brautraubes vermuten, da die Umhüllung des Kopfes mit einem Tuch dem Entführer die Arbeit erleichtert. Die Zeremonie mit dem Säulenlied geht auf das altrussische Gebetlied auf Hochzeiten zurück, das nur eine kleine Änderung im christlichen Sinne erfahren hat. Zweifellos war es an die Hüter des Herdes, die Ahnen, gerichtet. Das Brot in der Hand des Sängers wird wohl ursprünglich als Opfer gedacht sein. Auf den Redeschwall des Sängers sind wohl die Improvisationen der altrussischen Skomorochi von Einfluß gewesen. Die gleiche Bedeutung wie am Kol'adaabend hat das Bestreuen des Brautpaares mit Getreidekörnern. Ursprünglich sollte das Durchschreiten des Feuers eine Reinigung bedeuten. Die Hochzeitsmusikanten gehen auf die alten Skomorochi zurück:

По правом боку
Скрыпочки играюць...
По левом боку
Скоморохи стояць...
(Šejn M. I 2, 147.)

Heute werden auf den Hochzeiten moderne Tänze getanzt, früher waren es rituelle, meist Rundtänze, Reste davon haben sich in dem Rundgang des Brautpaares um den Backtrog, Tisch, Baum usw. erhalten. Die rituelle Verwendung des Honigs war bereits im 16. und 17. Jahrh. bekannt; man bewirtete das junge Paar einen Monat lang mit Honig, daher die Bezeichnung „Honigmonat". Diese Anwendung des Honigs steht damit in Verbindung, daß man ihn früher, wie es bei den Griechen und anderen Völkern der Fall war, den Göttern als Opfer darbrachte. Die Slaven opferten überhaupt berauschende Getränke, den Honig hielt man außerdem für ein Heilmittel.

Die Liedermotive stehen entweder in engem Zusammenhang mit der Zeremonie oder geben dem Kummer der Braut, die in eine fremde Sippe kommt, Ausdruck oder schildern ihre Liebe zum Bräutigam. Es gibt jedoch auch andere Themen. So singen z. B. die Brautführer (дружки), während die Braut die Zeremonie des посад ausübt:

Пастаньце, баяре, ўсе ў рад:
Садзяць маладую на пасад! (Kračkovskij 52.)

Beim Lösen der Flechten singt der Bruder:

Брат сястру на пасад вядзе,
Сястра брату да ног падзе;
„Чим я, братка, дакучила:
Ци русаю касою,
Ци сваей красатою..."
(ib. 52.)

Während der Bruder die Flechte der Braut an einen der Hochzeitsteilnehmer verkauft, wird fast überall in Rußland das gleiche Lied gesungen (die älteste Redaktion bei Rypinski 58):

Татарин, брациц, татарин!
Оддаў сястрыцу задаром,
А русую косыньку за питак,
А белые личыйка пашло и так.

Vor der Abfahrt zur Trauung wird von der Braut gesungen:

Благаславице, людзи,
Близкие суседзи,
Гэтаму двицяци
Да шлюбу стаци!
(Kračkovskij 57.)

Die Braut selbst klagt:

Таткоў куточек,
Божий домочек:
Благаслави да шлюбу ступици... (ib. 58.)

Ist die Braut Waise, so erbittet sie sich den Segen direkt von Gott und schildert in einem Liede ihre schwierige Lage:

Чуй, боже, чуй
Што сиротонька плаче,
Ци по бацьку, ци по матце,
Ци по своей горкой доле...
(Зап. V 645.)

Die Hochzeitsspiele beginnen mit dem Säulenliede, das lang und kurz sein kann:

Госцики собраныи, совваныи!
Кого кобылка привизла,
Кого матка принисла,
Позвольця нам песиньку начаць,
Ў скрыпки, ў дудки заиграць...
(Зап. V 581.)

Darauf wendet man sich an Kosmas und Damian (Kuz'ma — Dzem'jan)[1], mitunter auch an den hl. Lukas mit der Bitte, die Hochzeit zu schmieden. Für das hohe Alter des Säulenliedes spricht offensichtlich eine Stelle wie:

Ай месяц сына жениць,
Зорка дачку замуж даець;
А й месяц ў радысьци,
Зорынька ў жалысьци...
(Rom. VIII 368.)

Die sich auf die Trauung selbst beziehenden Lieder zeichnen sich durch besondere Volkstümlichkeit aus: die Freude darüber, daß man den Geistlichen nicht allzu hoch bezahlt hat und die Bitte, das Paar zu trauen, bilden ihren Inhalt. Interessant ist folgende Stelle:

А не попе то нас винчаиць,
Добрая годзина злучаиць. (Зап. V 583.)

Auch die weiteren Zeremonien werden in den Liedern beachtet.

Eine andere Liedergattung schildert das Schicksal der in der Fremde Verheirateten. Der Bräutigam, seine Družina, das gegenseitige Verhältnis zwischen ihnen und der Braut, das Verhältnis des Bruders der Braut zum jungen Paare — alles dieses wird als Fortsetzung der Polterabendlieder besungen. Arge Verwüstungen richtet der Bräutigam im Hause der Braut an:

Приехаў Григорка сам-дзисят,
Пусьциў коникуў ў зелин сад.
Конь тыи васильки пасарваў,
Чырвоную рожу сыщипаў,
Гибки лавачки патаптаў,
Цисовые столики заваляў,
З вином кубачки пабярнуў,
Красную Сахвейку к сабе узяў.
(Rom. VIII 372.)

Als Verteidiger der Braut tritt überall ihr Bruder auf: er verfolgt die Entführer seiner Schwester und bedroht sie mit dem Säbel (грозной шабелькой грозицца ib. 364).

Gleiches findet sich in den Liedern der anderen Slaven, z. B. der Serben (Karadžić Срп. нар. п. I 233). Die Ehe wird als ein von Gott beschiedenes Schicksal dargestellt:

Ай выйдзи, выйдзи, млада Гапулька ты да нас,
Ци спознаишь своего сужиньку мижи нас?...

Vom Schicksal ist auch das Glück der Neuvermählten abhängig. Diejenige Braut, die Waise ist, ladet Gott zur Hochzeit ein:

Буду, дзицятка, буду дарагая, я ў цибе...
А я ж буду долий-щасьцям надзиляць.
(Rom. VIII 386.)

Der vom Schicksal Bestimmte erweist sich besser als Vater, Mutter und die Verwandtschaft. Das Mädchen gerät ins Wasser und ist dem Ertrinken nahe.

[1]) Vgl. dazu Kałužniacki Jagić-Festschrift 513 (Кузьма куетъ).

Zu seiner Rettung kommen Vater und Mutter, doch es entschließt sich nicht, nach ihnen die Hand auszustrecken. Endlich kommt der Geliebte und sofort reicht sie ihm ihre Hand:

Ой я ў мори не утону,
Тольки останусь тобе одному.
(Šejn M. I 2, 70.)

In vielen Liedern werden die Vorzüge des Bräutigams gepriesen. Aber auch der Bräutigam spricht von seiner Liebe zur Braut. Er macht sich auf, um seine Geliebte, die schlank wie der Ahorn, weit sichtbar wie die Sonne ist, in sein Haus zu holen.

Die Zeremonien nach der Trauung zeichnen sich gleichfalls durch Mannigfaltigkeit, und Kompliziertheit aus. An dieser Stelle soll nicht auf diejenigen Bräuche eingegangen werden, die bis auf geringe Abweichungen sich mit den bereits behandelten decken. Interessanter sind die an die erste Nacht gebundenen Gebräuche.

Auf den in alter Zeit üblichen Brautraub, durch den die Braut fast zur Sklavin wurde, weist heute noch die in einigen Gegenden bestehende Sitte hin, dem Bräutigam die Stiefel abzunehmen, wogegen bereits Rogněda von Polock protestierte (Laurentiuschronik s. a. 980). Von den übrigen Bräuchen der Brautnacht sind diejenigen bemerkenswert, durch die die Keuschheit der Braut erwiesen werden soll. Es handelt sich dabei um Überreste des Phalluskults. Die Sängerinnen spielen dabei mit ihren stark erotischen Liedern die Rolle von Bacchantinnen.

Die Lieder nach der Rückkehr des jungen Paares aus der Kirche zeichnen sich durch große Mannigfaltigkeit aus und charakterisieren eine jede Einzelheit bei der Ankunft des Paares und das Hochzeitsgelage: so z. B. die Rückkehr unter Musik, Versammlung der Gäste, sogar aus fremden Dörfern, Reihenfolge der Speisen und Charakteristik der einzelnen Speisen (z. B. des Erbsengerichts). Auch der Appetit der Gäste wird gewürdigt:

Ядуць сваты, ядуць,
Як мятлой мятуць...
А подружки ядуць,
Як пташачки клююць...
(Šejn M. I 2, 352.)

Bräutigam und Braut sitzen am Tisch nebeneinander, essen und trinken aus demselben Geschirr mit dem gleichen Löffel. Nach dem Mittagessen tanzt der Bräutigam:

А ўси госци хороши,
А ўси госци пригожи,
Луччи нету Иваньки:
Ў яго боцики козловы,
Ў яго панчошки бялёвы,
Ў яго подвязки шоўковы,
Ён бот об бот щоўкаиць,
Ко Марусиньки приступаиць.
(Зап. V 586.)

Nach der Bewirtung wird der Korovaj geteilt. Ein jeder, der ein Stück erhält, sagt: „Дарую счасцьця и долю и век доўгий“ und legt etwas Geld hin. Darauf wird das junge Paar von den Eltern und Gästen beschenkt, während die Brautführer singen:

Добрая твоя, Наталка, доля,
Што твой татка цебе доре;
Щасливая будзець гадзина,
Цебе дариць уся радзина.
(Зап. V 212.)

Es gibt auch Spottlieder über die Hochzeitsteilnehmer, besonders über den Freiwerber:

А у нашего свата
Одзежа багата:
Шапка сабачча,
Шуба целячча,
Пояс вужаччий,
Боты коневы.
Шапка забряшиць,
Шубка замычиць,
Пояс зашипиць,
Боты загогочуць.
(Зап. V 214.)

Solch ein Spott bekommt aber den Sängerinnen schlecht:

Приданки заспевали,
Як сучки забрехали.
Возьми, сваток, помело,
Да гони сучек за село.
(ib. 174.)

Unter dem Gesang stark erotischer Lieder begibt sich das junge Paar alsdann ins Schlafgemach:

Ци слепы дружки,
Ци не видзели —
Молодая молодого
Под бок тоўкаець,
Под бок тоўкаець,
Ў клець гукаець.
(Šejn M. I 2, 477.)

Sehr häufig findet sich der Vergleich mit einem Hahn und Huhn:

Пятух курку маниць,
На куросадник садзиць,
Дасць мёду есци. (Kračkovskij 80.)

Beim Hochzeitsritual spielen überhaupt der Hahn und das Huhn eine große Rolle. In einigen Gegenden bekommt der Geistliche von den Neuvermählten ein Paar Hühner geschenkt; mit Hühnerfleisch bewirtet man die Gäste und auch das junge Paar im Schlafgemach. Vor dem Essen erfaßt der Bräutigam das eine Hühnerbein, die Braut das andere „и учнутъ тянути ее розно и приговариваютъ скверно, еже нѣсть мочно и писанию вдати“. (Vgl. die Sammelhandschrift aus dem 17. Jahrh. bei Buslajev Очерки I 46f.) Nach dem Zeugnis von Volkskundlern zerreißt man in Weißrußland mitunter auch lebende Hühner (Rom. VIII 461). Hahn und Huhn sind ein Symbol für die junge Familie. Früher brachte man sie als Opfer dem Sonnengott dar, als dessen Vertreter der Hahn als Verkünder des Sonnenaufgangs galt.

Wenn die Neuvermählten sich am Morgen erheben und die Braut sich als keusch erwiesen hat, wird ein Lied über den Schneeballenstrauch gesungen und die Braut, ihre Eltern und ihre ganze Verwandtschaft gepriesen. Z. B.: „У нас сегодня новина, а ў клеци калина расцвила“ (Зап. V 588), oder

Ясна, ясна зоренька
Асвяцила пущу и двӯор,
Яснаго месяца на ўпяруӯт.

Ой красна, красна дeвочка
Пакрасила племё и руӯт
И руднаго ойченька наўпяруӯт.
(Klich 93, 2.)

War die Braut jedoch nicht keusch, so werden Spottlieder gesungen.

Die letzte Zeremonie der weißrussischen Hochzeit ist die Abfahrt der Braut zum Bräutigam. In rührender Weise nimmt sie Abschied von ihren Eltern und dem ganzen Hause. Beim Besteigen des Wagens weint sie:

Таткова ниўка да не улекайсе:
Радзила пры мне, радзи и без мяне.
Добрая доля да идзи за мной:
З печы пламенём, з хаты комином.
(Šejn M. I 2, 117.)

Die letzten Zeilen bekunden zweifellos den Zusammenhang zwischen dem Schicksal und den Hausgöttern, die nach dem Volksglauben am Herde wohnen. Gleichsam um sich ihrer Gunst zu versichern, wirft der Brautführer vor der Abfahrt Brot in den Ofen.

Beim Empfang der Neuvermählten im Hause des Bräutigams finden die gleichen Zeremonien wie bei der Braut statt: Durchfahren durchs Feuer, Empfang durch die Mutter im umgekehrten Pelz, Bestreuung mit Hafer usw.

Während der Hochzeit müssen auch Beschwörungen angewandt werden, um das Brautpaar gegen den bösen Blick zu schützen; daher wird in einigen Gegenden ein Zauberer (знахарь) zum Brautführer gemacht (Rom. VIII 408).

Mitunter werden der Braut und den übrigen Teilnehmern während der Hochzeitsfeier, wie auch bei anderen Festen, gewisse stereotype Rätsel vorgelegt:

Што расьце без кораня?
Што гарыць без полымя?
Што бяжиць без погоню?

А што бело, не белячи?
А што чорно, не чорнячи?
Што рабое не пишучи?
(Rom. Мат. Гр. I 219.)

Schließlich noch einige Worte darüber, welche Allegorien für den Bräutigam, die Braut, die Ehe usw. gebraucht werden. Teilweise wurden sie bereits erwähnt. Für den Bräutigam und die Braut werden folgende Bilder angewandt: Falke und Ente, Nachtigall und Kuckuck, Enterich und Ente, Täuberich und Taube, Hahn und Hühnchen, Zobel und Füchsin, Ahorn und Birke, für die Braut — Rose und Schneeball, für Bräutigam und Braut — Mond und Sonne, Mond und Morgenröte usw. In den Hochzeitsliedern werden auch die anderen sich auf die Ehe beziehenden Verhältnisse, das ganze Hochzeitsmilieu und das Mädchenleben in Bildern dargestellt. So ist z. B. der Weinstock ein sehr verbreitetes Symbol für die Jungfernschaft:

Як пашоў виныград па загорьийку...
Як пашла Ликсандринка па застольлику...
(Dobrovol'skij II 295.)

In den Kal'adazeremonien begegnet man gleichfalls der Erwähnung von Weinstöcken. Es bleibt jedoch unklar, wie diese Bezeichnung zu den Weißrussen gekommen ist, da Weinstöcke dort nicht vorkommen. Ferner bedeuten Perlen — Tränen, Kränze — Keuschheit und Jungfräulichkeit.

Literatur: P. Šejn Белорусские народные песни. Зап. Географ. Общ. Отд. Этнограф. V (Petersburg 1874). — Derselbe Матерьялы для изучения быта и языка русского населения Северо-Зап. края I, 2 (Petersburg 1890). — Derselbe Матерьялы III (Petersburg 1902). — Ju. Kračkovskij, Быт западнорусского селенина. Moskau 1874. Чтения Общ. Ист. и Др. 1873 Nr. 4. — Z. Radčenko Гомельские народные песни Petersburg 1888. (Зап. Геогр. Общ. XIII 2.) — N. Nikiforovskij Простонародные приметы и поверья. Vitebsk 1897. — E. Romanov Белорусск. Сборн. I—II Kiev 1886, VIII Wilna 1912. — Derselbe Матерьялы по Этнограф. Гродненск. губ. I—II. Wilna 1911 bis 1912. — V. Dobrovol'skij Смоленск. Этногр. Сборн. II Petersburg 1894. — N. Sumcov О свадебных обрядах. Charkov 1881. — Th. Volkov Свадбарскитѣ обреди на славянскитѣ народи. Сборн. за народни умотвор. III—V Sofia 1890—91. — B. Ochrimovič Значение малорусских свадебных обрядов и песен. Этнограф. Обозр. XI (1891) und XV (1892). — A. Zankevič Белорусские сводебные обряды и песни сравнительно с великорусскими Petersburg 1897 (Русская Беседа 1896 Oktober). — M. Dovnar-Zapol'skij Белорусская свадьба в культурно-религиозных пережитках Kiev 1909 (= Изслѣдования и статьи I). — Nähere Angaben bei Verf. Белорусы III 1, 235 ff. und Niederle Život star. slovanů 67 ff.

c) Bestattungsbräuche und Klagelieder.

Die Bestattungsbräuche sind natürlich eine Zusammenfassung aller Bräuche und Sitten, die sich an die wichtigsten Ereignisse des menschlichen Lebens: Geburt und Hochzeit, knüpfen. Nach dem Volksglauben gehören die Verstorbenen nach der Bestattung den Ahnen (дзеды) an, selbst wenn sie in frühem Kindesalter gestorben sind. Vom Augenblick des Todes an, beginnen sie die Überlebenden zu beschirmen, letztere aber bemühen sich, möglichst enge Beziehungen zu ihnen anzuknüpfen. In den Klageliedern bei Beerdigungen und Totenfeiern (z. B. zur sog. Radonica) wird in lyrischer, häufig mit epischen Elementen stark durchsetzter Form der Trauer über das Hinscheiden des Angehörigen Ausdruck verliehen, und es werden Betrachtungen über den Tod und das jenseitige Leben angestellt.

Die weißrussischen Begräbniszeremonien und Anschauungen über das jenseitige Leben sind sehr altertümlich (vgl. Verf. Белорусы III 1, S. 295—309); sie sind in so starkem Maße ursprünglich, daß man nach einer Äußerung von Schrader (Indogermanen[3] S. 103 ff.) aus ihnen Schlüsse auf die vorhistorische Zeit ziehen kann. Trotz ihrer großen Bedeutung für die Vorgeschichte sind sie aber für das Verständnis der Volksdichtung nur soweit wichtig, als sie sich in den Klageliedern zeigen. Diese bildeten seit den ältesten Zeiten einen obligatorischen Bestandteil einer jeden Bestattung. Erwähnt sei bloß die Klage Olgas am Grabe des Igor'.

Bereits der polnische Geistliche Menetius (16. Jahrh.) berichtet über die weißrussischen Klagelieder, führt sogar ein Beispiel an, das den heutigen sehr ähnlich ist[1]). Das Singen von Klageliedern ist heute noch in Weißrußland eine obligatorische Pflicht der nächsten Verwandten des Verstorbenen. Ein jeder Weißrusse träumt davon, auf menschliche Weise (по-людзку) zu sterben, d. h. so, daß in seiner Todesstunde alle Verwandten zugegen seien, daß er als Toter auf der Bank (на своёй лаўцы) liegen möge und seine Tochter nach ihm trauere (поголосила) s. Šejn M. I 2, 512. Die auf uns gekommenen Klagelieder enthalten eine Reihe sehr alter Züge. Diese zeigen sich aber hauptsächlich im Aufbau und Ausdruck, in der Beibehaltung alter Bilder z. B. für die Seele, für die leidtragende Frau usw.; überall begegnet man alten Symbolen und Epitheta, die bereits in den ältesten russischen Sprachdenkmälern vorkommen. Aus den Klageliedern läßt sich die Volksanschauung von Tod und jenseitigem Leben feststellen. Charakteristisch darin sind:

a) Epitheta und Symbole: Koseformen in der Anrede des Gatten und Vaters: голубчик сизинький (Šejn M. I 2, 643), соколик ясненький, лебедзька беленький (ib. 687), чим жа я цябе, маё падружъя дырагая, прыгнявила? (Rom. VIII 538, vgl. подроужие im Ostromir-Evangelium); der Mutter: зязюлечка лясовая (Šejn M. I 2, 678); der Tochter: лебёдочка белинькая (ib. 665); der noch nicht erwachsenen Tochter: ягодка недоспелая (ib. 662), савнинко красное usw.

b) Epische Bilder und Umstände. Der Tod wird als Hochzeit dargestellt. Klagelied um den verstorbenen Sohn:

Сыночик мой миленьки!
Куды жа выражаешься? у якую дороженьку?
К якой же дзевоньце едзешь ў сваты?
А твоя ж веселля не веселая,
А твоя ж свадзьба не приятная . . . (Зап. V 656.)

Besonders deutlich tritt dieses Milieu im Klagelied über den Tod der Tochter hervor:

Дочушечка моя любая . . .
А зробила мне веселийко печальное,
Наши песни не вясёлыя,
Наши госци моркотные,
А ни музыки не играюць,
А ни дзевочки ни скачуць,
А ўся наша беседунька
Слезками умываетца.
(Šejn M. I 2, 667.)

Die klagende Witwe wird als Kuckuck dargestellt, gleich der Jaroslavna im Jgorliede:

Хто пожалеиць мяне вдовухну,
Осироцелую с дзяцьми беднаю.
Придзецца як тэй зязюльки,
Куковаць, по свету литаючи,
Ў чужих гнездах приючацца . . .
(Šejn M. I 2, 643.)

[1]) Vgl. Scriptores rerum Livonicarum II 389—392. A. Kotl'arevskij Погребальные обычаи славян (M. 1868) 146—151.

In den Klageliedern finden sich auch Spuren der alten Anschauungen über Tod und jenseitiges Leben. Allerdings sind diese Anschauungen mit späteren, besonders christlichen Einflüssen stark durchsetzt. Als Beispiele diene folgendes:

Die Seele verläßt den Toten als Vögelchen, Schmetterling oder Fliege. In dieser Gestalt kann sie auch Lebende besuchen:

Дочушка моя, зязюлячка моя!
А коли ты ко мне ў госци прыдзеш?
Ци зимою ў вовочку, а ци ў летку ў чоўночку?
Ци вязюлькою закукуеш, ци соловейкою защабечыш?
(Šejn M. I 2, 662.)

In einem andern Klagelied erscheint die Seele als ein Insekt: „Ци ты ж ко мне козявочкой ўсповзеш?“ (ib. 677.)

Nach dem Tode steht der Seele ein weiterer Weg bevor: „Сабраўся ты у дальняю дорожку“ ... (Rom. VIII 535). Ihr Ziel wird mitunter вырей genannt, wohin auch die Vögel im Winter ziehen, es liegt jedoch in einem unbestimmten Lande (ib. 536). Andrerseits lebt aber die Seele nach dem Tode angeblich auf Erden, und zwar auf demjenigen Friedhof, wo der Tote bestattet und seine Wohnstätte (домовина) errichtet wird.

In den Klageliedern findet auch der Glaube an einen regen Verkehr zwischen Toten und Lebenden Ausdruck: man bittet, Grüße an den Vater auszurichten: „поклонься там мойму батыньку, нихай ён на мяне ня забываець“ (Зап. V 655). Der Радзицель wie der Weißrusse einen jeden Verstorbenen nennt, nimmt nach dem Volksglauben ein reges Interesse am Schicksal seiner Nachkommen und sogar an den Einzelheiten der Wirtschaft.

Ein jedes Klagelied enthält Züge aus dem Volksleben. So wird z. B. ein Landwirt und Familienvater geschildert (Rom. VIII 535). Er ist der Ernährer seiner Familie, besorgt das Vieh, bearbeitet das Feld: „А хто будзя моих дзетачок гадаваць, а хто будзя им хлебца дабываць? А ёсць жа у нас скоцинка, а хто яе даглядаць будзя? А ёсць у нас пальцо́, а хто ж яго нам пахаць будзя?“

Ein bitteres Schicksal erwartet die Waisenkinder:

Трудно рыбке без водзицы,
Трудно дзеткам без татуньки.
(Šejn M. I 2, 649.)

Schwer hat es auch die erwachsene, bald heiratsfähige Tochter nach dem Tode der Mutter:

А хто ж мене с-под венца ўстрецыць ...
Никого на свеце нима милей того,
Ак родная мамочка,
Кому я такую правдочку скажу ... (ib. 670 f.)

Besonders schön sind die Klagelieder der Töchter; Šejn beschreibt z. B. eine dieser Klagen mit folgenden Worten: „Das war keine gewöhnliche Klage, sondern eine ganze Grabrede, unter Schluchzen, in poetischen Bildern.

Die Klagende hatte ihre Klage noch nicht beendet, als zu ihr ein anderes Mädchen herantrat und gleichfalls unter Schluchzen ein Klagelied anstimmte, ähnlich dem ersten, aber in ganz anderen Ausdrücken und Bildern. Jedes Wort und jeder Vergleich wirkte auf mich herzzerreißend. Auch die anderen müssen ähnlich empfunden haben, denn überall sah man Tränen." (ib. 538.)

Die Leichenklage kann auch noch vom sprachlichen Standpunkt aus behandelt werden. Keine andere Gattung der Volksdichtung weist einen solchen Reichtum an liebkosenden und zärtlichen Ausdrücken auf wie diese. Selbst der Tod wird darin „лютая смертунька" genannt.

Die Weißrussen gedenken oft ihrer Toten. An bestimmten Tagen, viermal im Jahr („Дзеды"), wird ihrer in der Kirche gedacht und zu Hause ein reichliches Mal, zu dem auch die Toten geladen werden, hergerichtet.

Святые дзяды, зовем вас,
Святые дзяды, идзице до нас!
Ёсць тут ўсё, што бог даў,
Што я ли вас охвяроваў,
Чим хата богата.
Святые дзяды, просим вас,
Ходзице, ляцице до нас!

(Šejn M. I 2, 596.)

Literatur: a) Untersuchungen der weißrussischen Begräbnisbräuche und Klagelieder: A. Kotl'arevskij О погребальных обычаях славян. Сборник 49. — M. Murko Das Grab als Tisch, Wörter und Sachen II.

b) Beschreibungen: P. Šejn Белорусск. песни = Записки Георг. Общ. V 654—661. — Ders. Матерьялы для изуч. быта и яз. русск. насел. Северо-Западн. края I 2, 503—697. — E. Romanov Белорусск. Сборн. VIII 524—550. — M. Federowski Lud białoruski I 219 f. — V. Dobrovol'skij Смоленский Этнограф. Сборн. II 303—337. — N. Nikiforovskij Простонародные приметы и поверья 282—297. — Nähere Angaben bei Verf. Белорусы III 1, 296 ff. und Niederle Život star. slovanů 224 ff.

III. Nichtkultische Lieder.

Auch in den Kultliedern wird das Volksleben geschildert, wenn dieses auch nicht ihre unmittelbare Aufgabe ist: sie werden zum Ritual gesungen, erläutern, ergänzen es und geben häufig dem Gefühl desjenigen, der in irgendeiner Weise mit dem Ritual verbunden ist, Ausdruck. Der vorliegende Abriß behandelt hauptsächlich nichtkultische Lieder. Sie sind nicht an das Ritual gebunden und werden, abgesehen von Tänzen, nicht von besonderen Zeremonien begleitet. Sie werden auch nicht nur zu bestimmten Zeiten gesungen. Vorgetragen werden sie sowohl von Einzelnen als auch im Chor. Hauptsächlich wird darin das heutige Volksleben geschildert, mitunter finden sich aber auch Hinweise auf die Vergangenheit. Einige Lieder entwickeln internationale Motive.

Am deutlichsten ist in diesen Liedern das Schicksal der Frau gezeichnet, in ihren Mädchenjahren, im Eheleben und in der Witwenschaft. Auch das Leben des Mannes wird ausführlich behandelt. Die für ihn so schwere militärische Dienstzeit bildet den Inhalt der Soldatenlieder. Ferner findet das oft eigenmächtige und rohe Verhalten des Mannes zu seiner Frau hier

Ausdruck. In den Kultliedern wird besonders auf das zärtliche Verhältnis zwischen Bruder und Schwester eingegangen. Jener ist ihr ständiger Verteidiger, er verfügt aber auch über das Schicksal der Schwester, indem er ihren Zopf an den Bräutigam verkauft. Danach ist das gute Einvernehmen zwischen ihnen im Abnehmen begriffen. Die hier behandelten Lieder weisen wenig Züge aus dem weißrussischen Volksleben auf; man findet darin zum größten Teil internationale Motive. Es gibt aber auch eine Reihe von Liedern, die einzelne Züge aus dem Leben der ganzen Bevölkerung Weißrußlands innerhalb bestimmter Zeitabschnitte (Leibeigenschaft, панщины) oder gewisse Zustände (Trink-, Räuber-, Arrestantenlieder) behandeln. Schließlich bieten auch die humoristischen Lieder Schilderungen aus dem Leben. Ebenso die Tanzlieder und die daraus bei den Weißrussen entstandenen Schnaderhüpfl (частушка).

Von den Tanzliedern wurde an erster Stelle unter den Kultliedern die Подушечка (vgl. unter Ehevertrag) genannt. Wahrscheinlich ist es sehr alt; die anderen, hierher gehörigen sind jedoch später Entstehung. Sie enthalten flüchtige Sittenskizzierungen, wobei viele humoristische Seiten des Lebens durch Verzerrung noch lächerlicher geschildert werden. Die Hauptrolle spielt aber in den Tanzliedern die Liebe in ihren verschiedensten Schattierungen. Als Beispiele führe ich an:

Ой без дўды, без дуды́ А як дудку почуюць,
Ходзюць ножки ця туды; Сами ноги танцуюць.
(Зап. V 549.)

Рада, рада была баба, Лихо ж яму нагодзило —
Што дзед утопиўся; За куст ухапиўся.
(Rypiński 169.)

Никому так не удалося, Зъела курку з ножачками,
Як мне бедной сироце: Трапечицца у живоце.
(Зап. V 556).

Ein heutiges Schnaderhüpfl lautet:

Ой маци, соромота — У мине цыцки трасуцца —
Нильзя выйци за вороты: З мине хлопцы смяюцца!
(Nikiforovskij Nr. 2170.)

Literatur: Nichtkultische Lieder: P. Šejn Белорусск. песни. Зап. Геогр. Общ. V S. 500—569, 661—668. — Derselbe Матерьялы для изучения быта и языка Северо-Западного Края I 1, 289—570. — E. Romanov Белорусский Сборник I und II 1—165, 180—262, 373—433, 457—461. — Derselbe Матерьялы по этнограф. Гродненск. губ. I, II. — N. Sumcov Rezension von E. Romanov's Белор. Сборник (Отчет о 5. присуждении премий Макария. Спб. 1895). — I. Nosovič Белорусские песни (Зап. V). — Genauere Angaben bei Verf. Белорусы III 1, 326 ff.

Tanzlieder: P. Šejn Белорусск. песни. Зап. V 109 u. 551 ff. Матерьялы I 1, 529 u. 539 ff.

Schnaderhüpfl: N. Nikiforovskij Белорусские песни Wilna 1911. — V. Astapovič Белорусская частушка. Vitebsk 1903 (aus den Витебские Губернские Ведомости Nr. 244, 245, 248 u. 250) — Näheres bei Verf. Белорусы III 1, 381 ff. — Vgl. auch neuerdings D. Zelenin, Das russische Schnaderhüpfl, Zschr. f. slav. Phil. I (1925) 343 ff.

IV. Sprichwörter und Redensarten.

Die weißrussischen Sprichwörter und Redensarten, wie überhaupt die russischen, geben gleichfalls ein reiches Material zur Beurteilung der Lebensweise des Volkes, seiner Ansichten über Gut und Böse, ferner über die verschiedenen Beziehungen der Menschen untereinander und ihre Stellung zur Natur. Sie sind die Ergebnisse, zu denen das Volk auf Grund der Betrachtung eines unkomplizierten und häufig stark primitiven Lebens gekommen ist. Viele dieser Verallgemeinerungen sind bereits uralt, es ist daher möglich, daß die Grundgedanken einiger Sprichwörter von den Weißrussen bei anderen Völkern entlehnt sind. Viele Beobachtungen sind aber auch im Lande selbst gemacht worden; wenigstens werden dort heute noch häufig verschiedene Begebenheiten geschildert, aus denen Schlüsse in Form von Sprichwörtern und Redensarten gezogen worden sind.

Heutzutage sind die Ausdrücke пословица und поговорка in Weißrußland Synonyme, allem Anschein nach sind diese Termini aber nicht rein volkstümlich; außerdem gibt es noch приговóрки, прйказки. Meist gebraucht man dort aber diese Ausdrücke gar nicht, sondern sagt „як той казаў“, „не дарма кажуць“. Inhaltlich bieten die Redensarten (поговорки) einen weniger abgeschlossenen Gedanken als die Sprichwörter und sind aus dem Zusammenhang gelöst, häufig nicht ganz verständlich; so z. B. ані́ ўхом не вядзé Czeczot 118, дзяцéй як бóбу ib., обóе рябóе — ambo meliores usw.

Die Sprichwörter und Redensarten sind nicht weniger alt als die übrigen Arten der Volksdichtung. Bereits die ältesten russischen Sprachdenkmäler enthalten Sprichwörter der dem weißrussischen Volkstum zugrunde liegenden Stämme. So erzählt die Načal'naja Letopis' unter dem Jahre 984, der Wojewode Volčij Chvost habe die Radimiči an der Piščana besiegt und man habe von ihnen gesagt: Пищаньци волъчья хвоста бѣгаютъ. Von den westrussischen Sprachdenkmälern mit Sprichwörtern sind besonders interessant die Meldungen des Oršaer Starosta Filon Kmita Černobyl'skij 1573—1574. In seinen Meldungen an den König und die litauischen Edelleute gebraucht er in weitgehendstem Maße Sprichwörter, die bis heute noch im Volke leben. So lesen wir dort z. B. Коли утопили, топор давали, а выплывши ни топорища; хромого волка за лисицу стало; як доробило лихо, прорежутся и зубы; и каши не хочу и по воду не йду usw. Weißrussische Sprichwörter finden sich auch in anderen alten Sprachdenkmälern. An ihrem Alter ist nicht zu zweifeln.

Zum gleichen Ergebnis gelangt man, wenn man die Entstehungszeit der verschiedenen Sprichwörter auf Grund ihres Inhalts festzustellen versucht. Es wird hierbei ersichtlich, daß viele noch in der Zeit entstanden sind, als die mythischen Anschauungen noch herrschten, die sich im Animismus, ja sogar in der Personifikation von Gegenständen und Naturerscheinungen äußerten; hierher gehört z. B. Сказаў бы да печ у хаце Nosovič 149 (der Ofen als Wohnsitz der Ahnen); впросилися злыдни на три дни, а ў три годы не выживеш L'ackij 16; не будзи лиха, нихай спиць usw. Zu anderen Sprichwörtern gaben verschiedene historische Ereignisse und Personen den Anlaß, z. B. За Саса было досиць хлеба и мяса, а настаў Понятоўский, стаў хлеб не такоўский Nosovič 47; Кепско ў Минску пане Коренеўски (Korzeniewski) Czeczot 110. Die meisten Sprichwörter über die alltäglichen Beziehungen der Menschen zueinander konnten sowohl in alten Zeiten als auch heute entstehen. Zweifellos alt sind diejenigen, die in bezug auf Inhalt, Form und Ausdruck sich an die alten Zeremonien, Sitten, Lieder und Märchen anlehnen. An das Hochzeitsritual erinnern z. B. Мáло чий бычки́, былй б нáши целя́тки L'ackij 76 — derselbe Vergleich wie in der bekannten Rede des Freiwerbers Наш бык . . .; На своей лáўцэ и умéрць хорошó ib. 87 — aus dem Begräbnisritual; Молодзйк молоды́й, рог золоты́й ib. 79 — wie in den Beschwörungsformeln; Юрий пасець короў, а Микола кóней — Frühlingsritual; Подмаж скрып ворот, замкни собаце хлебом рот, почци гордого поклоном, уйми сварливого тризвоном — и ўси четыре замóўкнуць ib. 185 — Bilder aus dem Märchen von der Baba Jaga; Круци́ не верци́, а трéба ўмерци́ Nosovič 69 — aus dem bekannten Märchen von der dem Tod angebotenen Gevatterschaft; Выйграў як Заблóцкий на мы́ле — dieses Sprichwort kennen auch die Polen; es beruht auf der Erzählung von den Verlusten des schlauen Kaufmanns Zabłocki. Einige Sprichwörter sind christlich-gelehrter Entstehung, z. B. Бог даў, бог и ўзяў — aus dem Buche Hiob.

Sehr reich sind die weißrussischen Sprichwörter an innerem Gehalt: sie liefern viel Material für eine Charakteristik des Volkes, seiner Lebensweise und des von ihm bewohnten Landes, z. B.: Sprichwörter über das Familienleben: Не кáйся рáно ўстáўши, а мóлод жени́ўшись Nosovič 98; Лéпи ў пескý гниць, як с неми́лым жиць ib. 74; Бог сцерóг, што с сестрóю спаць не лег ib. 7 — Motiv aus den Kupaloliedern. Sprichwörter über die Beziehungen der Menschen zueinander und über sittliche Eigenschaften: Гдзе любюць, не учащай, а гдзе не любюць, и ногою не накладай ib. 23 — sei kein allzu häufiger Gast; Не я́сли к кóням, а кони к я́слям ходзюць ib. 110 — ein der Hilfe Bedürftiger muß sie sich selbst suchen; Ци мóре погáно, што ў ём собака купаўся? — ein Trost für diejenigen, deren Braut nicht keusch war; dasselbe Sprichwort kommt auch in altrussischen Sprachdenkmälern vor (Тѣмь море не погано, что псы в нево налокали Simoni 143); Загля́нець сóнце и ў наше воконце ib. 45 — die Hoffnung auf das künftige Glück. Aus vielen Sprichwörtern geht ferner hervor, daß dem Weißrussen die Bequemlichkeiten des Lebens gleichgültig oder wenigstens entbehrlich erscheinen: Пýшный хлеб (Kaffbrot) не гóлод, а поскóнная сорочка не наготá Nosovič 142; Наўпéрад бог даў пáльцы, чым видéльцы — Fleisch wird ohne Gabeln gegessen; Трэба жыць, як набяжы́ць Czeczot 114. Es gibt auch Sprichwörter, denen juristische Vertragsformeln zugrunde liegen:

Кóляды, то ён цепер пан Czeczot 117 — zu Weihnachten endet die Dienstzeit der Arbeiter. Einige Sprichwörter beziehen sich auf Siedlungen und Städte: Ў Несвíжи людзи хíжи: солóму тоўкуць, блины́ пякýць, сéно смáжуць, блины́ мáжуць; Ў Слýцку ýсё не по-лю́дзку, а ў Мíнску, ýсё там по-свíнску L'ackij Мат. 50. In den sich auf Feiertage beziehenden Sprichwörtern wird hauptsächlich die Natur in der betreffenden Jahreszeit geschildert: Грамнíца-зимы́ палавíца Czeczot 116; Май валóм дай, а сам на печ уцекай ib.; Св. Барбáра ноги урвáла usw.

Nicht nur durch ihren Inhalt sind die weißrussischen Sprichwörter und Redensarten interessant, sondern auch durch ihre Form und Ausdrucksweise.

Ein jedes mehr oder weniger erstarrte Sprichwort besteht gewöhnlich (im Gegensatz zur Redensart) aus zwei Teilen, die verschieden miteinander verknüpft sind, analog der Korrelation in zusammengesetzten Sätzen. Verhältnis von Subjekt und Prädikat: Век жжыць — то не мех шшыць Dybowski. Verhältnis von Ursache und Folge: Kроў не вада — разлици шкада ib. Ein Teil erklärt den anderen: Хто бóрзда есьць, той бóрзда и рóбиць ib. Bedingtes Verhältnis: Абы́ галавá, то шóлудзи будуць ib. Gegenüberstellendes Verhältnis: Гóрка рéцька, да ядýць, лíха зáмужем, да идýць ib. Vergleichendes Verhältnis: Не карáй, Боже, ничы́м, як дрýгом лихíм ib. Zeitliches Verhältnis: Калí нам жанíцца, то и ноч малá ib.

In vielen der angeführten Sprichwörter reimen sich die Endungen; hierfür noch einige Beispiele: За свóй грош ýсю́ды харош. Як ня еў, то не мог; як подъеў, то ни рук ни ног usw. Anstatt des Reimes findet sich mitunter nur ein Gleichklang: Гóлы як бич, вóстры як меч Czeczot. Ferner ist die Alliteration in Sprichwörtern häufig: Мужык дурны, як варона, а хитры, як чорт Czeczot. Ни село, ни пало дай бабе сало ib.

Die weißrussischen Sprichwörter zeichnen sich, wie die russischen überhaupt, durch einen gewissen Rhythmus aus. Z. B. Гдзе кáша й аладка — там бýдзя й грамáдка L'ackij u. a.

Der schematische und musikalische Aufbau der Sprichwörter verleiht ihnen einen beständigen, typischen Charakter, der zu ihrer Konservierung im Volksmunde wesentlich beiträgt.

Literatur: Die weißrussischen Sprichwörter und Redensarten haben seit langem bereits die Aufmerksamkeit auf sich gelenkt. Aus den 40 Jahren des 19. Jahrh. besitzen wir folgende Aufzeichnungen: A. Rypiński Białorus' 1840, Jan Czeczot Piosnki wieśniacze 1846; I. Nosovič Сборник белорусских пословиц Petersburg 1874; W. Dybowski Przysłowia białoruskie Zbiór wiadomości V; S. Adalberg Księga przysłów, przypowieści i wyrażeń przysłowiowych polskich, Warschau 1894; Th. Buslajev Русский быт и пословицы. Исторические очерки I; V. Peretz Из истории пословицы ЖМНПр. 1898 Mai; P. Simoni Старинные сборники русск. пословиц (Спб. 1899); I Timošenko Византийские пословицы и славянские параллели к ним РФВ. Bd. 32—33; I. Ftičev Пословицитѣ и тѣхното мѣсто въ областьта на фолклора Извѣстия на семинара по сл. фил. при унив. в София III; M. Kucz Przysłowia ludowe z okolic Witebska, Mohylewa ... Mat. antrop.-arch. IV. Außerdem sind Sprichwörter in den Sammlungen von Šejn, Romanov, Dobrovol'skij u. a. enthalten. Besonders hervorzuheben wäre noch die wertvolle Sammlung von E. L'ackij Чтения Общ. Истор. и Древн. 1898 und vom selben Verfasser Несколько замечаний к вопросу о пословицах и поговорках Известия ОРЯС. 1897. Weitere Literaturangaben vgl. Verf. Белорусы III 1, 388ff.

V. Rätsel.

Nach Aufbau und Form stehen die Rätsel den Sprichwörtern am nächsten. Während aber die Sprichwörter Schlußfolgerungen sind und Beobachtungen aus dem Leben des Volkes bieten, die auch den Glauben, die Naturbetrachtung usw. eines Volkes widerspiegeln, handeln die Rätsel von den gleichen Erscheinungen, aber in einer verschleierten, allegorischen Form. Dabei zeigen sie ebenso wie die Sprichwörter eine gewisse Bildhaftigkeit und zumeist auch rhythmische Form. In den Rätseln greift das Volk häufig zu Vergleichen, die jedoch recht entlegen sind und sich mit dem in Frage kommenden Gegenstand nur in einigen zufälligen Merkmalen berühren.

Rätsel gehören mit zu den ältesten Bestandteilen der Volkspoesie. Ein Messen der gegenseitigen Weisheit an schlauen Fragen und Antworten kam bereits im grauen Altertum vor. So erzählt die Bibel, die Königin von Saba sei zu Salomon gekommen, um „ihn mit Rätseln zu erproben". Diese Erzählung lieferte Stoff für die Volksphantasie, und es entstanden so Apokryphen und Märchen über diesen Besuch, die auch den Weißrussen bekannt sind. In die Erzählung werden ebenfalls Rätsel mit weißrussischem Gepräge eingeschaltet, wie: Высóко, тóнко стоя́ць, гóловы опусьцúўшы и шумя́ць и говóруць: для ры́бы кéпско, для рабóчаго ця́жко, а богáтым, бéдным и мéртвым — ўсим дóбро (Flachs) Šejn M. II 485. Häufig geben die Hauptpersonen in den weißrussischen Kultliedern Rätsel auf. Ihre Lösung schützt denjenigen, der sie gefunden hat, vor einer drohenden Gefahr. Mehrfach sind schon einige der beliebtesten Rätsel erwähnt worden, z. B.: Што бежиць без повода? (Wasser); Што бело не белючи? (Schwan); Што гориць без огня? (Morgenröte); Што росцець без кораня? (Stein); Што чорно не чернючи? (Rabe) Rom. I—II 335 f. Es gibt ferner Märchen, in denen die handelnden Personen nur in Rätseln sprechen. Aus dem Gesagten geht somit hervor, daß diese Dichtungsart sehr alt und im Volke weitverbreitet ist. Mit der Verbreitung der Bildung hat sie allerdings ihren ernsten Charakter verloren. Heute sind Rätsel ein Zerstreuungsmittel für Erwachsene in der Weihnachtszeit und für Kinder auch zu anderen Zeiten. Um zur Erheiterung beizutragen, geben ältere Leute mitunter auch Rätsel erotischen Inhalts auf.

Analysiert man die Rätsel ihrem Inhalte nach, so erweist sich, daß sie zu verschiedenen Zeiten entstanden sind. Einige davon weisen Reste der ältesten primitiven Weltanschauung auf, als man sich die verschiedenen Naturkräfte und -erscheinungen noch als lebende Wesen dachte; andere sind zu einer Zeit entstanden, als Jagd und Fischfang im Vordergrunde des Interesses standen; ferner gibt es Rätsel aus der Zeit, als man sich mehr dem Ackerbau zuwandte und die Verhältnisse der seßhaften Lebensweise in den Mittelpunkt des Interesses rückten; schließlich sind viele Rätsel noch später aufgekommen: diese setzen bereits die Bekanntschaft mit verschiedenen späteren Errungenschaften und Gegenständen der Kultur voraus. Heute ist natürlich die Entscheidung darüber schwierig, worin der Grund für die Anwendung des einen oder anderen Bildes oder Vergleiches im Rätsel zu suchen ist und wann es entstanden sein könnte. Es folgen ein paar Proben von Rätseln:

Himmel, Mond und Sterne. Allem Anschein nach müssen diejenigen Rätsel besonders alt sein, die Bilder aus dem Hirtenleben bieten: Поле неэмерóно, быдло пезличóно, пастух рогатый Šejn M. II 495.

Die Sonne wird gewöhnlich mit einem Vogel verglichen: На поли поляси сидзиць пцица вяротница, яе нихто не сымае: ни царй, ни царйца, ни красна дзевйца ib. 497. Diesem Rätsel stehen auch diejenigen nahe, in denen der Vogel genauer als Huhn bezeichnet wird. Eine solche zoomorphische Auffassung der Sonne erinnert an die Zeit des Jagdlebens.

Der Donner wird als großer, brüllender Stier dargestellt: Крикнуў вол на сто озёр, на сто миль, на ўвесь мир (ib. 489).

Tag und Nacht, die Vergleiche sind ähnlich wie im vorhergehenden Fall: Чорная корова усих людзей поколола, а белая ўстала, ўсих поподымала ib. 495.

Auf die seßhafte Lebensweise beziehen sich folgende Rätsel:

Über den Ofen, der auch in dieser oder jener Form dem Nomaden- und Hirtenleben bekannt ist: Стойць турйца, а ў турйце бéгаець молоднй (Blitze) кругóм колóдзезя — Ofen und das einen darin stehenden Topf umgebende Feuer Nosovič 202. Der ursprüngliche Vergleich ist hier nicht mehr streng durchgeführt. Der Gegenwart noch näher steht folgende Variante: Пришоў пощупаў, ўвлез на яé, сядзеў до поту, спогнаў охвоту Šejn M. II 495.

Webstuhl — dafür kommen keine Vergleiche aus der Tierwelt vor. Im Rätsel wird vielmehr auf das Geschlechtsleben angespielt: Брўхам трець, ногой мнець; гдзе рашчéлицца, там и суéць (Rom. I—II 327).

Nadel — in den weißrussischen Rätseln gibt es dafür zwei Vergleiche: 1. Вовк железный, а хвост алляный Nosovič 198; 2. Синенька, маленька, весь свет одзеваець ib. 202. Ein Gegenstand aus Stahl ist später Herkunft.

Schatten: На огне ня горйць, на водзе не тонець и на соломине шасциць Šejn M. II 498. Es werden nur die fehlenden Merkmale genannt.

Vater und Tochter — ein kompliziertes Rätsel über das Verwandtschaftsverhältnis:

Ишоў человéк дорóгой, ажно удвóх сéно грабўць.
Коли брат с сестрой — поможй Бóжа,
А мужйк с жанóй — смéшки да жáрты.
— А не брат с сестрóй, не мужйк з жанóй:
Моя́ мáтка её мáтцы свякроўка былá.

Rom. I—II 422.

Die angeführten Beispiele genügen, um sich ein Bild von den weißrussischen Rätseln zu machen. Zum größten Teil sind sie bereits in der gemeinrussischen Zeit entstanden (die Groß- und Kleinrussen kennen Rätsel der gleichen Art) und haben sich allmählich nur in ihrer Ausdrucksweise etwas geändert. Die meisten davon entnehmen ihre Bilder dem Tierreich, was für ihr hohes Alter spricht. Aber auch die neuesten Rätsel gebrauchen oft ähnliche Bilder, ein Beweis für das Weiterleben der volkstümlichen Stilmittel und für die Nachahmung von Altererbtem, um so mehr, als das Milieu des Volkes bis zum heutigen Tage wenig von dem ursprünglichen abweicht.

In bezug auf ihre äußere Form sind die Rätsel den Sprichwörtern ähnlich.

Literatur: P. Hiltebrandt Сборник памятников народного творчества в Северо-Западном крае 1866. — I. Nosovič Сборник белорусских пословиц 1874 S. 198—204. — E. Romanov Белорусский сборн. I—II (Kiew 1886). — Derselbe Матерьялы для изучения говоров Могилевской губ. — P. Šejn Матерьялы для изучения быта и языка русск. населения Северо-Западн. края II (1893). — E. L'ackij Матерьялы для изучения творчества и быта белоруссов. Чтения Общ. Ист. и Др. 1898. — N. Nikiforovskij Простонародные Загадки. Памятная книжка Витебской губ. 1898 S. 309—343. — E. Romanov Матерьялы по этнографии Гродненской губ. I (1911) 86—94. — L. Wasilewski Zagadki białoruskie Materyały antropol.-etnograf. II (Krakau 1897) 5—13. — E. Klich Teksty białoruskie Materyały i prace Kom. Językowej (Krakau 1903) II. — Näheres bei Verf. Белорусы III 1, 406—417.

VI. Märchen.

Die Märchen nehmen eine hervorragende Stellung in der Volkspoesie aller russischen Stämme ein, ganz besonders viele besitzen jedoch die Weißrussen. Einer der besten Kenner des russischen Märchens, S. Savčenko, äußerte sich darüber in der Weise, daß „den weißrussischen Märchen an Farbenpracht und Erzählungskunst nichts Ebenbürtiges im ganzen russischen Märchenschatz zur Seite gestellt werden kann". Vgl. S. Savčenko Русская народная сказка 245 f.

Die besten weißrussischen Märchensammlungen stammen von Romanov (III, IV, VI), Šejn, Dobrovol'skij, Federowski Lud białoruski na Rusi Litewskiej und Seržputovskij Сказки и рассказы белорусов-полешуков. Es gibt außerdem noch kleinere Sammlungen. Nach der Berechnung von Savčenko sind in Weißrußland ungefähr 1500 Varianten aufgezeichnet worden. Spezialuntersuchungen über das weißrussische Märchen gibt es vorläufig noch nicht; gute Vorarbeiten haben aber N. Sumcov, G. Polívka, A. Smirnov und S. Savčenko geliefert (vgl. Verf. Белорусы III 1, 418—484).

In Weißrußland werden die Märchen басни, байки, казки genannt; besonders verbreitet sind die zwei letzten Ausdrücke. So bezeichnen die Weißrussen sowohl eigentliche Märchen als auch Anekdoten mit stark realistischer Grundlage und satirische und moralische Erzählungen ohne phantastischen Anstrich. Zu den Märchen werden auch die stark entstellten Bylinen (старины) gerechnet, von denen sich in Weißrußland aber nur unbedeutende Reste erhalten haben. Ferner gehören hierher sogar literarische Novellen, die ins Volk gedrungen mit verschiedenen volkstümlichen Zügen durchsetzt und durch mündliche Überlieferung erhalten worden sind.

Die heutigen weißrussischen Märchen sind teilweise sehr alt. Viele davon waren bereits in der gemeinrussischen Periode bekannt; Märchen kannten die Russen auch schon zu Beginn ihrer Geschichte; diese haben sich dann bei den einzelnen russischen Stämmen, darunter auch bei den Weißrussen, nach Zerfall der russischen Stammeseinheit gehalten; nach dem Vorbild der alten Märchen sind auch einige neue entstanden.

Das Alter der russischen Märchen ist bereits seit dem 11. Jahrh. bezeugt. Wahrscheinlich hatte Kyrill von Turov die Märchen der Dregoviči, der Vorfahren der Weißrussen, im Auge, als er diejenigen tadelte, die Märchen erzählen (басни баютъ XII Homilie). Märchenmotiven begegnet man in verschiedenen altrussischen und westrussischen Sprachdenkmälern bis zum 18. Jahrh. Das Alter der russischen, mithin auch der weißrussischen Märchen, läßt sich ferner auf Grund von Inhalt und Ausdrucksweise erweisen: häufig wird darin eine von der heutigen durchaus abweichende Lebensweise dargestellt, die einer bedeutend früheren, häufig sogar vorhistorischen entspricht. Auch die sich dabei zeigende Weltanschauung ist oft ganz primitiv. In keinem Verhältnis zur heutigen Volkssprache stehen ferner die angewandten Wörter und Redewendungen.

Bei einer Inhaltsanalyse der weißrussischen, wie der russischen Märchen überhaupt, muß man jedoch vorsichtig sein, um nicht Entlehnungen für nationale oder gar lokale Eigenart zu halten. Dies gilt besonders für die internationalen Motive, die sozusagen nur das Gerippe der Märchen bilden. Damit aus einem solchen Motiv ein wirkliches und dazu noch weißrussisches Märchen entstehe, muß es in bestimmter Weise sprachlich ausgedrückt werden und nationale Züge annehmen. Die weißrussischen Märchen zeichnen sich nicht nur durch volkstümliche Sprache aus, sondern auch durch einen bestimmten Märchenstil: es handelt sich hierbei nicht um Übersetzungen eines fremden Originals, sondern um selbständige Dichtungen über ein bestimmtes Thema, die sich besonderer, für diese Gattung üblicher Wendungen bedient. Ferner vollzieht sich die Handlung selbst in einem Milieu, das der weißrussischen Lebensweise derjenigen Gegend, wo das Märchen aufgezeichnet wurde, entspricht; die handelnden Personen weisen typisch weißrussische Gewohnheiten auf und gehen so vor, wie ein jedes Glied dieses Stammes es tun würde. Der Narr liegt auf dem Ofen, alle springen mit ihm um; Wasser holen geht die junge Schwiegertochter wie in den Hochzeitsbräuchen und -liedern; junge Knaben hüten Rinder oder Schweine; durch Besprechen und verschiedene Kräuter werden Krankheiten von Zauberern geheilt; die Juden zeichnen sich durch große Ängstlichkeit aus und treiben Handel; vor alten bösen Weibern fürchten sich sogar die Teufel; der Hase ladet die Füchsin und den Kater mit denselben Worten ein, mit denen die Weißrussen ihre Bekannten zu Familenfesten auffordern: Добры́-дзень! прасі́ў бацька и ма́тка, штоб вы ля́сковы бы́ли, к нам на 'бед пришли, хлеба-со́ли зъе́ли, ча́рку гарелки выпили! Rom. III 134. Überall werden in den Märchen lokale Aberglauben, Sitten und Gebräuche dargestellt. Selbst die Natur wird mit ihrer lokalen Färbung, mit allen ihren Vorzügen und Nachteilen geschildert. Ihren nationalen Charakter bekunden die weißrussischen Märchen auch dadurch, daß sich darin die Grundcharakterzüge des Russen zeigen. Überall siegt die christliche Tugend, Wahrheit und Güte. Auf diese Weise wird ein Märchen, wenn es in das den Sitten und der Lebensweise eines Volkes entsprechende Milieu gestellt ist, zu seinem nationalen Eigentum, selbst wenn ihm auch ein internationales Motiv zugrunde liegt.

In der mündlichen Überlieferung haben sich die Volksmärchen bis auf heute in Prosaform erhalten. Diese Prosa ist aber besonders geartet. Sie zeigt stilistische Berührungen mit anderen Arten der Volksdichtung, den Liedern, sowie Sprichwörtern und Rätseln. Diese stilistischen Übereinstimmungen zeigen sich sowohl in der schablonenhaften Ausdrucksform als auch im Inhalt.

In formaler Hinsicht verknüpfen den Märchenstil mit den anderen Arten der Volksdichtung die häufigen Reime, z. B. versucht der Erzähler in folgenden Sätzen die Zeit- oder Schlußwörter miteinander zu reimen: Жиў сабе так Несцёрка, | меў двеtык шесцёрко. | Робиць лянитца, | красци баитца ... | А нехай круциць ды мотаець | и душу питаець ... Rom. III 400. Mitunter ist fast das ganze Märchen in Reimen angelegt (vgl. ib. III 20).

In vielen Märchen sind natürlich Lieder, manchmal sogar Tanzlieder eingeschaltet:

А му́ой жаж ты, Рыгу́ор, да Рыгу́ор,
Мусиць уже ты мижы гу́ор, мижы гу́ор;
Кали еще ни дайшу́оў, ни дайшу́оў,
Каб ты назад ни прышу́оў, ни прышу́оў...
(Federowski II 73.)

Stark verbreitet ist in Märchen der Gebrauch von Epitheta: дорога широкая, пущи драмущи, жар-птица, цемная ноч, белый свет, баба Яга — косцяная нога, калиновый мост, дру́обные слёзки usw. Üblich sind darin auch Vergleiche: то ни птушка щебече, анно дзеўчатко щиру праўду каже Federowski II 48 usw.

Außer solchen, dem Märchen mit den anderen Arten der Volksdichtung gemeinsamen Zügen weist es noch besondere auf, die für die formale Seite des Märchenstils charakteristisch sind. So haben sehr viele Märchen, besonders die von professionellen Erzählern, vielleicht den literarischen Nachkommen der Skomorochi vorgetragenen am Beginn und Schluß besondere Zusätze (приказки) und häufig werden verschiedene scherzhafte Geschichten eingeflochten (прибаутки). Z. B. Жиў сабе дзед из бабой, | еў хлеб с папой, | еў хлеб с аўсом, | забиў бабу каўшом Rom. III 14. Auf ähnliche Worte folgt häufig: Ето не казка, а приказка, — казка ще будзя ў перадзе, на той нядзели ў серадзе, после обеда, посли мяккаго хлеба ib. 432, und am Schluß: И я там быў, ўсё тое видзеў, мёд и пиво з ими пиў: по вусам цякло, ў рот ня пупало. ib. 37. In die Märchen eingefügt werden oft

Redensarten (прибаутки), wie: скоро казка кажетца, ды ня скоро дзело дзеетца Rom. III 250.

Zur Hervorhebung einer gewissen Eigentümlichkeit oder eines Ereignisses wird gewöhnlich dieselbe Äußerung mehrmals wiederholt, so z. B. siebenmal folgender Satz: Быў сабе дзедка, была сабе бабка, была у их курка-рабушка; нанясла яец повен коробец. Дзед биў, биў — не разбиў, баба била, била — не разбила, мышка бегла, хвосциком мотнула и разбила... Rom. III 1. Diese Wiederholungen werden besonders als Ausdruck einer dauernden Handlung angewandt: Ишоў, ишоў, увышоў у пущу Rom. III 41 як спаць, дак спаць, проспаў ажно двананцаць суток ib. 76.

Es gibt besondere Ausdrücke zur Bezeichnung außergewöhnlicher Gegenstände und besonders hervorragender Handlungen, z. B.: то быў пригож, а ще попригожеў Rom. III 98; такое строение, што ни здумаць, ни згадаць, тольки ў казках сказаць ib. 272. Zur Bezeichnung ungewöhnlicher Schönheit wird noch folgender stereotype Ausdruck gebraucht: Die Knaben und die Mädchen haben auf dem Kopfe die Sonne, den Mond und die Sterne; andere ungewöhnliche Gegenstände bestehen aus Gold und Silber, z. B.: выскакыець коток, золотый лобок, зылотое вушко, сяребраная вушко, зылатая шарсцинка, сяребраная шарсцинка, зылатая лапка, сяребраная лапка usw. ib. 359. Auffallende Ähnlichkeit wird ebenfalls in stereotyper Weise bezeichnet: ў етыя бабы дванатцать дочок, и як одна: и волос у волос, и голос у голос, и лицо ў лицо, и плячо ў плячо ib. 130.

So werden überhaupt verschiedene Gegenstände, Eigenschaften und Handlungen in schablonenhaften, traditionellen Bildern beschrieben, wobei oft eine sehr primitive Weltanschauung zum Vorschein kommt.

Personen und Tiere werden nach ihren Eigenschaften benannt: Ирвидуб, Камянник, Вярнигора usw. Der Begriff „unser Land" wird durch mehrere Worte umschrieben: ў нашам царстви, ў нашам государстви — верно ў том, ў котором мы живём Rom. III 138; „seltener, ganz unerwarteter Besuch wird durch folgende Worte geschildert: Ци сам сюды зайшоў, ци ворон сюды занёс? Ён ёй отказаў: ня то добрый молодзец, што ворон косьци заносяя, а то добрый молодзец, што сам заходзя ib. 201. Ein „unbekannter weiter Weg" endet gewöhnlich mit einem Urwald, aus dem es keinen Ausweg gibt: Ишли, ишли яны и ўвыйшли ў такую пущу, што и выйци им нельзя було ib. 38. „Schnelles Wachsen" wird durch folgende Formel ausgedrückt: расло ено ни днями, ни тыднями, але годзинами и минютами Federowski II 290. Auch die verschiedenen Handlungen werden in ganz bestimmter Weise beschrieben. Die Formel für aufstehen lautet: устае ён раняњько, мыетца беляњько Rom. III 58. Art der Tätigkeit oder Dauer einer Handlung wird gleichfalls stereotyp beschrieben; als Beispiel dafür wäre zu nennen: Ехали, ехали ци доўго, ци мало ib. 50; für „freiwillig oder unfreiwillig": Ци по хоци ходзили, 'ци по няволи? ib. 254 usw.

Überhaupt ist die Märchensprache bilderreich und beruht auf jenen Stilmitteln, die sich auch bei den anderen Arten der Volksdichtung zeigen, da zwischen ihnen und dem Märchen ein enger Zusammenhang besteht. Es wurde bereits erwähnt, daß man in Märchen Volksliedern begegnet, aber auch Sprichwörter finden sich darin häufig, auf die sich die Märchenhelden beziehen, oder die sich als Schlußfolgerungen aus der im Märchen geschilderten Handlung ergeben, z. B. Бацько перед смерцю сказаў: николи с паном ня дружи, жонцы праўды не кажи и чужих дзяцей за здольникоў не бяри Rom. III 389. Auch Rätsel kommen im Märchen vor, z. B.: што ў свеци милей за ўсяго, быстрей за ўсяго, сычей за ўсяго — Traum, Gedanke, Erde ib. 391. Selbst Beschwörungsformeln werden von den Märchenhelden angewandt: як по небу ходзяць болоки швидко, коб твоё воко так ходзило швидко уво лбе; як на неби сонцо свециць жарко, ярко, каб твое вочачко сяцило уво лбе жарко, ярко ib. 209.

Die Märchen werden so erzählt, daß sich die Zuhörer ihren Inhalt gut merken können ohne dabei zu ermüden. Daher die gewisse Einförmigkeit der Erzählung; Erhaltung von nur Wesentlichem und Fortlassung aller unwesentlichen Einzelheiten; daher auch die Anwendung der oben angeführten Ausdrucksformen.

Um die Aufmerksamkeit der Zuhörer auf den Hauptinhalt des Märchens zu konzentrieren, sind die Angaben über Ort und Ziel der Handlung meist unbestimmt gehalten: Быў сабе дзед з бабою Federowski II 34; selbst von seinem eigenen Lande redet man in unbestimmter Weise: Даўней у нас, як старые людзи пказваюць, была такая установа ib. 126. Aus dem gleichen Grunde kommen für die handelnden Personen nur die gewöhnlichsten Namen vor: Иван царевич, Иванушка дурачок, Марья; häufig begegnen aber auch nur Spitznamen, die eine Eigenschaft der handelnden Person andeuten — Знайда, Тромсын, Хоробор, собака Разбўдй usw. Naturschönheiten werden nur gestreift. Sie werden genannt, aber nicht beschrieben. Ferner vermißt man eine eingehende Charakteristik der handelnden Personen; eine Meinung über sie muß man sich auf Grund ihrer Taten bilden. So wird z. B. die schöne Tochter des Hauses gleich der homerischen Helena nur dadurch charakterisiert, daß alle auf sie schauten: такая была пригожая, што уси на яе глядзели Rom. III 67; жиў сабе такий купец прабогатый, могучий ib. 148. Die Erzählung verläuft gewöhnlich nach einem traditionellen Schema unter Beibehaltung stereotyper Wendungen. Außer dem bereits Erwähnten ist für sie noch der Parallelismus in der Darstellung charakteristisch: so haben z. B. verschiedene Drachen und Schlangen in Kellern ihre Tonnen mit zweierlei Getränken: dem Kraft verleihenden und dem Kraft zerstörenden, ebenso wie die sie bekämpfenden Helden ib. 80, 95. Überall begegnet man einer Dreiheit der Personen, Gegenstände und Handlungen: было ў яго три сыны; überall — три дни, три часы; тры дворы: медный, серебряный и золотый; der Held muß dreimal rufen; ици ици-троя суток ишли, ня пиўши, ня еўши Rom. III 170. Die gleiche Rolle kommt mitunter der Zwölfzahl zu. Bevor von der Heldentat eines Helden erzählt wird, wird auf seine Abstammung, die häufig außergewöhnlich und wunderbar ist, eingegangen, auch auf seine ungewöhnliche Schnelligkeit, seine Vorbereitung zu Heldentaten, wie er sein Pferd erhielt. Meist heißt es dabei, daß er sich ein unscheinbares genommen habe, das mit der Zeit aber sehr stark geworden sei; berichtet wird ferner, wie er sich eine fünfzig Pud schwere Keule verschaffte (булава, ляска, палица). Auf seiner Fahrt stößt der Held gewöhnlich auf eine Säule mit drei Aufschriften. Vor einer Heldentat muß der Recke manchmal erst noch kräftiger werden, zu welchem Zweck er über den Kopf eines Pferdes oder anderen Tieres hinwegsteigen muß. Zum Kampf mit verschiedenen Ungeheuern werden oft besondere Vorbereitungen getroffen: so das Reinblasen von Wiesen, Tennen und Brücken. Bei Begegnungen mit gefährlichen Gegnern beginnt man nicht sofort zu kämpfen, sondern führt erst Gespräche wie Чаго сюды зайшоў: ци битца, ци миритца? Rom. III 95. Eine drohende Gefahr wird in der Weise dargestellt, daß ein Lieblingspferd oder ein anderes Lieblingstier des Helden bis an die Knöchel, Knie usw. im Blut watet (по косточки, по колени, по пузо, по шию, по уши ib. 143—145). Im Augenblick einer großen Gefahr füllt sich der Becher des Helden mit Blut. Je heftiger der Kampf wird, um so tiefer versinkt der Held oder sein Streitroß in die Erde usw. Nach vollbrachter Heldentat fällt der Held gewöhnlich in einen so tiefen Schlaf, daß man ihn mit gewöhnlichen Mitteln nicht aufwecken kann. Häufig erwacht er aber davon, daß Tränen einer geliebten Frau auf sein Gesicht fallen. Vgl. Verf. Белорусы III 1, 440—445.

Die gleichen Stilmittel finden sich auch in jenen Fällen, wenn im Märchen alte, oft vorhistorische Anschauungen, Sitten und Gebräuche erwähnt werden, von denen heute nur noch Reste übriggeblieben sind. So sind einige Märchenungeheuer Menschenfresser. Die Köpfe der Getöteten werden auf Zaunstangen gespießt; oft begegnet man ferner Heiraten zwischen Vätern und Töchtern; Züge alter Kampfweise zeigen sich darin, daß der Held sich mit einem Schwert, Schild und Pfeilen — letztere sind mitunter aus Stein (Rom. III 101) — bewaffnet. Alte Rechtsauffassungen zeigen sich darin, daß man sich zum Gericht auf einem hohen Berge unter einem Baume versammelt; gerichtet wird nach den Sitten des Volksgerichts, d. h. das ganze Volk führt den Beschluß herbei (ўсим народом). Man schwört gewöhnlich bei der Erde: Vgl. z. B. die Worte der Schlange: зъеж комок земли! ib. VI 127. Unschuldigkeit wird durch Feuer erprobt Šejn M. II 80. Auch die verhängten Strafen sind alt: der Schuldige wird an einen Pferdeschweif gebunden, mit eisernen Eggen zerrissen usw. Da dieser Märchenstil nicht nur den weißrussischen, sondern auch groß- und kleinrussischen Märchen eigentümlich ist, muß angenommen werden, daß er sich in der gemeinrussischen Periode gebildet hat und als allgemeines Schema bereits früher entstanden ist.

Die weißrussischen Märchen zeichnen sich durch große Mannigfaltigkeit des Inhalts aus. Als handelnde Personen treten darin verschiedene Elemente, übernatürliche Wesen, Menschen und Tiere auf. Ferner vollzieht sich die Handlung unter den verschiedensten Umständen, die häufig an primitive Weltanschauung anknüpfen. Infolge langjähriger Entwicklung sind einige Märchen durch viele Zusätze zu langen Erzählungen geworden; andere wiederum bestehen aus einer kurzen Erzählung rein anekdotenhaften Charakters und sind in neuerer Zeit entstanden. Allen Märchen hat aber auch die heutige Lebensweise ihren Stempel aufgedrückt. Eine Einteilung in Gruppen ist, wie es bereits aus dem Gesagten hervorging, sehr schwer. Aus praktischen Gründen sollen die Märchen hier folgendermaßen angeordnet werden: Tierepos, Märchen, in denen unbelebte Gegenstände handelnd wirken, Geistermärchen, Märchen, die von Menschen handeln.

Die weißrussischen Tiermärchen zeichnen sich durch besondere Naivität und primitive Weltanschauung aus und sind am wenigsten von der gelehrten Literatur beeinflußt. Da sich aber der Weißrusse am meisten für Märchen aus der Menschenwelt interessiert, beachtet er sie wenig und erzählt sie nur kleinen Kindern, deren Weltanschauung ja derjenigen der Märchen am nächsten steht. Den weißrussischen Tiermärchen fehlt das satirische Element gänzlich, aber auch das didaktische äußert sich wenig. Es handelt sich hierbei teilweise wohl um Reste des primitiven Tierepos, wie es einst unter dem Einfluß einer poetischen Betrachtung der Umwelt entstand, mit Personifikationen und Übertragungen menschlicher Züge auf die Tierwelt. Da die weißrussischen Märchen denjenigen der Groß- und Kleinrussen, wie auch der anderen Slaven und teilweise der Indogermanen überhaupt ihrem Inhalte nach ähnlich sind, muß man sie für außerordentlich alt halten. Verschiedene internationale Wandermotive, besonders östliche, die über China, durch Mongolen und Byzanz nach Rußland gekommen sind, konnten nur zu einer Komplizierung der Erzählung beitragen. Nur in geringem Maße ist das weißrussische Tierepos von westlichen Erzählungen beeinflußt worden.

Die Altertümlichkeit der weißrussischen Tiermärchen zeigt sich u. a. in der patriarchalen Lebensweise der darin geschilderten Tiere, die in Höhlen und Löchern wohnen. Begegnet man Hütten, so sind sie aus Rinde, Schnee oder Sand, im Gegensatz zu den westlichen Märchen, wo auch die Tiere ein Leben unter kultivierten Verhältnissen in geordneten Staaten führen.

In den weißrussischen Volksmärchen treten wilde einheimische Tiere auf (Füchse, Wölfe, Bären, Hasen, Kröten, Krebse); Haustiere (Kater, Ziegen und Ziegenböcke, Schafe und Schafsböcke, Hunde, Stiere, Pferde, Eber, Schweine, Mäuse); Vögel (Hähne, Hühner, Gänse, Drosseln, Eulen, Raben, Sperlinge, Spechte) und Insekten (Fliegen, Hornissen, Bienen, Ameisen). Es gibt Märchen, in denen nur Tiere vorkommen, aber auch solche, wo auch Menschen erscheinen. Die Mannigfaltigkeit ist eine sehr große. Hier nur einige Proben.

Die meisten Märchen dieser Art handeln vom Fuchs. Mit diesem Tiere haben die Weißrussen während der ganzen Zeit ihres historischen und vorhistorischen Lebens zu kämpfen gehabt. Daher hat man sein Wesen und seine Gewohnheiten besonders gut beobachten können. Besonders stark tritt in den Märchen seine Schlauheit, Verschlagenheit, mitunter auch Tücke hervor; es kann jedoch nicht behauptet werden, daß der Fuchs immer Sieger bleibt: manchmal wird er von anderen Tieren, um vom Menschen ganz zu schweigen, überlistet. Es gibt auch Fälle, wo seine Dummheit offenkundig zutage tritt. In dieser Beziehung reicht der weißrussische Fuchs nicht an den deutschen Fuchs (Reineke Fuchs) heran, der sich in den literarischen Bearbeitungen durch einen komplizierten Charakter auszeichnet und gewöhnlich Sieger bleibt. Der unkomplizierte Charakter des weißrussischen Fuchses beweist am besten die alte und selbständige Entstehung dieses Märchentypus. — Folgende Motive werden in den Fuchsmärchen behandelt: Diebstahl und Fischfang; dieser Fabel begegnet man nicht nur im russischen, sondern auch im westlichen Tierepos. Bei den Weißrussen kommen nur noch überflüssige Einzelheiten hinzu, wie z. B. Anwendung von Beschwörungsformeln (Мёрзни, мёрзни, кумоў хвост) und Bestreichen mit Teig (мозги). In anderen Märchen schützt der Fuchs den Menschen vor dem Verlust eines Füllens, das ein Bär fressen will, und sogar vor dem Tode (eine vom Menschen gerettete Schlange windet sich um seinen Hals); oder er schleppt einen Hahn fort, wird aber vom Kater überlistet und getötet. Durch Hinterlistigkeit lockt er den Bären in die Falle und verhöhnt ihn darauf. Seine Dummheit zeigt sich darin, daß er einen Krug, den er nicht vom Kopfe nehmen kann, im Wasser zu versenken sucht — ein Motiv, das auch anderen Völkern bekannt ist.

Der Wolf zeichnet sich im Märchen durch Dummheit aus: nicht nur der schlaue Fuchs, sondern auch andere Tiere, wie der Schafbock, Gänse, sogar das alte Pferd usw. und natürlich auch die Menschen hintergehen ihn. Eine ganze Reihe von Märchen könnte unter dem Titel „der dumme Wolf" (воўк дўрень) zusammengefaßt werden. Die anderen Erzählungen vom Wolf sind stark mit späteren Zusätzen durchsetzt.

Dem Bären kommen in den weißrussischen Märchen keine besonders charakteristischen Eigenschaften zu; am ehesten fallen noch seine Plumpheit, Mangel an Scharfsinn und seine Kraft auf. Als Hauptfigur kommt er nie vor, sondern erscheint nur nebenbei.

Von den Haustieren spielt der Kater, der Liebling der Kinder, eine besondere Rolle. Seinem Verstande nach erinnert er an den Fuchs, ihm fehlt aber dessen Verschlagenheit und Bosheit. Dank seiner List und Klugheit errettet er gewöhnlich viele Tiere, die in Not sind.

Die in der kultischen Dichtung begegnende Ziege wird auch vom Märchen nicht vergessen. Hier erscheint sie meist als Betrügerin und erhält dafür ihre Strafe.

Von den Vögeln kommt in vielen Märchen der Hahn vor, bald als leichtgläubiges, hilfloses Wesen („Кот, петух и лисица"), bald als tapferer Krieger, vor dem sich die anderen Tiere fürchten. Die Märchen von seiner Genossin, dem Huhn, zeichnen sich durch große Einfachheit und Naivität aus. Eins davon wurde bereits oben angeführt, anläßlich der Wiederholungen im Märchen.

Das gemeinrussische, anderen Völkern unbekannte Märchen vom Kranich und Reiher unterscheidet sich bei den Weißrussen nur durch Sprache und Darstellung. Der gleichen Art gehört das Märchen von der Hornisse und Biene und ihren gegenseitigen Heiratsanträgen an (Federowski II 4).

Die meisten Motive der Tiermärchen sind international, sie haben sich aber im weißrussischen Milieu eigenartig entwickelt. Die Darstellung zeichnet sich durch große Einfachheit und Naivität aus, wohl ein Beweis dafür, daß sie den ursprünglichen Quellen, aus denen sich auch die westlichen Parallelen entwickelt haben, sehr nahe stehen.

Wundertiere kommen auch in den Märchen von den Menschen vor; in jenem Abschnitt soll daher von ihnen gehandelt werden.

In den von Menschen handelnden Märchen sind die Helden Menschen, obgleich darin auch Wundertiere und sogar personifizierte Naturerscheinungen und -elemente auftreten können. Es gibt Märchen, die nur von Menschen handeln; ihnen schließen sich verschiedenartige Anekdoten an. Phantastisch ausgeschmückte Märchen sind wohl älter als die anderen.

Weißrussische Märchen, in denen neben den Menschen auch Naturerscheinungen und -elemente als Hauptpersonen auftreten, sind mir nicht bekannt. Wohl aber gibt es solche, in denen Sonne, Mond, Donner und Blitz personifiziert, mit menschlicher Sprache behaftet, als Nebenpersonen auftreten. So verhilft z. B. die Sonne einer Märchenheldin zu einem Wiedersehen mit ihren Brüdern (Federowski II Nr. 42). Mitunter tritt die Sonne auch als Gatte einer Jungfrau auf: „Мой муж Соўнушка. Соўнушка вайдзя и ён ко мне придзя" Rom VI 227. Der Bruder der Sonne ist der Mond (ib. 293). In einem Märchen wird die Jungfrau in den Mond, der sie erbeutende Held in die Morgenröte verwandelt: „ . . . дужо яна сосмуцилась. Прошли трошку — яна обярнулась месячком, и давай уцякаць. Сучкин сынзылотэя пуговицы обярнуўся зоричкой, и догнаў яé" ib. III 119. Es gibt auch Märchen von einer neunköpfigen Schlange, die Sonne, Mond und Sterne gestohlen hat. Dem tapferen Witwensohn (Вдовин сын) gelingt es, sie zu besiegen und die Gestirne zu befreien Rom. III Nr. 16. Zweifellos handelt es sich hierbei um jene primitive Anschauung von der Sonnenfinsternis, die bereits dem altrussischen Chronisten bekannt war. Er schreibt, unwissende Leute behaupteten von der Sonne, sie würde aufgefressen (снѣдаему сущю).

Donner und Blitz, wie auch Wind, Sturm, Regen und Frost kommen in personifizierter Gestalt in den Märchen aller russischen Stämme vor. Es mag sein, daß es sich bei diesen Märchengattungen um Reste alter Mythen von den Himmelskörpern und Naturerscheinungen handelt, die aber durch spätere Schichtungen stark entstellt sind.

Unter den phantastischen Märchen, in denen sogenannte mythische Wesen in Menschengestalt auftreten, sind an erster Stelle diejenigen von der Baba Jaha zu nennen. Nicht immer tritt die Jaha als Hauptperson auf. Das Schicksal der Helden und viele andere Umstände hängen aber von ihr ab. Ihr Name ist zweifellos urslavischer Entstehung: — jęga[1]). Damit verwandt erscheint ǫžь, lit. angis. Kinder der Jaha sind die vielköpfigen Schlangen. Sie wohnt in einem dichten Walde, in einer sich ständig auf einem Hühnerfuße drehenden Hütte und ist ein Ungeheuer von riesengroßer Gestalt. Sie fährt in einem Mörser, den sie mit einer Ofenkrücke antreibt; ihre Spuren verwischt sie durch Kehricht. Auch Menschen werden von ihr gefressen. Den Märchenhelden ist sie meist feindlich, doch auf wunderbare

[1]) Vgl. dazu Berneker EW. I 268ff.

Weise werden sie von ihr errettet. In seltenen Fällen nur erscheint die Jaha als ihre Retterin. Sie wird in den Märchen oft mit den Hexen im allgemeinen verwechselt.

Als Parallelgestalt zur Baba Jaha kommt der Koščej Bezsmertnyj vor. Dieser ist ein böser Zauberer, ein Menschenfresser und Entführer fremder Frauen; er verfügt über ungeheuere Stärke, so daß nur ein Märchenheld ihn bezwingen kann. Er kann nur dann sterben, wenn man seines Todes habhaft wird, der im Ei eines seltenen Vogels eingeschlossen ist. Dieses befindet sich in einem Nest unter einer auf einsamer Insel wachsenden Eiche. Dieses Motiv ist sehr alter Entstehung: es geht auf das im 14. Jahrh. v. Chr. aufgezeichnete ägyptische Märchen von den zwei Brüdern zurück. Nach Rußland ist es aus dem Osten gekommen; hierfür spricht die čuvassische Sitte, beim Sterben ein Ei zu zerschlagen.

Zu derselben Gruppe gehören auch die zahlreichen Märchen vom Kampf eines jungen Helden mit drei-, sechs-, neun- und zwölfköpfigen Schlangen (смок, цмок). Gewöhnlich wird vor dem Kampf die dafür bestimmte Tenne (aus Erz, Gold und Silber) reingeblasen. Dann beginnt der Kampf, in dem der junge Held schließlich der Schlange die Köpfe abhaut. Darauf bemächtigt er sich ihres Schlosses und befreit die von ihr entführten schönen Jungfrauen. Die Motive des Schlangenkampfes werden hierbei durch verschiedene Einzelheiten ergänzt. Auch diese Märchen sind internationaler Entstehung. Die Einrichtung der kupfernen, silbernen und goldenen Schlösser weist nach dem reichen Indien und somit wohl auf östliche Herkunft hin.

Die in den genannten Märchen auftretenden Helden sind meist wunderbarer Abstammung: sie werden bald vom Winde und einer Jungfrau geboren, bald stammen sie von einer von ihrer Mutter gegessenen kleinen Erbse oder von einer Hündin oder Stute ab, oder sie werden von einem Weibe aus Eiern ausgebrütet usw. Parallelen für eine solche Abstammung finden sich ebenfalls in Märchen anderer Völker.

Häufig begegnet man in den genannten Märchen auch anderen Verwandlungen von Menschen in Tiere, Vögel und sogar in unbelebte Gegenstände, ferner Verwandlungen von unbelebten Gegenständen in andere. So verwandeln sich z. B. die Hexentöchter, die Frauen der erschlagenen Schlangen, um den Helden zu töten, in einen schattigen Baum mit einem Bett darunter, auf dem der ermüdete Schlangenbesieger gut ausruhen könnte oder in einen Apfelbaum mit herrlichen Äpfeln; ihre Mutter verwandelt sich häufig in ein Schwein mit einem riesengroßen Rachen, der von der Erde bis zum Himmel reicht (Rom. VI 269), um den reitenden Helden mitsamt seinem Pferde verschlingen zu können usw. Die Verwandlungskunst kann in den Märchen auch regelmäßig werden. — So wird z. B. häufig erzählt, daß Jungfrauen als Vögel zum Baden fliegen. Am Meere angelangt, verwandeln sie sich in Menschen. Der Schwiegersohn des Königs erscheint oft als Krebs, aber nachts im Bette der Braut verwandelt er sich in einen schönen Jüngling. Zauberer verwandeln oft Menschen in Wölfe, aber auch sie selbst erweisen sich häufig als Werwölfe. Das Märchen von einer „schlauen Wissenschaft" (Хитрая Наука s. Šejn M. II Nr. 26, 27) handelt darüber, daß die Verwandlung von Menschen in Tiere sogar eine Wissenschaft sei. Auf Gräbern von erschlagenen Menschen wachsen kleine Bäume; macht man aus ihnen Flöten, so sprechen diese mit menschlicher Stimme usw. Solcher Märchen gibt es viele, doch sind diese Verwandlungserzählungen internationaler Entstehung; in den weißrussischen Märchen haben sie sich aber in der reinsten Gestalt erhalten. Vom weißrussischen Fürsten Vseslav heißt es sogar im Igorliede, daß er ein Werwolf sei und nachts als Wolf umherlaufe (волкомъ рыскаше)...

Sehr alt ist das Motiv vom einäugigen Menschenfresser, den die Odyssee in der Gestalt des Polyphem verewigt hat. Die entsprechenden weißrussischen Märchen („Коваль и одновокуя Гора" Šejn M. II 71) stehen dem griechischen sehr nahe. Außer einem gewissen Lokalkolorit weisen sie auch noch andere Eigentümlichkeiten auf: der Held selbst sucht die Not auf; dann findet sich darin eine Episode mit einem goldenen Beil, nach dem der Schmied greift, wie er sich von der Not (Горе) zu retten sucht; doch seine Hand wächst am Beile an und muß abgehauen werden.

Um den Helden zu vernichten, werden ihm von seinen Feinden in vielen Märchen unausführbare Aufträge erteilt. Er jedoch bleibt Sieger, hauptsächlich weil ihm weise Helfer zur Seite stehen: meist sind es Frauen, Zauberinnen, manchmal Töchter der ihm feindlichen Wesen (des Koščej, der Jaga, Zmeja u. a.).

Außer diesen tritt in den Märchen noch ein Typus weiser Ratgeberinnen auf, die sich aber nicht durch Zauberkräfte von anderen Menschen unterscheiden, sondern mit besonderem Verstande begabt sind. Es handelt sich hierbei meist um Jungfrauen, die selbst Rätsel aufgeben (wie in den Liedern), solche aber auch erraten können. Seit langem bereits haben verschiedene Forscher auf den Zusammenhang dieser Rätsel mit der altrussischen Erzählung vom Muromer Fürsten Peter und der Fevronija hingewiesen. Solche Motive sind aber auch dem Talmud und altindischen Erzählungen bekannt.

Einige Märchen sind in der christlichen Zeit entstanden. An Stelle der bösen Kräfte tritt darin der Teufel auf. Er bemüht sich, die Menschen zur Sünde zu verleiten. Seine Gehilfin ist gewöhnlich eine Frau, deswegen lautet ein weißrussisches Sprichwort: „Гдзе чорт не йме, там бабу пашле." In diesen Märchen wird erzählt, wie eine Frau dem Teufel geholfen habe, ein sehr glücklich lebendes Ehepaar auseinanderzubringen. Dieser Märchenstoff ist einer mittelalterlichen Erzählung entnommen, die aus dem Osten nach Westen gedrungen ist und hier nicht später als im 12. Jahrh. bearbeitet wurde (vgl. G. Polívka РФВ. LXIII).

Auch Märchenstoffe aus dem Leben, ohne übernatürliche Elemente, gibt es eine Menge. Es treten darin bereits gewöhnliche Menschen auf, die aber geistig auf verschieden hoher Stufe stehen. Von den Märchen von internationaler Verbreitung seien hier diejenigen vom Hanswurst erwähnt, der seinen Kameraden und Nachbarn verschiedene Streiche spielt. Gute Proben hierfür finden sich in einer Reihe von Sammlungen (Rom. III 403—409, Šejn M. II 120—127, 297—299, Federowski III 140—148).

Hierher gehören auch eine Reihe von Erzählungen, in denen man sich über seine Nachbarn oder einzelne Personen lustig macht. Die darin handelnden Personen nennt das Volk heute einfach die dummen (дурнйе) Leute. Genannt sei hier z. B. das Märchen vom Mazuren, der einen Sack mit Lebensmitteln verliert, sofort zurückläuft und einen Mann, der ihn aufgelesen hat, danach fragt, später aber seinen eigenen Sack nicht wiedererkennt: Мазу́р агледзеўшыса гэто наза́д, падбег да чалаве́ка ды-й пыта́е: Człowiecku, ci nie znalaz mojej zguby? — А што ж ты згубйў? — A tam byų woräk, worecek, chleba kowałecek, kiska napichana, poświstakiem zawionzana.“ — „Не, ка́же, гэтаго, зна́еце, я ни нашу͡оў, анно́ падня́ў мешо́к, мяшочек, пу͡оў булки хлеба, ды-й куўбасу́ пугаю завязану. — E, nie, to nie moja, bracie, zguba“. (Federowski III Nr. 375.)

Auch andere Geschichten von dummen Menschen begegnen hier, z. B. vom Soldaten, der in ein fremdes Haus kommt und die ganze Familie des Hauswirts einen Mehlbrei (кисель) essen sieht: sie nehmen einen Löffel davon und dann gehen alle nach der Speisekammer, um diesen Löffel in Honig zu tauchen. Dann erst essen sie von diesem Löffel. Darauf tauchen sie ihre Löffel wieder in den Brei, laufen wieder nach der Speisekammer usw. Erst der Soldat belehrt diese dumme Familie, wie man essen müsse. — Ähnlich ist auch die Erzählung von dem Mann, der sich eine neue Hütte gebaut hat und unermüdlich Eimer hereinträgt, in denen er das Sonnenlicht in die Hütte zu tragen glaubt. — „Што ты гэто робиш? — А во, построиў хату, ды цёмно у ёй, дык я хочу сонца ў хату напусциць“. (Rom. III 418f.)

Die angeführten Beispiele genügen, um sich ein Bild von dieser Art weißrussischer Dichtung machen zu können. Ihrem Inhalt nach sind die meisten weißrussischen Märchen sehr alt; sie entwickeln entweder internationale, mündlich überlieferte Motive oder geben in volkstümlicher Überarbeitung gelehrte Dichtungen wieder, die zum Teil bei andern Völkern entstanden sind. Hinsichtlich ihrer Ausdrucksform stehen hauptsächlich die weißrussischen Tiermärchen durch ihre Naivität und Einfachheit den Dichtungen wenig kultivierter Völker sehr nahe, ein Beweis dafür, daß hier die Motive in größter Ursprünglichkeit überliefert sind.

In moralischer Hinsicht, charakteristisch für den Weißrussen ist nicht der Reichtum an Mythen über schablonenhafte Motive von Drachenkämpfen usw., sondern die Überfülle humaner Legenden, in denen soziale und wirtschaftliche Probleme im Sinne der christlichen Nächstenliebe und Demut gelöst werden. (N. Sumcov Отчет о V присуждении премий Макария 169.) Auch diese Art der Volksdichtung ist in Weißrußland weit verbreitet. Vielen solchen Legenden liegen apokryphe Erzählungen zugrunde; diese Legenden sind nur ein Widerhall der gemeinrussischen und haben oft Parallelen bei den anderen Slaven. Hierher gehört z. B. die Legende vom weisen Salomo: (О премудром Соломоне), vom reuigen Räuber (О кающемся разбойнике) usw. Nur in bezug auf Sprache, Milieu und einige Einzelheiten sind diese Erzählungen weißrussisch. Es gibt aber auch weißrussische Legenden, deren Vorlagen nicht nachgewiesen werden können, und deren Motive man aus der allgemeinen religiösen Weltanschauung des Volkes erklären muß. Obgleich das christliche Element in den Legenden vorwiegt, finden sich mitunter auch vorchristliche Motive darin, die erst mit der Zeit einige christliche Züge erhalten haben.

Als selbständige weißrussische Legende ist die Geschichte vom „harten Herrn“ (О жестоком пане Rom. IV 30 Nr. 24) zu nennen. Sie enthält den Grundgedanken, daß man ein jedes Übel, ohne sich ihm zu widersetzen, ertragen müsse: die Belohnung hierfür wird im jenseitigen Leben nicht ausbleiben. So sagt z. B. ein wunderbarer Greis zum Bauern, der das Haus seines Herrn angezündet hat: „А я ж табе гавариў: пацярьпи, горя прими! От пан сеў (im jenseitigen Leben) за тваим сталом, а ты папаў у паньское пекло!“

Viele Legenden handeln vom Thema: Gott bestraft die neidischen und bösen Mütter usw. (vgl. Rom. IV 32, 40, 188; Šejn M. II Nr. 212; Federowski II Nr. 327). Von anderen Legenden ist die weißrussische Variante von dem Menschen, der in eigentümlicher Weise zu Gott betete, indem er über einen Baumstamm sprang, bemerkenswert: „Гэто, божа, табе, а гэто мне“ (Šejn M. II Nr. 218 S. 373f.; Seržputovskij Nr. 54). Diese Erzählung ist von Leo Tolstoj in Три старца literarisch bearbeitet worden.

Literatur: a) Sammlungen: M. Dmitrijev Опыт собрания песен и сказок крестьян Северо-Западного края Grodno 1868. — Derselbe Собрание песен, сказок, обрядов и обычаев крестьян Северо-Западного края. Wilna 1869. — A. Afanasjev Народные русские сказки, 3. Aufl., I und II. — P. Šejn Белорусские песни Зап. Географ. Общ. Отд. Этногр. V (1873). — Derselbe Матерьялы по изучению быта и языка русск. населения Северо-Западного края II (Petersburg 1893) 1—419. — E. Romanov Белорусский Сборник III (1887), IV (1891), VI (1901). — Derselbe Живая Старина III—IV 1902. — V. Dobrovolskij Смоленск. Этнограф. Сборн. I (Petersburg 1891). — W. Weryha Podania białoruskie, Lemberg 1889. — E. Klich Teksty białoruskie Materyały i Prace Komisyi Językowej (Krakau 1903) II. — M. Federowski Lud białoruski na Rusi Litewskiej II (1902), III (1903). — A. Seržputovskij Сказки и рассказы белоруссов-полешуков, Petersburg 1911. — Genaueres bei Karskij Белорусы III 1, 418ff.

b) Forschungen: N. Sumcov Разбор этнографич. трудов Е. Романова (Отчет о пятом присуждении премий Макария. Спб. 1895); G. Polívka Analyse in Известия ОРЯС. АН. 1903 Nr. 4, 1904 Nr. 1, Archiv. f. sl. Ph. XXIX, XIX; J. Bolte und G. Polívka Anmerkungen zu den Kinder- und Hausmärchen der Brüder Grimm I; P. Vladimirov Введение в историю русск. словесности (Киев 1896); S. Savčenko Русская народная сказка (Киев 1914); L. Kolmačevskij Животный эпос на Западе и у славян (Учен. Зап. Каз. Ун. 1882); V. Bobrov Русские народные сказки о животных РФВ. LVI—LX; N. Andrejev Три старца Л. Толстого и род ственные легенды (Новое Дело. Казань 1922).

VII. Spuren des Heldenepos.

Heldensagen (старины oder, wie man sie gewöhnlich nennt, былины), sind den Weißrussen gänzlich unbekannt. Man darf hieraus aber nicht schließen, daß dem immer so war. Wir besitzen seit dem Ende des 15. Jahrh. unanfechtbare Zeugnisse dafür, daß den Weißrussen Sagen von Recken von übermenschlicher Kraft nicht unbekannt waren, und daß sie sich sogar der

Namen der wichtigsten von ihnen erinnerten. In den westrussischen Vitae Sanctorum (Четьи Минеи) vom Jahre 1485, die der Popensohn Berezka aus dem litauischen Novgorodok (Nowogródek) geschrieben hat, ist in einer Umarbeitung der Predigten des Johannes Chrysostomos von den Helden (храбори) die Rede, die „добрая дела богатырская на осподарьском дворе" verrichten. Auch der bekannte westrussische Gelehrte aus dem Anfang des 16. Jahrh., Doktor Franziskus Skorina aus Polock wußte von diesen Recken und verglich in seinem Vorwort zur Bibelübersetzung von 1517—1524 deren Heldentaten mit denjenigen der israelitischen Richter und Helden: „Аще ли кохание имаши ведати о военных а о богатырских делехъ, чти книги судей, или книги Махавеевъ. Более и справедливее в них знаидеш нежели во алеξандрии или во Трои." Über Simson sagt er ferner „и иныи богатырскии многии дѣла чинилъ". In dem Brief des Oršaer Starosta Filon Kmita an Ostafij Volovič vom Jahre 1574 werden Il'ja Muravlenin und Solovej Budimirovič erwähnt: помсти, Боже, государю грехопадение . . . бо прийдет час, коли будеть надобе Илии Муравленина и Соловья Будимировича, прийдеть час, коли будеть служб наших потреба. Es ist dadurch erwiesen, daß die Weißrussen noch im 15.—16. Jahrh. Heldensagen kannten. Aber durch die politischen Ereignisse: Vereinigung mit Litauen, besonders enge Angliederung an Polen, Isolierung von Ostrußland, sind die Bylinen in Weißrußland allmählich vergessen worden; sie wurden von den durch westliche, teilweise auch südliche Vermittlung sich stark verbreitenden Alexandreiden, Trojalegenden und westlichen Ritternovellen verdrängt. Die Kraft der Volkstradition (предание) ist jedoch so stark und konservativ, daß Reste des Heldenepos, wenn auch nicht in Form von ganzen Heldensagen, so doch in der für mündliche Überlieferung geeigneteren Form von Märchen sich bis heute erhalten haben. Wenn man auch vermuten könnte, daß in den östlichen Gebieten Weißrußlands diese Märchen von den benachbarten Großrussen entlehnt sind, so kann im westlichen Teil hiervon gar nicht die Rede sein. Eine literarische Beeinflussung kann hier gleichfalls nicht vorgelegen haben, weil die entsprechenden Aufzeichnungen (z. B. diejenigen von Federowski) wahrscheinlich nach den Worten von Analphabeten gemacht werden.

Spuren des Heldenepos begegnet man ferner in den weißrussischen Kultliedern (den Kol'ada- und Hochzeitsliedern). Der darin verherrlichte Jüngling, sein Pferd, die Gemächer des guten Wirtes werden dort ähnlich wie in den Bylinen geschildert.

Auf Grund der genannten Dichtungen können wir die Motive feststellen, deren Vereinigung ein mehr oder minder vollständiges Bild von der Gestalt des Il'ja Muromec ergeben, wenn er dort mitunter auch nicht unter diesen Namen auftritt. Mit den Bylinen gemeinsam sind folgende Episoden: die wunderbare Erlangung übermenschlicher Kraft; das Ausroden der Wälder, der Ankauf eines häßlichen Füllens, die Begegnung mit Räubern; der Kampf mit dem Solovej Razbojnik; Il'jas Ankunft beim Fürsten; das Idolišče Poganoje; der Tod des Il'ja. Auch einzelne Episoden aus anderen Bylinen lassen sich nachweisen (vgl. Verf. Белорусы III 1, 485—495). In den Großrußland benachbarten Gegenden findet man (als Entlehnung) auch einzelne

Episoden aus Bylinen und historischen Liedern, z. B. über Fürst Volodimir: Иван Прекрасный и князь Ладымяр Šejn II 168f., oder über Мастрюк Темрюкович in der Aufzeichnung Сяврюк. Anfang:

Ой хтож того ня знаў,
Як белый свет настаў?
Як и солнушко взойшло;
Як и яркий месячко,
Як и частыя звездачки . . .
Як царь да сыноў пожаниў
Як царь дочарей поотдаваў? (Šejn M. II 178f.)

Im südlichen Weißrußland begegnet man mitunter Liedern in der Art der kleinrussischen Dumen. Bereits bei Rypiński Białoruś Paris 1840, S. 75, findet sich die Dume von Bajda:

Да-й у Слуцку на рыночку
Да пиў Байда гарэлочку;
Турецкий цар наежджае,
Маладого Байду намаўляе usw.

Der türkische „Zar" bietet dem Bajda die Hand seiner Tochter an. Doch Bajda geht hierauf nicht ein, weil sie nicht Christin ist. Als Strafe läßt ihn der türkische Zar martern: „Вазьмице ж Байду да-й звяжыце, на гак ребром перечапице." Drei Tage lang hängt Bajda am Marterhaken. Darauf erbittet er sich einen Bogen und Pfeile, um für das Abendessen des Zaren Tauben zu schießen. Wie er die Waffen erhält, tötet er den Zaren, die Zarin und ihre Tochter.

Literatur: A. Loboda Белорусская народная поэзия и русский былевой эпос (Этногр. Обозрение 1895 Nr. 2). Verf. Слѣды богатырского эпоса в бѣлорусской народной поэзии Jagić-Festschrift (1908) S. 143ff. — Verf. Белорусы III 1, 485ff., wo genauere Angaben zu finden sind.

VIII. Geistliche Lieder.

Den Inhalt der geistlichen Lieder bilden biblische Ereignisse, Heiligenleben oder verschiedene kosmogonische Fragen: über die Entstehung und das Ende alles Bestehenden. Bei der Bearbeitung der geistlichen Lieder hat das Volk apokryphe Erzählungen verwertet. Den erhaltenen christlichen Stoff bemühte man sich den Stilmitteln und Normen der Volksdichtung anzugleichen. Da der Stoff der geistlichen Lieder nicht unmittelbar aus Büchern und Handschriften entlehnt wurde, sondern aus volkstümlichen, mündlichen Erzählungen über das in der Kirche beim Gottesdienst oder in den Klöstern beim Mahl Gehörte, so finden sich darin natürliche Abweichungen von der historischen Wahrheit und verschiedene Entstellungen der Ereignisse, Namen, Orte und Personen. Viele von diesen geistlichen Liedern sind wohl bereits in der gemeinrussischen Periode entstanden, aber auch später sind einige in Weißrußland aufgekommen. Wichtige Ereignisse des religiösen Lebens dieser Zeit fanden auch in den geistlichen Liedern ihren Niederschlag. Sie wurden dazu durch lokal umgearbeitete polnische, katholische geistliche Lieder ergänzt. Dadurch vergrößerte sich das lyrische Element in ihnen auf Kosten des epischen, und in die Sprache drangen nicht wenige Polonismen ein. Aber auch die uniierte Geistlichkeit selbst dichtete solche Lieder, die nach polnischem Brauch im Anhang der Gebetbücher abgedruckt wurden. Auch durch mündliche Überlieferung wurde man mit diesen Liedern bekannt und formte sie nach dem Vorbilde der anderen um. Es ist möglich, daß einige Lieder der uniierten und griechisch-katholischen Богогласники einen gewissen Einfluß auf die weißrussischen geistlichen Lieder ausgeübt haben.

Die hauptsächlichsten Sänger der geistlichen Lieder (песни старецкие) sind heute in Weißrußland bettelnde Greise, meist Krüppel und Blinde. Von einem Führer geleitet, ziehen sie bettelnd von Haus zu Haus oder finden sich in Gruppen auf den Jahrmärkten ein, wie auch an Kirchenfesten auf den Kirchenstufen. Dort singen sie verschiedene geistliche Lieder, beten ferner um Seelenfrieden und Gesundheit, wofür sie von den Zuhörern Almosen erhalten, weil nach Meinung der Weißrussen ein Bettlergebet Gott besonders wohlgefällig ist. Einige von diesen Greisen begleiten ihren Gesang auf der Lira, die aber keineswegs der griechischen Lyra ähnelt, sondern eher einer mit Saiten versehenen Art Geige, an der sich Walze und Klaviatur befindet. Die geistlichen Lieder erlernen diese Bettler und ihre Führer von einander; neue schaffen sie selten. Es lassen sich nur einige Fälle von neuen satirischen oder humoristischen Liedern nachweisen, durch die einige Sänger ihre Feinde und Verfolger brandmarken. Improvisationen sind häufiger bei den Seelenmessen und den dabei gesprochenen „Gebeten“, was dem Geschmack des einfachen Volkes besonders zusagt.

Weißrussische geistliche Lieder finden sich auch in den großrussischen Sammlungen von Varencov, Bezsonov, in den speziell weißrussischen von Šejn, Romanov, Gruzinskij und in den „Очерки“ von Nikiforovskij (vgl. Verf. Белорусы III 1, 496—531).

Bevor die weißrussischen Greise mit dem Gesang beginnen, versuchen sie sozusagen ihre Hörer vorzubereiten, in ihnen gewisse Stimmungen zu wecken. Aus diesem Grunde unterstreichen sie erst ihr bitteres Greisenlos und betonen die Sündhaftigkeit der Menschheit:

А мы-й нищии ста́рецы, мы-й нявóльнички Хрыстóвы . . .
А ни бáцик, а ни мáтык, а ни цётык, а ни дзя́дзик.
Наши-й брáццийки побéдны, наши-й сёстрыйки калецны.
Мы-й свайго куткá ни мáим, ны (на) люцкей ўсё спыдзивáим . . .

Sie klagen darüber, daß sie abgenagte Brotscheiben als Speise bekommen, daß sie in Lumpen und zerrissenem Schuhwerk einhergehen müssen und appellieren an die Barmherzigkeit Gottes:

Ўзмилосэрся ты, Ўсавышни, над тым жиццийкым болéзным:
Зыпошли ж ты, Милосэрны, пы мою душу й по грешныю! . . .
(Этн. Обозр. XII 78.)

Nachdem sich der Sänger hierdurch das Wohlwollen seiner Zuhörer gesichert hat, beginnt er die Sündhaftigkeit der Menschen zu schildern und sie zur Reue zu mahnen. Daran schließt sich erst das eine oder andere geistliche Lied.

Lieder, die auch dem Großrussischen bekannt sind, sollen hier nicht behandelt werden, da sich die entsprechenden weißrussischen von den großrussischen nur in der Sprache, mitunter im Lokalkolorit und in der Darstellung der Lebensweise unterscheiden. So trägt z. B. in der Голубиная книга der Vladimir Stol'no-Kijevskij den Vatersnamen nach dem litauischen Vitovt. Auf die Frage: „Welcher Zar aller Zaren Vater sei?“ erfolgt die Antwort: „der weißrussische Zar“ (Который царь ўсим царям оцец? Биларускай царь ўсим царям оцец). Dort wird auch Weißrußland (Белая Русь) erwähnt. Im Liede vom Jüngsten Gericht und der Marter der Sünder werden unter den Sündern diejenigen erwähnt, die ihre Eltern nicht ehrten, den Bettlern kein Almosen gaben und kein Nachtlager gewährten.

За то вас от раю отсылаю,
Што бацек-маток ня слушали . . .
Нищу брацию не ўдаряли (не дарили),
От цемныя ночки ня ўкрывали . . . (Rom. V 390.)

In einem anderen Liede (ib. 394) werden zu den zu Bestrafenden folgende Menschen gerechnet: „которыя на сим свеци ў тьвяту жито заламливали, . . . чаловека ў лице эменивали, . . . у кароў молоко отбиривали, . . . у чреви младзенца проклинували, . . . ў божай церкви золотыя венцы разлучивали“.

Da die weißrussischen Ko'ladki, Ščedrovki und Osterlieder unter anderem auch religiöse Stoffe behandeln, finden die Evangelienerzählungen vom Erdenleben Christi in den geistlichen Liedern nur wenig Beachtung. Mehr berücksichtigt wird darin die Leidensgeschichte Christi und seine Kreuzigung. Diese Lieder sind jedoch erst im Entstehen und ihre Form ist daher noch weniger vollendet. Eine Art dieser Lieder, die ebenfalls in Klein- teilweise auch Großrußland und bei einigen anderen slavischen Völkern begegnet (A. Veselovskij Разыскания III 41), ist der Form nach recht gefestigt, wenn auch seltsamen Inhalts. Entstanden ist sie zweifellos im Westen. Balsamtragende Frauen, die Gottesmutter und die Königin Helena werden darin verwechselt:

Ишли три паненьки Христа шукаци . . .
Ой Езу мой, Езу, Христа шукаци . . .
Сустрела паненка да трёх жидоўёў . . .
„Ци ня вы, жидове, Христа мучили?“
— Ой ня мы, паненка, наши ойцове.

Darauf geben sie der Frau den Rat, auf einen steilen Berg zu gehen, von wo aus eine weiße katholische Kirche sichtbar ist. Darin befinden sich drei Särge, darunter der Sarg Christi:

А ў том косцеле три гробы стоянь.
А ў першим гробе пан Езус ляжиць,
А ў другим жа гробе анёлки яго,
А ў трецщим жа гробе свента Мария usw.
(Šejn Белор. песни Nr. 725.)

Am Sarge Christi brennen Kerzen, am Sarge der Engel singen Vögel und am Sarge der Maria blüht eine Rose. In dieser Art wird in den katholischen Kirchen am Karfreitag und -sonnabend der Sarg Christi geschmückt. Die Verbreitung dieses Liedes in Weißrußland erklärt sich durch den Umstand, daß es zur Zeit der Union vom Kirchenchor sogar nach dem Gottesdienste gesungen wurde (Зап. V 669).

Als Schluß wird in den Liedern ähnlicher Redaktionen Jesu Auferstehung geschildert. Hierüber erzählt die Gottesmutter selbst:

Што Исус Христос з мертвых ўстаў:
Сами свечи запалилися,
Сами церкви расчинилися
Сами звоны зазвонили. (ib. 727.)

Der Stoff für die letzten drei Zeilen ist dem Ostergottesdienst entnommen. Überall sind nur die Züge des Wunderbaren später hinzugekommen, wie in der Erzählung vom heiligen Licht (О свѣтѣ святѣмь) des Daniil Palomnik aus dem 12. Jahrh.

In einigen Liedern von der Auferstehung bittet Christus seine Mutter, die Paradiesschlüssel zu nehmen und die Seelen der Christen mit Ausnahme einiger einzulassen:

Першая душа сыгряшила:
Заломы ў хлебах заламывала . . .
Другая душа сыгряшила:
Золыт вянец рызвадзила . . . (Rom. V 402.)

Ferner wird als große Sünde angeführt das Wegnehmen der Milch von Kühen, der Streit der Kinder mit ihren Eltern, des Bruders mit der Schwester. Auch dieses Lied hängt mit dem Kultischen zusammen.

Besonderer Verbreitung und Beliebtheit erfreut sich bei den weißrussischen Bettlern das Lied vom armen Lazarus: in diesem armen Dulder sind die Weißrussen nicht abgeneigt, sich selbst zu sehen. Von der Volksphantasie ist das bekannte Gleichnis vom reichen Mann und vom armen Lazarus im geistlichen Liede stark ergänzt worden. Die Schilderung der Armut und des Reichtums wird in höchstem Maße übertrieben; die Darstellung ist im allgemeinen episch.

Das Lied vom Tapferen Georg, dem Drachenbesieger, haben die Weißrussen im Stil der Volksdichtung umgearbeitet. Er beginnt mit einer unbestimmten Beschreibung des Ortes der Handlung und Angabe der Gründe für die Heldentat Georgs. Dem grausamen Drachen (поганый цмок) wurde in einem heidnischen Lande als Tribut täglich ein Menschenleben geopfert (што дзень оброку по человеку). Da kam die Reihe auch an die Königstochter. Um sie zu täuschen, fordert der Vater sie auf, sich zur Jagd zu rüsten:

Да ўстань, доню, ранюсенько,
Умывайся, доню, белюсенько,
Поедзим с табой на поляваньня.
(Šejn M. II 599.)

Die Tochter bemerkt aber, daß die Hunde nicht gefüttert, die Diener nicht angekleidet und die Pferde nicht gesattelt sind. Trotz alledem beteuert der Vater, alles sei bereit. Sie reiten aus und kommen schließlich ans blaue Meer, wo der teuflische Drache haust: Едуць поля и другоя, а трэцьцее зъежджаючи, прыежджаюць к синяму мору, аж плыве поганый цмок.

З яго роту огонь сапле,
З яго новьдзёр искры сыплюцца,
З яго вушэй дым идзе,
З яго вочэй кроў плыве . . .

Vater und Tochter geraten in Angst und bitten den Drachen wie im Märchen, sie ein Gebet sprechen zu lassen (пацерак адмовици). Dafür schickt Gott ihnen den Retter in Gestalt des Georg.

Das weißrussische Lied von Georg dem Märtyrer und Ordner Rußlands gleicht dem großrussischen und unterscheidet sich von ihm nur hinsichtlich der Sprache.

Erwähnt seien noch zwei Lieder von den heiligen Frauen Varvara und Dorota. Eine Redaktion dieser Lieder von der Varvara ist auf Grund von Tatsachen aus ihrer Vita im Stile der Volkslieder umgearbeitet:

Усходзила зара золотая со синяго мора,
Расьцилала огнявые шаты на увесь ўсход сонца,
Раскидала золотыя перъя по синему небу.
А была ж то не зара золотая,
А была ж то Варвара святая.
Як зъявилась, людзям показалась,
Дзиву даўся весь народ хрищоный.

(Šejn M. II 597.)

So hoch poetisch beginnt dieses Lied. Die Schönheit der Varvara lenkt aber die Aufmerksamkeit des Königs auf sich, und er schickt ihr Geschenke. Jedoch sie verschmäht dieselben (св. Варвара сребра-злота не брала, с паном крулем и грашиць не стала). Da befiehlt der König, sie martern zu lassen, sie in Milch, Öl oder Pech zu kochen, sie aber bleibt unversehrt (найлучшая панна з котла вороцилась). Auch die anderen Marterqualen können ihr kein Leid zufügen. Da nimmt der König an, sie sei eine Zauberin und läßt sie lebendigen Leibens im Keller einmauern. Es vergehen drei Jahre. Der König zieht in den Krieg. Zurückgekehrt träumt er, Varvara lebe noch, und dies ist auch tatsächlich der Fall. Wie in der Vita der Vater, so befiehlt hier der König, einen Turm zu bauen und darin die Hl. Varvara einzukerkern. Unterdessen ist ein Henker zu ihrer Hinrichtung bestellt worden. Doch kaum erhebt der Henker seine Hand gegen sie, da rafft ihn ein Blitz hin:

Ўдариў пярун — и ка́та не стала,
А Варварина слава по ўсим свеци пала.

In den kirchenslavischen und polnischen Vitae von Peter Skarga sind für den Schluß nur unklare Andeutungen gegeben. Die Einzelheiten der weißrussischen Version entstammen wohl den Liedersängern.

Bemerkenswert ist die Übereinstimmung dieser Legende mit dem geistlichen Lied von der Hl. Dorota. Dieses ist junger, westrussischer Herkunft und auf Grund des entsprechenden polnischen Liedes entstanden. Seine beste Redaktion beginnt mit einer Schilderung der Schönheit der Dorota, die den König in Erstaunen versetzt:

А Дорота, Дорота,
Крашши перла и злота.

Як забачиў кроль-цыган,
Дак Дороту спадобаў

(Rom. V 336.)

Für die Zurückweisung seines Antrags wird auch Dorota verschiedenen Qualen unterworfen, durch die sie aber nur schöner wird (пякней стала, як была). Auch sie erwartet der gleiche Tod wie die Varvara, da wird sie aber von unsichtbarer Hand gen Himmel gehoben:

Наточеце, слуги, меч остро,
Треба сняци Дороце голову быстро.
Слуги меча ащé не подали,
Святую Дороту до неба ўзяли.

Literatur: a) Sammlungen: V. Varencov Сборник русских духовных стихов, Petersburg 1860, S. 207—239. — P. Šejn Белорусские песни (Зап. Геогр. Общ. V) 669—701. — Derselbe Матерьялы для изучения быта и языка русск. населения Северо-Западного края (Petersburg 1893) II 559—680, 699—715. — E. Romanov Белорусский Сборник V (Vitebsk 1891) 287—410, 431—443. — Derselbe Матерьялы по этнограф. Гродненской губернии II (Wilna 1912) 347—357. — N. Nikiforovskij Очерки Витебской Белоруссии. Старцы. Этнографич. Обозрение XII 78—81, 93—96. — A. Gruzinskij Этнограф. Обозрение XXXVIII 168—177.

b) Untersuchungen: A. Veselovskij Разыскания в области русских духовных стихов. Сборник Отделения русск. языка 1880 ff. — A. Kirpičnikov bei Galachov История русской словесности (Petersburg 1880) I² 194—279. — A. Kirpičnikov Св. Георгий и Егорий Храбрый (Спб. 1879). — A. Rystenko Легенда о св. Георгии и драконе в византийской и славяно-русской литературах (Одесса 1909). — V. Adrianova Житие Алексея, человека Божия (Пгр. 1917), S. 56—59, 359—369. — Genauere Angaben bei Karskij Белорусы III 1, 499 ff.

Die weißrussische Literatur.

Einleitung.

Die Anfänge des weißrussischen Schrifttums sind in die Zeit zu verlegen, als sich in den westrussischen Sprachdenkmälern erstmalig weißrussische Eigentümlichkeiten zu zeigen begannen. Man begegnet solchen seit dem 14. Jahrh., aber erst im Laufe des 15. und 16. Jahrh. werden sie häufiger. Anfangs war diese Literatur trotz ihrer lokal gefärbten Sprache eine Fortsetzung der gemeinrussischen, und erst allmählich nahm sie aus verschiedenen Gründen, besonders aber als sich die lokale Volkssprache zur alten weißrussischen Schriftsprache entwickelte, einen originellen Charakter an. Ihre Abtrennung vollzog sich zur Zeit der Unterwerfung Westrußlands durch Litauen und der Bildung des weißrussischen Volkstums.

Als erste Periode dieser Literatur kann die Zeit bis zum Ende des 17. Jahrh. betrachtet werden. Damals wurde sie gänzlich von der polnischen Literatur verdrängt. Im Gegensatz zur Volksdichtung ging diese Literatur hauptsächlich aus den Kreisen des Mittelstandes: der Bürger, der Geistlichkeit und des niederen Adels hervor, während die Vertreter der Oberschicht (Magnaten, Bischöfe, Metropoliten) mehr als Mäzene fungierten, mitunter sich aber auch selbst besonders in der Polemik über religiöse Fragen schriftstellerisch betätigten. Dabei erwies sich die gebildete Schicht in der Erhaltung ihrer geistigen Güter weniger widerstandsfähig als das einfache Volk: auf der Jagd nach irdischem Gut, getäuscht durch höhere Zivilisation, manchmal auch nur durch ihre physische Kraft, verschleuderte sie ihre Schätze, weil diese ihr wertlos schienen. Nur mit Mühe gelingt es dem heutigen Forscher, sie in längst vergessenen Handschriften und halbvermoderten alten gedruckten Büchern aufzufinden; aus ihnen läßt sich dann auf die die damalige Gesellschaft beschäftigenden Probleme schließen und überhaupt ein Bild entwerfen von den kulturellen Interessen der Führer des nordöstlichen Teiles des litauisch-russischen Reiches im 15.—17., teilweise sogar im 18. Jahrh. Weißrussisch war diese Literatur, solange sie sich der Volkssprache bediente, wenn auch einer in lexikalischer Beziehung stark mit Fremdwörtern, besonders mit Polonismen durchsetzten. In einigen wenigen Beispielen blieb sie auch dann noch weißrussisch, als sie in Schulintermedien, -komödien und -satiren ein polnisches Gewand erhielt; sie hörte es aber auf zu sein, als die weißrussische Intelligenz ihre Werke polnisch zu schreiben anfing. Auf diese Literatur soll hier nicht eingegangen werden.

Eine neue Periode brach für die weißrussische Literatur an, als man zur Zeit der romantischen Begeisterung für das Volkstum Ende des 18. und

Anfang des 19. Jahrh. sich wiederum der reinen Volkssprache zuwandte. Die ersten literarischen Versuche mit der Volkssprache wurden von eingeborenen Weißrussen aus dem Kleinadel gemacht, die aber inmitten polnischer Kultur groß geworden waren und sich selbst für Polen hielten. Eine große Bedeutung kommt diesen Versuchen nicht zu. In den 80er Jahren des 19. Jahrh. erinnerten sich ihrer einige Volkskundler; es erschienen auch einige Nachahmungen, doch dann kam die Bewegung wieder ins Stocken, ohne daß dadurch eine weißrussische Literatur geschaffen war.

Eine entscheidende Wiederbelebung erfuhr die weißrussische Literatur erst Ende des 19. und Anfang des 20. Jahrh. Die sich über ganz Rußland ergießende Welle der Freiheitsbewegung mit verschiedenartigen Bestrebungen zur Selbstbestimmung erreichte auch Weißrußland und rief dort eine Wiedergeburt hervor. Das einfache Volk stand aber auch damals abseits. Aus ihm war jedoch bereits ein kleiner Kreis Gebildeter hervorgegangen, ihm schloß sich eine Reihe Enthusiasten aus der alten Intelligenz, oft sogar nicht weißrussischer Abstammung an, und es entstand die sogenannte weißrussische Bewegung. Diese trug wesentlich zur Stärkung des weißrussischen Selbstbewußtseins bei und begünstigte das Aufkommen von recht talentierten Schriftstellern, die lokale und sogar allgemeinmenschliche Probleme in ihren Werken behandelten.

Literatur: Verfasser Белоруссы, Bd. III, Teil 2 und 3, Petersburg 1921 und 1922. — D. Žylunovič Беларуская Литэратура in Курс Белоруссоведения. Лекции, читанные в Белорусском Народном Университете в Москве. Moskau 1918—20. — M. Harecki Гісторыя беларускае литэратуры, Wilna 1920. — M. K. L'ubavskij Очерк истории Литовско-русского государства до Люблинской унии включительно[2] (Moskau 1915). — I. I. Lappo Западная Россия и ее соединение с Польшей в их историческом прошлом (Prag 1924).

I. Älteste Periode[1]).

1. Übersetzungsliteratur.

Bei den Weißrussen, wie überhaupt bei den Russen, geht die Übersetzungsliteratur der selbständigen voraus, wenn auch letztere bereits recht früh, in vielen Fällen sogar gleichzeitig mit der Übersetzungsliteratur aufkam. Die meisten hierher gehörigen Sprachdenkmäler sind Übersetzungen von Büchern der Heiligen Schrift, ferner von verschiedenen Apokryphen, Erzählungen, Chronographen und Chroniken; es gibt auch einzelne übersetzte Predigten und ganze Sammlungen von Predigten. Kurzum, es wurden folgende zwei Arten von Werken übersetzt: die einen dienten rein religiösen Zwecken, die anderen der weltlichen Lektüre. Jene entstanden aus dem Bestreben führender Persönlichkeiten, das Volk aufzuklären oder religiöse Ideen zu propagieren, diese verfolgten den Zweck, neben der Verbreitung der allgemeinen Bildung der Intelligenz eine interessante Lektüre in der Art der heutigen Belletristik zu bieten. Von den Übersetzungen der Heiligen Schrift

[1]) Eine genaue Darstellung dieser Zeit mit Literaturangaben findet sich bei Verf. Белорусы III 2, Petersburg 1921.

verdienen hauptsächlich die in der früheren Wilnaer Öffentlichen Bibliothek unter Nr. 262 aufbewahrten, unmittelbar auf hebräische Originale zurückgehenden Handschriften Beachtung. Übersetzt worden sind sie wahrscheinlich von gebildeten westrussischen Juden, vielleicht um die Lehre der Judaisierenden (жидовствующие) zu verbreiten. Für das hebräische Original der Übersetzung sprechen die Formen vieler Eigen- und sogar Gattungsnamen. Einige dieser Übersetzungen sind teilweise oder vollständig (Ruth und Esther) erst in neuester Zeit herausgegeben worden.

Literatur: S. Belokurov, S. Dolgov, I. Jevsejev und M. Sokolov О ереси жидовствующих. Новые материалы. Чтения 1902, Heft 3; A. Sobolevskij Переводная литература Московской Руси XIV—XVII в. Petersburg 1903. V. Peretz Новые труды о жидовствующих XV в. и их литературе. (Киевские) Университетские Известия 1908. V. Peretz gab hier heraus Плач Иеремии; Руѳь in Известия ОРЯС. XXVII, Есѳирь in Zapiski N. T. v Kijeve VI.

Besonders beachtenswert auf diesem Gebiet ist die Tätigkeit des Doktors Franziskus Skorina, eines der hervorragendsten weißrussischen Gelehrten in der ersten Hälfte des 16. Jahrh. Er wurde um 1490 in Polock geboren, besuchte die Universitäten Krakau (eximius artium doctor) und Padua (doctor in medicinis) und sah seine Lebensaufgabe in der Verbreitung der Bildung unter seinen Landsleuten. Erst ließ er sich in Prag nieder, übersetzte die Bücher der Heiligen Schrift und gab sie in weißrussischer Volkssprache heraus unter dem Titel Бiвлия руска выложена доктором Ф. Скоринow... Богу ко чти и людемъ посполитымъ к доброму научению (anders Белоруссы III, 2, 23). 1517—19 veröffentlichte er den Psalter, das Buch Hiob, die Sprüche Salomos, das Buch Jesus, Sirach, die Bücher von den Königen, Jesus Navi, das Buch Judith, das Buch der Richter, die fünf Bücher Moses, Ruth, Esther, die Klagelieder Jeremiä und das Buch Daniel. Aus unbekannten Gründen verließ Skorina Prag und siedelte nach Wilna über, wo er 1525 den Apostolus herausgab und eine „Малая подорожная книжица", enthaltend den Psalter, das Horologium, die Akathistoi, Kanones, das Hexaemeron, kurze Heiligenregister (Краткие святцы) und die Paschalie. In einem Dokument aus dem Jahre 1530 wird Skorina „felix professor" genannt.

Die Übersetzungen des Skorina sind an und für sich beachtenswert wegen ihrer volkstümlichen Sprache, der Selbständigkeit in der Übertragung (an Hilfsmitteln verfügte er nur über kirchenslavische Texte und die čechische gedruckte Bibel von 1506) und wegen der umfangreichen Einleitungen, aus denen die Liebe zu seinem Volke und starkes patriotisches Empfinden spricht. Gedruckt sind seine Werke mit eigens zu diesem Zwecke hergestellten kirchenslavischen Typen, die in nichts hinter den damals im Westen gebräuchlichen zurückstehen. Neue Abschnitte und die ersten Seiten seiner Bücher sind mit eigenartig umrahmten Initialen verziert; überall finden sich Vignetten; auch sind die Bücher mit Bildern illustriert. Alledem liegt nach den Worten von Skorina die Absicht zugrunde seinen russischen Brüdern, den einfachen Leuten, das Verständnis dieser Schriften zu erleichtern (абы братия моя Русь, люди посполитые, чтучи могли лепеи разумети).

Es liegen noch einige Übersetzungen biblischer Bücher in westrussischer Sprache vor; wahrscheinlich stammen sie von Skorina, der sie jedoch nicht mehr drucken konnte. Ferner gibt es Abschriften der gedruckten Übersetzungen von Skorina, die gleichfalls zur Verbreitung der Bildung beitragen wollen[1]). Das gleiche Ziel verfolgen die aus dem Polnischen (Wujek, Wróbel) gemachten Übersetzungen. Man begegnet aber auch Übersetzungen polnischer protestantischer Ausgaben (z. B. die Radziwill-Bibel von 1563), wie dem Psalter aus dem 17. Jahrh. (Rum'ancev-Museum Nr. 1017), die zur Verbreitung der neuen Lehre beitragen sollten[2]). Einer dieser Versuche ist sogar gedruckt worden, und zwar das um 1580 von T'apinskij, ins Weißrussische übersetzte Evangelium.

Vasilij T'apinskij, gebürtig aus dem Polocker Gebiet, gehörte der Szlachta an. Er lebte in der zweiten Hälfte des 16. Jahrh.; eine systematische Ausbildung hat er nicht erhalten. Als er sah, daß die griechisch-katholische Geistlichkeit dem Volke das Evangelium in der Muttersprache vorenthielt, machte er sich selbst an die Arbeit. Parallel zum kirchenslavischen Text druckte er in seiner ärmlichen Druckerei (убогая друкарня), die dazu noch eine wandernde war, seine Evangeliumübersetzung. Erhalten ist heutzutage nur das gedruckte Matthäus- und Marcusevangelium, ferner handschriftlich das Vorwort zur Übersetzung. Als Vorlage benutzte T'apinskij außer dem kirchenslavischen Text noch die polnische Bibelübersetzung des Antitrinitariers S. Budny vom Jahre 1572. Aus dem Vorwort ersehen wir, daß T'apinskij Protestant war und daß ihm das Wohl seines Volkes sehr am Herzen lag. Er ereiferte sich über den häufigen Verrat am Volkstum, über die Roheit und religiöse Rückständigkeit des einfachen Volkes, über den sittlichen Verfall der Geistlichkeit, der Lehrer des Volkes, über die Geringschätzung der Muttersprache und das Bestreben seiner Landleute, polnische Schulen zu besuchen.

Literatur: M. Dovnar-Zapol'skij В. Н. Тяпинский, переводчик евангелия на белорусское наречие. Известия 1899 Heft 4. Das Vorwort zur Übersetzung wurde von Vladimirov herausgegeben in Киевская Старина 1889 Jan. Anhang.

Die Übersetzung von T'apinskij fand als das Werk eines Ketzers, falls sie überhaupt vertrieben wurde (bisher sind nur 2 Exemplare bekannt), nur geringe Verbreitung. Anders steht es um den Evangelientext in altweißrussischer Sprache, der zu den sog. didaktischen Evangelien (учительные Евангелия) gehört. Dieser ist sogar in einer großen Anzahl von Exemplaren auf uns gekommen. Seine beste Ausgabe erschien 1616 in Jevje (in der Nähe von Wilna). Die Übersetzung fertigte M. Smotrickij mit Hilfe der polnischen Bibel von J. Wujek an. Da der Übersetzer aus Kleinrußland

[1]) Über das Wirken von Skorina vgl. P. Vladimirov Доктор Ф. Скорина. Его переводы, печатные издания и язык, Petersburg 1888; I. Šl'apkin К биографии Скорины. ЖМНПр. 1892 April; A. Milovidov Новые документы, относящиеся к биографии Скорины. Известия 1917, Heft 2.

[2]) Vgl. Verfasser Западнорусские переводы псалтыри в XV—XVII в. (Warschau 1896).

gebürtig war, begegnet man mitunter im Text kleinrussischen Dialekteigentümlichkeiten.

Ohne auf die Übersetzungen der Predigtsammlungen und Schriften der Kirchenväter (vgl. A. Archangel'skij Очерки из истории западно-русской литературы XVI—XVII в. Чтения 1888 I 97 ff.) einzugehen, sollen hier nur noch die der Heiligenleben gestreift werden. Sie wurden in Altrußland gern gelesen, und diese Vorliebe für die Vitae Sanctorum zeichnete auch die weißrussischen Leser des 15.—17. Jahrh. aus. Überliefert sind uns einige einzelne Heiligenleben und ganze Sammelbände davon mit weißrussischen Spracheigentümlichkeiten. Oft handelt es sich dabei weniger um Übersetzungen als um Umarbeitungen im weißrussischen Geist. Besonders interessant sind folgende: die handschriftlichen Vitae Sanctorum (Четья) des Jahres 1489, die Übersetzungen des Buches von P. Skarga Żywoty świętych vom Ende des 16. bis zum 18. Jahrh. Von den einzelnen, rein altweißrussisch geschriebenen Vitae wäre die in Handschriften aus dem 15.—16. Jahrh. erhaltene Alexiusvita (Житие Алексея, человека Божия) zu erwähnen. Sie geht auf eine lateinische Vorlage der Legenda Aurea Jacobi de Voragine zurück und ist von einem katholischen Laien übersetzt, dem čechische Hilfsmittel zur Verfügung standen. 1637 druckten die Mönche des Klosters von Kutein eine nach griechischen und kirchenslavischen Vorlagen angefertigte Übersetzung der Geschichte von Barlaam und Josaphat nach Joannes Damaskenos.

Literatur: N. Gudzij Переводы ‚Żywotów świętych‘ П. Скарги в Югозападной Руси, Kiev 1917; V. Adrianova Житие Алексея, человека Божия, Petersburg 1917. Textausgabe von V. Peretz in Памятники Древней Письменности и Искусства 1903 Nr. 150.

Im litauischen Rußland gab es ferner viele Übersetzungen verschiedener apokrypher Erzählungen, wie die Träume der Gottesmutter, die Briefe Jesu Christi, die Besuche der Gottesmutter an den Qualstätten, die zwölf Freitage (Сон Богородицы, Письма Исуса Христа, Хождение Богородицы по мукам, О двенадцати пятницах) usw. Die überlieferten Handschriften dieser Übersetzungen weisen aber nur wenig weißrussische Spracheigentümlichkeiten auf, und daher ist ihre Behandlung hier nicht am Platz.

Zu den Apokryphen gehören auch die Aberglauben- und Weissagungsbücher. Von diesen sind folgende erhalten: Secreta Secretorum — Тайна Тайных (Аристотелевы Врата), ferner der sog. Шестокрылъ, der Лопаточникъ und die von den alten Schriftgelehrten irrtümlicherweise hierher gestellte Logik. Besondere Beachtung verdient die Тайна Тайных. Sie beruht auf einer arabischen Vorlage aus dem 10.—11. Jahrh., wurde im 13. Jahrh. unter dem Titel Secreta Secretorum ins Lateinische übersetzt und fand in Westeuropa große Verbreitung. Die in Handschriften aus dem 16. Jahrh. erhaltenen westrussischen Übersetzungen stehen jedoch nicht in Zusammenhang mit dem lateinischen Text. Wie es in Einzeluntersuchungen (namentlich von M. Speranskij u. a.) nachgewiesen wurde, gehen sie auf hebräische Vorlagen zurück. Aus diesem Grunde kam jenes dem russischen Domostroj ähnliche Denkmal, das weder Ketzerisches noch Unerlaubtes enthielt, in den Index der verbotenen Bücher, obgleich es in Moskau sogar in der Bibliothek des Patriarchen und Zaren vorhanden war. Der Шестокрылъ, Лопаточникъ und die Лоика (Logik) sind zweifellos auch aus dem Hebräischen übersetzt worden, vielleicht von Anhängern der Sekte der Judaisierenden.

Literatur: M. Speranskij Из истории отреченных книг I—IV. Гадания по Псалтыри. Лопаточник. Аристотелева Врата. Petersburg 1899—1908 in Памятники Древней Письменности; A. Sobolevskij „Логика" жидовствующих и „Тайна Тайных" in Памятники Древней Письменности 1899; S. Neverov Логика иудействующих. (Киевские) Университетские Известия 1909.

Besonders viel wurden aber von der weißrussischen Intelligenz verschiedene übersetzte Erzählungen religiösen und weltlichen Inhalts gelesen. Von den ersteren sind zwei auf uns gekommen: 1. Die Geschichte von Christi Leiden, seinem Tode und der Auferstehung mit Hinzufügung von Angaben über Pontius Pilatus und Joseph von Arimathia. 2. Die Geschichte von den heiligen drei Königen oder der Magierverehrung. Beide liegen in Handschriften aus dem 15—16. Jahrh. vor. Der Evangelientext ist darin stark mit apokryphen Erzählungen durchsetzt. Wahrscheinlich ist die erste Novelle eine Übersetzung oder Umarbeitung irgendeiner polnischen (vielleicht sogar lateinischen) Vorlage; die zweite dagegen übersetzt das bekannte Werk von Johannes von Hildesheim Liber de gestis ac trina trium beatissimorum regum translatione aus dem Polnischen oder Lateinischen. Beide Übersetzungen sind in weißrussischen katholischen Kreisen entstanden.

Literatur: E. Karskij Западнорусский сборник XV в. Известия II. Textausgaben von N. Tupikov Страсти Христовы, Памятники древней Письменности 1901 Nr. 140 und V. Peretz Повесть о трех королях-волхвах ib. 1903 Nr. 150 mit Literaturangaben; J. Polívka Evangelium Nikodemovo v literaturách slovanských Časopis Mus. Král. Českého LXV 1891; A. Brückner Fremde Vorlagen und Fassungen slavischer Texte, Archiv XI.

Noch mehr als die religiösen Erzählungen wurden weltliche gelesen. So heißt es im Vorwort zur Bibelübersetzung von Skorina, der besonders die Lektüre des Buches der Richter und der Makkabäer empfiehlt, man würde darin eine richtigere Schilderung finden als in der Alexandreis oder der trojanischen Sage. Tatsächlich sind uns in westrussischen Handschriften hauptsächlich aus dem 17. Jahrh. einige Trojasagen und nicht weniger Alexandersagen überliefert. Inhaltlich stimmen jene mit der in der bulgarischen Chronik des Konstantin Manasses (1369) vorkommenden südslavischen Erzählungen überein. Die Weißrussen haben sie von den Südslaven erhalten, wobei der Übersetzer auch das Polnische gekannt haben muß. Der Alexandreis begegnet man in westrussischen Handschriften aus dem 15.—17. Jahrh. Ihre älteste Redaktion weist starke Ähnlichkeit mit der sogenannten dritten Redaktion der Pseudokallisthenischen Alexandreis auf, der die Historia de proeliis zugrunde liegt. Als Quelle für die Alexandersagen des 17. Jahrh. hat die polnische gedruckte Redaktion von 1550 gedient, die viel Märchenmotive und andere Zusätze enthält. Da diese Elemente des Wunderbaren dem Zeitgeist besonders entsprachen, wurden jene Erzählungen viel gelesen.

Je mehr die Alexandersagen umgearbeitet wurden, desto mehr änderte sich auch in den einzelnen Gegenden und zu verschiedenen Zeiten die Ansicht über Alexander den Großen: in den ältesten Erzählungen findet hauptsächlich seine Tapferkeit Erwähnung, in den mittelalterlichen — seine Tugendhaftigkeit und andere, frommen Christen besonders wertvoll erscheinende Eigenschaften, in den späteren Redaktionen, zu denen auch die polnischen und weißrussischen gehören, wird seine Ritterlichkeit gerühmt. Diese Eigenschaft entsprach dem Geschmack der örtlichen Szlachta, daher auch ihre Vorliebe für Erzählungen wie: Attilasagen, Tristan und Isolde, Buovo d'Antona, das Buch vom Ritter Tundal, Legenden von der wahrsagenden Sibylle. Einige dieser Erzählungen sind aus dem Polnischen übersetzt (Attila nach der gedruckten Vorlage von 1574), andere aus dem Serbischen (Tristan und Buovo sind Wiedererzählungen einer serbischen Vorlage) oder aus dem Čechischen (Tundal und Sibylle). Die drei erstgenannten Erzählungen sind in einer früher in den Kreisen Nowogródek und Słuck verbreiteten Handschrift aus dem 16. Jahrh. (jetzt in der Posener Bibliothek aufbewahrt) überliefert, die zwei anderen in einer Handschrift der Sammlung Krasiński in Warschau, ebenfalls aus dem 16. Jahrh. In weißrussischer Sprache sind diese Erzählungen aber verhältnismäßig wenig bekannt gewesen, da die Szlachta sie polnisch oder in anderen slavischen Sprachen las. Auf uns sind sie nur in wenigen Exemplaren gekommen.

Literatur: A. Pypin Очерк литературной истории старинных повестей и сказок русских Учен. Записки IV; V. Istrin Александрия русских хронографов, Moskau 1893; A. Veselovskij Белорусские повести о Тристане, Бове и Аттиле в Познанской рукописи конца XVI в. Сборник XLIV; A. Brückner Die Visio Tundali. Archiv XIII; E. Karskij Западнорусское сказание о Сивилле. Варшавские Университетские Известия 1898 II.

Mit den Ereignissen der biblischen und allgemeinen Geschichte wurden die alten Weißrussen durch die Heilige Schrift, die Paleja, Chroniken und Chronographen bekannt, also durch Bücher, die zum größten Teil Übersetzungen aus dem Griechischen ins Kirchenslavische sind. So lagen die Dinge im alten Westrußland. Späterhin kamen weißrussische Bibelübersetzungen auf, z. B. die von Skorina. Nach den Worten des Übersetzers verfolgte sie den Zweck, den Leser mit dem Leben früherer Zeiten bekanntzumachen: Пакли же вократце сведати хощеши много тысещей леть лѣтописець, чти книги Паралипомена ... Die hierher gehörigen Chroniken und Chronographen sind meist kirchenslavisch mit weißrussischen Spracheigentümlichkeiten. Sie stammen aus dem 17. Jahrh. und enthalten die Ereignisse bis zur Mitte des 16. Jahrh. Es gibt aber auch einige weißrussische Chronographen mit Alexander- und Trojasagen aus dem 17. Jahrh. (Rum'ancev-Museum Nr. 2405, Russische Öffentliche Bibliothek Nr. 5 F., Tolstoj-Sammlung Nr. 151). Neben biblischen Erzählungen werden darin auch Ereignisse der allgemeinen Geschichte (Nachrichten über Äneas, Kleopatra usw.) mitgeteilt, die teils aus dem Polnischen übersetzt sind.

Literatur: A. Popov Обзор хронографов русской редакции I—II, Moskau 1866—1869. V. Istrin Хроника Георгия Амартола в древнем славяно-русском переводе II (Petersburg 1922), 75—96, 393—399, 422, 424 und sonst.

Einer besonderen Verbreitung erfreute sich in Westrußland die Übersetzung der polnischen Weltchronik von Marcin Bielski. Sie ist in einigen Handschriften aus dem 16. und 17. Jahrh. überliefert, die sich eng an die polnische gedruckte Ausgabe aus der Mitte des 16. Jahrh. anlehnen. Die biblischen Geschichten sind darin teils nacherzählt. Bielskis Chronik hat auch auf andere westrussische Chroniken und Chronographen einen gewissen Einfluß ausgeübt.

Literatur: A. Sobolevskij Западное влияние на литературу Московской Руси (Спб. 1899). I. Pervolf Славяне. Их взаимные отношения и связи III 2. A. Jelski Słówko o materyałach służących do badań gwary... i literatury Białoruskiej. Chwila 1886 Nr. 17—23.

Eine ähnliche Stellung kam der Übersetzung der polnischen Chronik von M. Stryjkowski (1582) zu, der in ausgiebigster Weise litauisch-russische Chroniken benutzt hat, obgleich er sich zu ihren Angaben kritisch verhielt.

Literatur: Polnische Ausgabe 1846, I—II (Warschau) mit Einleitung von N. Malinowski und Daniłowicz: Kronika Polska, Litewska, Żmódzka i wszystkiej Rusi ... poprzedzona Wiadomością o życiu i pismach Stryjkowskiego.

2. Weißrussische Originalwerke.

Ihrem Charakter und Inhalt nach gleichen die selbständigen literarischen Erzeugnisse Westrußlands nach seiner Loslösung vom Osten den anderen russischen, nur daß sie gewisse landschaftliche Spracheigentümlichkeiten aufweisen. Als sich aber die kulturellen Bedingungen änderten, und neue Interessen, hauptsächlich religiöser und nationaler Art, erstanden, drangen auch in die Literatur Methoden und Stilmittel ein, die häufig im Moskowitischen Rußland unbekannt waren.

a) Westrussische Chroniken.

Eine der ältesten westrussischen Literaturgattungen sind die Chroniken. Aus Interesse für die Vergangenheit wurden anfangs diesbezügliche gemeinrussische Werke abgeschrieben, so z. B. 1495 in Smolensk unter der Herrschaft des Großfürsten Alexander, die unter dem Namen Lětopis' Avraamki bekannte chronistische Sammelhandschrift. Ihr liegt eine Novgoroder Chronik, die in Westrußland abgeschrieben wurde, zugrunde. Mitunter finden sich darin lokale Spracheigentümlichkeiten (Die Handschrift wurde in Polock gefunden und befand sich in der Wilnaer Öffentlichen Bibliothek.) Bereits früh kamen in Westrußland aber auch besondere Chroniken auf. Sie setzen die gemeinrussischen fort und ergänzen sie, dabei weisen sie jedoch eine gewisse lokale Färbung auf, sowohl in Form und Inhalt als auch in der Einstellung ihrer Schreiber. Man nennt sie gewöhnlich Litauische Chroniken, nach dem Staate, dessen Leben sie schildern, obgleich sie in altem Weißrussisch geschrieben sind. Die älteren von ihnen weisen eine recht reine Sprache auf, während sich in den jüngeren seit Mitte des 16. Jahrh. viele Polonismen finden. Diese Literaturgattung wird meist летописцы, кроники oder кройники genannt. Auf uns sind über zehn solche Chroniken teils vollständig, teils in Bruchstücken gekommen. Sehr viele von ihnen haben aber seit dem 16. Jahrh. polnischen Chronisten (Bielski, Stryjkowski) nach ihrem ausdrücklichen Zeugnis vorgelegen und sind darauf verlorengegangen. Die ältesten derartigen Chroniken gehören dem 15. Jahrh. an, die jüngeren reichen bis zum 18. Jahrh. Fast alle sind in Полное Собрание русских Летописей, Bd. XVII, Petersburg 1907 herausgegeben und von I. Tichomirov (ЖМНПр. 1901 März), M. Hruševśkyj (Їсторія У.-Р. VI 2), F. Sušickij (Из лекций по лит. Южн. и Западн. Руси, Kiev 1915) u. a. untersucht worden (vgl. Verf. Белорусы III 2, S. 95).

Die erhaltenen Chroniken stellen ihrer Zusammensetzung nach zwei Redaktionen dar: eine kurze und eine ausführlichere. Erstere umfaßt die Ereignisse ungefähr von 1380 bis 1446. Es finden sich darin Hinweise, daß sie um die Mitte des 15. Jahrh. zusammengestellt ist. Außer einigen Annalen enthält sie mehrere zusammenhängende Erzählungen verschiedener Verfasser über den Kampf des Kiejstut mit Jagiełło, die Regierung des Witowt, die Schlacht an der Worskla, über Podolien, die Lobpreisung des Witowt, über den Kampf des Svidrigailo mit Sigismund u. a. In den meisten Fällen sind diese Erzählungen von Personen, die den geschilderten Ereignissen nahe standen, geschrieben. Wer diese einzelnen Stücke vereinigt und die kurze Redaktion zusammengestellt hat, ist unbekannt. Im Mittelpunkt steht darin zweifellos Witowt: über diesen wird am meisten gehandelt und ihm gehört die Sympathie des Verfassers, der ihm augenscheinlich nahegestanden hat und gut die damalige westrussische Literatursprache beherrschte.

Die ausführlicheren Chroniken beginnen mit der Entstehung Litauens und seines Namens. Diese legendare Erzählung greift auf die Geburt Christi und auf Nero zurück, unter dem die Vorfahren der Litauer aus Rom geflüchtet sein sollen. Es folgen darauf Berichte über die ersten Litauerfürsten, die Gründung Wilnas und die Ereignisse bis zur Mitte des 16. Jahrh. Die Verfasser der ausführlicheren Redaktionen benutzten die älteste kurze Fassung und ergänzten sie durch verschiedene, im Volke, besonders aber unter den vornehmen litauischen Familien verbreitete Erzählungen. Zur Erklärung der alten Wappen schmückte man die bestehenden Legenden mit verschiedenen unsinnigen Mutmaßungen der damaligen scholastisch gebildeten Geschichtsschreiber und Linguisten aus. Einiges wurde auch aus den gemeinrussischen Chroniken, z. B. der Wolhynischen, aufgenommen. Der Verfasser ist überall bemüht, den Eifer seiner Fürsten zu rühmen, die die Grenzen des Reiches erweitern, auch preist er sein Volk (Litauer und Russen) im Gegensatz zu seinen Gegnern, den Polen und moskowitischen Russen.

Was die reinliterarische Seite der westrussischen Chroniken anbelangt, so unterscheiden sie sich auch in dieser Hinsicht stark von den altrussischen: kurze annuelle Aufzeichnungen sind selten, zumeist den russischen Chroniken entnommen. Über die das Litauische Reich selbst betreffenden Ereignisse wird in einzelnen, in sich abgeschlossenen Erzählungen berichtet mit Schilderungen der Fürsten, wobei für die ältesten Zeiten keine Chronologie gegeben wird.

Die westrussischen Chroniken waren nur im Litauischen Reich verbreitet; die gemeinrussischen Chroniken wissen von ihnen sehr wenig: die wenigen in diesen letzteren erwähnten Ereignisse aus der litauischen Geschichte haben ihre Verfasser augenscheinlich vom Hörensagen erfahren.

b) Zeitgenössische Aufzeichnungen und anderes historisches Material.

Neben den übersetzten und kompilierten Chroniken, wie auch Annalen berichten über das politische und kulturelle Leben Westrußlands auch noch die Aufzeichnungen der Zeitgenossen. Überliefert ist davon nur das Tagebuch aus dem Ende des 16. und Anfang des 17. Jahrh. des aus Nowogródek stammenden Gerichtsschreibers Fedor Jevlaševskij, der aus Słuck gebürtig war. Er gehörte der unteren weißrussischen Szlachta an, die sich für das heimatliche Schrifttum interessierte, Übersetzungen anfertigte und verbreitete, auch selbständige Werke schrieb, für staatliche Stellungen in Frage kam und gleichzeitig immer bereit war, Aufträge der angesehenen Adligen auszuführen, deren Protektion für den unteren Adel mehr bedeutete als der Staatsdienst.

Dieses Tagebuch bietet besonders viel Material für eine Charakteristik seines Verfassers als eines Repräsentanten der niederen Szlachta. Jevlaševskij beherrschte das Russische und Polnische; er war im Geiste der griechisch-katholischen Kirche erzogen, was ihn jedoch nicht hinderte, sich in seiner Jugend für den Protestantismus zu begeistern. Trotz seines Rationalismus war er nicht frei von Vorurteilen. Autodidaktisch erwarb er sich ein gutes Wissen: er war mit der Buchführung, den Gesetzen bekannt und erreichte sogar eine gewisse philosophische Schulung. Häufig macht sich in seinem Tagebuche ein starker weißrussischer Patriotismus bemerkbar: überall stellt er Polnisches Weißrussischem gegenüber.

Außerdem finden sich in diesem Tagebuch viele interessante Mitteilungen über die führenden Persönlichkeiten jener Zeit: die Fürsten Słucki, Radziwill, die Herren Chodkiewicz und Sapieha, F. Kmita, Unichowski, Kawećzyński, Skumin u. a. Auf die politischen Ereignisse wird in seinem Tagebuch nur wenig eingegangen, obgleich Jevlaševskij mit den Beziehungen Iwan des Grausamen zum Litauisch-Russischen Reich gut vertraut war.

Die Sprache Jevlaševskijs ist mit vielen Polonismen durchsetzt, weil er häufig mit Polen zusammen war.

Literatur: Aufbewahrt wird Jevlaševskij's Tagebuch in der Wilanówschen Bibliothek bei Warschau. Nach einer Abschrift des Ossoliński-Museums in Lemberg wurde es von V. Antonovič in der Кіевская Старина 1886 Januar herausgegeben.

Für die Klarlegung der politischen Beziehungen des Litauisch-Russischen Reiches zu seinen Nachbarn sind die dienstlichen Mitteilungen (отписы) des Filon Kmita-Černobyl'skij (1573—1574) an die litauischen Ratsherren interessant. Es handelt sich im ganzen um 31 Mitteilungen, von denen 20 in den Акты Западной России III, 164—177 veröffentlicht sind. Diese Mitteilungen sind sowohl in inhaltlicher als auch literarhistorischer Beziehung wichtig. Als Starosta einer Stadt an der Grenze des Moskauer Reiches hatte Kmita ein regelrechtes Spionagesystem im Nachbarreiche ins Leben gerufen und machte darüber dem litauischen Rat genaue Mitteilung mit Angabe der Personen, von denen er die einzelnen Auskünfte erhalten hat, wobei er sogar ihre Glaubwürdigkeit feststellt. Er war auch orientiert über die Sachlage in Polen und Litauen unter König Heinrich und zur Zeit des Interregnums, nachdem dieser Polen verlassen hatte, ferner über die Agitation zugunsten des Sohnes von Iwan IV als polnischen Kronprätendenten, über die Beziehungen der Russen zu den „Perekop-Tataren", mit einem Wort über die ganze politische Lage Litauens und der benachbarten Staaten.

Nicht minder interessant sind seine Mitteilungen in literarhistorischer Hinsicht. Seine dienstlichen Berichte belebt Kmita durch eingestreute, in epischem Stil gehaltene Erzählungen von Kaufleuten und anderen Personen. Um seine Rede eindrucksvoller und überzeugender zu gestalten, liebt es Kmita, Sprichwörter, die noch heute im Volke leben, heranzuziehen. Auch andere Gattungen der Volksdichtung werden von ihm berücksichtigt. So schreibt er bei der Schilderung seiner traurigen Lage an der Grenze des Heimatlandes, von wo aus er es vor Feinden zu schützen hätte: Ich bin ein unglücklicher Edelmann, ich vergehe vor Not und noch mehr vor Kummer. Die bei den Fleischtöpfen sitzenden Männer haben übergenug davon. Ich aber sterbe vor Hunger auf der Grenzwacht ... Es wird eine Zeit kommen, wo Ilja Murovlenin und Solovej Budimirovič nötig sein werden, und wo man unsere Dienste brauchen wird („нещасный есми дворянин, згибъ есми въ нендзы, а большъ зъ жалю: люди на каши переѣли кашу, а я з голоду здохъ на сторожи. Помсти, Боже, государю грехопадение, хто разумеет, бо прійдетъ часъ, коли будетъ надобѣ Иліи Муравленина и Соловья Будимировича, прійдетъ часъ, коли будетъ службъ нашихъ потреба"). Folglich wußte Kmita von der Wacht der russischen Sagenhelden an den Grenzen ihres Reiches und vergleicht seine schwere Stellung mit ihren Aufgaben.

Literatur: Zrzódła do dziejów polskich wyd. przez M. Malinowskiego i A. Przezdzieckiego II, Wilna 1844; I. Lappo Великое Княжество Литовское I, 431—432, 676—678; Verfasser Белорусы III 1, S. 394, 486.

Unter den alten Denkmälern des westrussischen Schrifttums ist besonders eins durch Inhalt, Form und Sprache eigentümlich. Es ist die Rede des Ivan Meleško, Kastellans von Smolensk, gehalten in Anwesenheit des Königs Sigismund III auf dem Warschauer Sejm im Jahre 1589 (Акты Южн. и Западн. России II). Den Inhalt dieses Denkmals bildet eine humoristische Schilderung der Wandlungen in den weißrussischen Sitten unter polnischem Einfluß, der späterhin viel zu den Erfolgen der Union und der Herrschaft des polnischen Elementes in russischen Gegenden beigetragen hat. Eine genaue Analyse dieser in formaler Hinsicht schlichten Sejmrede ergibt, daß sie ein politisches Pamphlet ist, eine scharfe Satire auf die Sitten des westrussischen Adels, der sich im 16. Jahrh. der polnischen Kultur unterworfen hat. Nach der Äußerung des Verfassers gehörte er zu jenen Leuten, die sich zwar mit Politik nicht befassen, aber kein Blatt vor den Mund nehmen, wenn es gilt, die Wahrheit zu sagen (политики не знали, а правдою в рот, яко солею в очи кидовали). Er lobt jene Könige, die Litauen und Rußland geliebt haben; unter ihnen waren die Sitten einfach und die Kleidung war nicht so auffallend wie jetzt. Auch das häusliche Leben und die Nahrung war unter ihnen schlicht. Es herrschte noch nicht die Sittenverderbnis wie jetzt, dank dem polnischen Einfluß. Viele gibt es unter seinen Landsleuten, meint er, die zwar Bein von unserm Bein, aber mit übel riechendem Hundefleisch überwachsen sind (што хоть наша костка, однако собачимъ мясомъ обросла и воняетъ). Auch von der polnischen Dienerschaft geht nach ihm viel Unglück aus. Dieses humoristische Pamphlet wanderte von Hand zu Hand, wurde umgeändert und ergänzt, so daß ihm kein geringerer Wert als den Memoiren oder Tagebüchern zukommt. Eine Rede dieses Inhalts konnte aber auf keinen einzigen Fall in Anwesenheit des Königs und hohen Adels in Warschau auf dem Sejm vorgetragen werden. Es ist einfach ein Protest gegen die Polen, die nicht nur die nationalen Gefühle der Westrussen verletzten und sie ihrer politischen Rechte und Freiheiten zu berauben suchten, sondern auch in das patriarchalische Familienleben eingriffen, wo sie die jahrhunderte alten Traditionen zerstörten.

Die Sprache dieser Rede ist nicht reines Weißrussisch, häufig kommen darin auch kleinrussische Eigentümlichkeiten vor. Offensichtlich ist sie ursprünglich westrussisch geschrieben worden, darauf nach Kleinrußland gedrungen, wo sie vielleicht ergänzt worden ist und mit kleinrussischen Merkmalen abgeschrieben wurde. Meleško stammte aus dem Kreise Slonim; ihm gehörte das Gut Žirovicy und er war Abgeordneter von Smolensk und Mozyŕ.

Literatur: N. Sumcov Речь Ивана Мелешка как литературный памятник in Киевская Старина 1894 Mai. M. Hruševśkyj Історія України-Руси VI 400f.

c) Denkmäler juristischen Inhalts.

Urkunden, Akten und andere derartige Dokumente werden gewöhnlich in Darstellungen der alten Literatur nicht behandelt. In altwestrussischer Sprache gibt es tausende solcher Schriftdenkmäler, die teils handschriftlich aufbewahrt werden, teils schon herausgegeben sind. Viele von ihnen sind in bezug auf Sprache und Inhalt vom historischen, literarhistorischen und rechtsgeschichtlichen Standpunkt untersucht worden. Es soll an dieser Stelle nicht weiter auf sie eingegangen werden, obgleich nicht unerwähnt bleiben darf, daß sie ein reiches Material für die Charakteristik des Volkslebens bieten. Eine Gattung dieser juristischen Denkmäler — die Gesetzesbücher, Statuten und Verordnungen dürfen jedoch bei Behandlung der altwestrussischen Literatur nicht mit Schweigen übergangen werden: sie spielten im Volksleben eine allzu große Rolle, auch waren sie weit verbreitet, besonders nach ihrer Verbreitung durch den Druck. Sie beleuchten nicht weniger als die andern literarischen Erzeugnisse die Schicksale des Volkes, die Beziehungen zwischen den Ständen, das Verhältnis zu der obersten Gewalt usw. Auch gewähren sie die Möglichkeit, auf die Prinzipien des Gewohnheitsrechtes zurückzugehen, auf denen sie in den meisten Fällen beruhen.

Literatur: E. Karskij Белорусы I 357—368, II 3, S. 301—302 und Описи документов Виленского Центрального Архива древних актовых книг I—IX (Wilna 1901—1912).

In den ältesten Zeiten wurden in Westrußland die Rechtsverhältnisse durch das Gewohnheitsrecht geregelt, dessen Bestimmungen erst mündlich überliefert wurden, dann aber teilweise auch in die handschriftlichen Sammelwerke eindrangen. Das Wichtigste davon ist die Русская Правда. Die Beziehungen zum benachbarten Auslande wurden durch schriftliche Verträge geregelt, von denen der älteste in Westrußland der Vertrag zwischen Smolensk und Riga und der gotländischen Küste (1229) ist. Nach der Entstehung des Litauischen Reiches änderte sich daran nichts bis zur Veröffentlichung des unter König Kasimir geschriebenen Gesetzbuches im Jahre 1468. Der König setzte für verschiedene Vergehen recht harte Strafen fest: auf die geringsten Verschuldungen stand Todesstrafe am Galgen (на шибѣницю). Das Gesetzbuch behandelt hauptsächlich die für Diebstahl bestehenden Strafen und kann daher von dem ältesten litauisch-russischen Recht überhaupt kein mehr oder weniger abgerundetes Bild geben.

Ein wirkliches Denkmal des westrussischen Rechtes ist das die Gesetze des Litauischen Reiches enthaltende Litauische Statut. Es ist in drei Redaktionen bekannt, aber nur die letzte wurde 1588 gedruckt unter dem Titel „Статут великого князства Літовского от наяснейшого государа короля . . . Жикгимонта Третего на коронацыи въ Кракове выданыи". Gedruckt wurde dieses Statut in der Wilnaer Druckerei der Mamoniči in mehreren Ausgaben (als Erscheinungsjahr steht überall 1588) und wurde in Tausenden von Exemplaren verbreitet. Dieses Statut ist in verschiedener Hinsicht bemerkenswert. Was das Äußere anbetrifft, so ist es mit besonderen Kursivtypen, die an die westrussische Minuskelschrift des 16. Jahrh. erinnern, gedruckt. Auf dem Titelblatt befindet sich das litauische Wappen (ein Ritter zu Pferde — Pogoń), auf der Rückseite — ein Brustbild von Sigismund III. Darauf folgen Privilegien, in denen von der Zusammenstellung und Herausgabe des Statuts durch Lev Sapieha berichtet wird. Nach dem Brauch jener Zeit ist auch das Wappen des Unterkanzlers L. Sapieha zusammen mit einem Gedicht von A. Rymsza auf diesem Wappen abgedruckt. Es wird darin der Wunsch ausgesprochen, das ruhmvolle Leben Sapiehas möge noch viele Jahre dauern.

Das Statut selbst zerfällt in 14 Abschnitte und 487 Paragraphen. Strenge Strafen (Todesstrafe) werden verhängt für Vergehungen gegen die königliche Gewalt und gegen die Eltern, für Totschlag, Gliederverstümmelung, sowie Raub königlicher Güter. Verschuldungen gegen den Adel werden strenger bestraft als gegen die einfachen Staatsbürger. Der König gelobt am alten Modus der Königswahl und überhaupt an den Privilegien des Adels festzuhalten. Er wacht über die Unantastbarkeit der Grenzen des litauischen Fürstentumes. Für den Adel gilt es für nicht standesgemäß, sich mit Handwerk und Handel zu beschäftigen. Aus ihm rekrutieren sich die Beamten. Deutlich werden die Rechte der russischen Sprache festgelegt: Der Gemeindeschreiber hat in russischer Sprache und russischer Schrift alle Briefe, Auszüge und Vorladungen abzufassen und nicht in einer andern Sprache oder Schrift (а писаръ земъский маетъ поруску литерами и словы рускими вси листы, выписы и позвы писати, а не иншимъ езыкомъ и словы Bl. 122). Allerdings, obgleich das Statut selbst in russischer Orthographie und Sprache gedruckt ist, wimmelte es doch darin von Polonismen.

Dem Litauischen Statut von 1588 liegt das westrussische und litauische Gewohnheitsrecht zugrunde, ferner die Bestimmungen der Русская Правда und der ältesten westrussischen Gesetzbücher, die ihrerseits stark vom polnischen und römischen Recht beeinflußt sind. Aufgenommen sind in das genannte Statut in Auszügen verschiedene königliche Privilegien für den Adel des Litauischen Reiches. Nach der ersten Redaktion des Statuts liegt die oberste Staatsgewalt in Händen des Großfürsten und seines Rates, der aus Fürsten und den vornehmsten Herren besteht. In den folgenden Statuten macht sich aber die Tendenz bemerkbar, nicht nur die Aristokraten, sondern auch den Adel überhaupt zu verdrängen. Aus der Zahl der ersteren wurden die Richter und verschiedene administrative Beamte gewählt. Im Statut von 1588 werden die Bedürfnisse des litauischen Staates überall an erster Stelle berücksichtigt: die 1569 auf dem Lubliner Sejm beabsichtigte Übereinstimmung mit den polnischen Gesetzen ist nicht durchgeführt; die Union selbst findet sogar nirgends Erwähnung. Dieses Statut bewahrte seine Bedeutung als bindender Kodex während der ganzen Zeit des Bestehens des Litauisch-Russischen Reiches bis zur Teilung der Rzecz pospolita und sogar nach ihrer Einverleibung ins Russische Reich bis 1840. Als sowohl inhaltlich als auch formal gut ausgearbeiteter Gesetzeskodex hat das Litauische Statut von 1588 natürlich auch die Gesetzgebung der Nachbarreiche Rußlands (vgl. das Gesetzbuch des Zaren Aleksej Michailovič) und Polens, beeinflußt.

Literatur: M. Samuel Bogumił Linde O statucie Litewskim, Ruskim językiem i drukiem wydanym, wiadomość (Warschau 1816). I. Daniłowicz Historischer Blick auf die Litauische Gesetzgebung (Dorpater Jahrbücher 1834). F. Leontovič Русская Правда и Литовский Статут (Киев. Унив. Известия 1865). Czarnecki История Литов. Статута (ib. 1867). S. Ptaszycki К истории Лит. Права после третьего Статута (Спб. 1893). Derselbe К вопросу об изданиях и комментариях Л. Статута (Спб. 1893). I. Lappo Литовский Статут в Московском переводе-редакции XVII ст. (ЖМНПр. 1914 II). A. Solovjev Вновь открытый Московский перевод Литовского Статута (Историч. Известия 1917 Nr. 1). Sonstige Literatur s. in Новый энциклопедический словарь XXIV 675—676.

d) Reimdichtungen (Viršy).

In der altweißrussischen Literatur begegnet man nicht wirklich poetischen Gedichten. Man begegnet aber gereimter Prosa (Skorina) und Versen nach der Theorie polnischer Versmaße. Jede Zeile enthielt eine bestimmte Anzahl von Silben mit einer Zäsur und obligatorischem Reim,

Solche Verse wurden zu verschiedenen Gelegenheiten geschrieben, besonders aber als Widmung von Büchern, auf die Wappen der Mäzene und führender Persönlichkeiten.

Unter diesen Dichtern ist besonders der in der zweiten Hälfte des 16. Jahrh. lebende Andrej Rymsza bekannt. Er war aus Litauen gebürtig und stand im Dienste des Chr. Radziwill. Von ihm stammt das im Litauischen Statut von 1588 befindliche Gedicht auf das Wappen der Sapieha und auf dasjenige des Eustachius Volovič im gedruckten Sammelbande von 1585, der dem Dialog des Patriarchen Gennadios Scholaris enthält. Rymsza ist außerdem noch bekannt als Verfasser der gereimten Chronologie von 1581. Das einzige erhaltene Exemplar derselben, in Ostrog gedruckt, befindet sich in der Russischen Öffentlichen Bibliothek. Nach einem jeden Monatsnamen finden sich darin zwei sich reimende syllabierende Verse, auf die dann die Angabe des Datums folgt, auf das sie Bezug haben. Bei den Monatsnamen wird gleichfalls die volkstümliche, heute bereits in Vergessenheit geratene Bezeichnung gegeben. Z. B.:

Месяца декаврїа по гебрéиску хашлеу
просто просинецъ.
В томъ месяцы Їсус Христос народѝлся намъ,
не хто иныи тот избáвилъ души наши самъ.
декаврїя ке҃ дня.

A. Rymsza war in Westrußland nicht der einzige Versschreiber, der Widmungen und Gedichte auf Wappen verfaßte. Ein jeder Autor oder sogar Herausgeber bemühte sich sein Buch mit entsprechenden Epigrammen auszustatten. Die Sprache dieser Verse zeichnet sich keineswegs durch Reinheit aus: neben kirchenslavischen Wörtern finden sich darin weiß- und kleinrussische Eigentümlichkeiten, ja sogar Polonismen. Als Beispiel soll das Gedicht auf das Wappen von L. Sapieha in der Cvetnaja Triod' (Wilna 1609), das wahrscheinlich von Leo Mamonič, der das Vorwort dieser Ausgabe unterzeichnet hat, herrührt. Sapieha und seinen Vorfahren werden alle Tugenden zugeschrieben, die für den Menschen überhaupt und für den Ritter und Staatsmann im besonderen notwendig sind (Sapieha war damals Reichskanzler):

Тые всѣ в тобѣ цноты видимъ знамените,
Которыми тя панъ Богъ надарыл обфите.
Презацный сенаторе, знат из вѣковъ дaвныхъ
Тые жъ ся найдовали и в предках твых славных ...

Leo Mamonič hat auch das Gedicht auf das Wappen des Lukas Mamonič in den „Psalmen Davids" (Wilna 1593) verfaßt. Es gibt ferner Epigramme auf das Wappen des Bogdan Ogiński und anderer Personen. An dichterischem Gehalt sind diese Gedichte arm. Überall werden die Mächtigen dieser Welt und die Verdienste ihrer Vorfahren nach einer Schablone gepriesen. Natürlich konnte eine solche Dichtung nicht langlebig sein. Sie ging bald in Prosawidmungen (wenn auch in gehobenem Stil) und gewöhnliche Vorworte mit Danksagungen an die verschiedenen Mäzene über.

Literatur: V. Peretz Вирши из старопечатных изданий. Историко-литературные исследования и материалы I 2, S. 135—158.

e) Werke religiös-theologischen Inhalts.

Die hier bisher behandelten Werke der altweißrussischen Literatur bilden nur einen geringen Teil der auf uns gekommenen Sprachdenkmäler. Das Leben des Westrussen verlief im 16. und 17. Jahrh. in einem steten Kampf um sein Volkstum und besonders um seine Religion; aus diesem Grunde tragen die literarischen Erzeugnisse dieser Zeit einen vorwiegend kirchlich-theologischen Charakter. Natürlich finden sich unter ihnen auch solche, die sich moralische Aufgaben stellen, wie z. B. die verschiedenen Predigten, Homilien, Lobreden, Heiligenleben usw., die meisten aber bezwecken die Verbreitung neuer religiöser Lehren oder den Kampf mit denselben. Hierher gehören einerseits die Werke verschiedener Rationalisten (der Judaisierenden, Protestanten, Kalvinisten, Sozinianer, Antitrinitarier usw.), Katholiken und Uniierter, andererseits derjenigen, die am griechisch-katholischen Ritus festhielten.

Von den in Kirchen gehaltenen und seinerzeit gedruckten (in Jevje 1615) Predigten müssen diejenigen von Leontius Karpovič (gebürtig aus dem Kreise Pinsk) anläßlich des Tages der Verklärung Christi und Mariä Himmelfahrt hervorgehoben werden. Dieser berühmte Archimandrit des Wilnaer Heiligen-Geist-Klosters, Bekämpfer der Union, zeichnete sich durch eine hervorragende Rhetorik aus, wovon die genannten Predigten Zeugnis ablegen. Seine Zeitgenossen vergleichen ihn mit Joannes Chrysostomos.

Literatur: Arch. Leonid Übersetzungen in Чтения общества Истории и Древностей 1878, Hft. 1; S. Maslov Наука Л. Карповича в неділю перед Різдвом. Записки УНТ. в Киіві II 1908.

Ein ebenso hervorragender geistlicher Redner war Meletius Smotrickij, der, obgleich seiner Abstammung nach kein Weißrusse, doch den größten Teil seines Lebens in Weißrußland gewirkt und in altwestrussischer Sprache geschrieben hat. Unter anderem rührt von ihm die Predigt (Казанье) zum Begräbnis von Karpovič her, voll tiefer Trauer über den Tod eines so außergewöhnlichen Menschen wie L. Karpovič, der viel für die Erhaltung der Orthodoxie in Wilna getan und für sie gelitten hat.

Literatur: S. Maslov Казанье М. Смотрицкого на Честный погреб о. Л. Карповича (Kiev 1908. Чтения ОНЛ. XX).

Ohne auf die verschiedenen kleineren Schriften theologischen oder überhaupt kirchlichen Inhalts einzugehen, wie z. B. die in Weißrußland geschriebenen Heiligenleben, Synodika, Briefe über kanonische Fragen, Katechismen, Flugblätter und Broschüren, soll hier noch kurz über die mit der Volksdichtung in Verbindung stehenden Bohohlasniki gehandelt werden. Es sind dies Sammlungen geistlicher Lieder, die in der uniierten Kirche früh nach polnischem Vorbilde aufgekommen sind. Sie enthalten viele verschiedene geistliche Kunstdichtungen häufig mit Melodien für die Feiertage, ferner Buß- und Beichtlieder. Bei einigen Gedichten wird auch der Verfasser angegeben, die meisten sind jedoch anonym. Sie wurden in der Kirche und zu Hause gesungen, auswendig gelernt, von einer Generation auf die andere vererbt, ihr Inhalt wurde entstellt, teilweise der Volkssprache angepaßt und in solcher Gestalt wurden sie aus dem Sängermunde gehört.

Gedruckte Bohohlasniki sind wenige überliefert und gehören alle dem kleinrussischen Gebiete an. Von dort stammen auch die meisten handschriftlichen Bohohlasniki, doch finden sich auch solche mit weißrussischen Merkmalen (z. B. in der Wilnaer Öffentlichen Bibliothek Nr. 234, 235). Größere Verbreitung hatten im 18. Jahrh. die in den uniierten Kirchen der Mohylevschen Eparchie gesungenen Lieder, von denen wir mitunter nur die ersten Verse[1]) kennen. Einige von diesen Liedern sind von neueren Sammlern aus dem Volksmunde aufgezeichnet oder von ihnen späteren Aufzeichnungen entnommen: überall finden sich darin weißrussische Merkmale, daneben allerdings auch viel Kirchenslavisches, ja sogar Kleinrussisches. Derartigen Liedern begegnet man gleichfalls in den Bohohlasniki. Z. B.: Eine neue Freude, wie sie noch nie dagewesen, ist uns widerfahren: über der Krippe erstrahlte ein Stern hell und klar . . .

Нова радасьць стала, яка не бывала:
Над верцепом звезда ясно, светло воссияла . . .,

aus dem handschriftlichen Bohohlasnik von 1730 u. a.;

oder:

Цару, Хрысьце милы,
Баранку доўгацярпливы . . .,

aus dem handschriftlichen Bohohlasnik der Sammlung Undol'skij vor 1710. Ebenso alt ist folgendes Gedicht:

Кажуць людзи, што я умру,
А я хачу жыци . . .,

im handschriftlichen Bohohlasnik aus dem Anfang des 19. Jahrh. u. a.

Literatur: Die neueste Arbeit über die Bohohlasniki ist die von S. Ščeglova Богогласник. Историко-литературное исследование (Kiev 1918) mit genauen Literaturangaben. M. Vozńak З культурного житя старої України XVII—XVIII в. Записки НТШ. CVIII—CIX.

Von allen weißrussischen geistlichen Liedern ist besonders verbreitet das Lied: „О мой Боже, веру Табе!“ „Oh mein Gott! Ich glaube an Dich!“ In den alten handschriftlichen und zeitgenössischen gedruckten Bohohlasniki fehlt es. Zum erstenmal wird es 1824 erwähnt und erscheint 1835 im Druck. Da es im Volke lebt, ist es auch in einige Sammlungen der weißrussischen Volksdichtung, wie die oben erwähnten, aufgenommen worden. Man sang es besonders häufig und gern, und nach dem Zeugnis von Zeitgenossen gab es niemand, der es nicht kannte. Seine Verfasser sollen Jesuiten gewesen sein.

[1]) Sie werden in den Rundschreiben an die Kirchen der Mohylevschen Eparchie erwähnt. Vgl. Verf. Белорусы III 2 S. 144—145.

f) Die religiöse polemische Literatur.

Besonders eifrig beteiligten sich die westrussischen Schriftsteller an der Verteidigung von Volkstum und Religion im Kampf mit den neuen Lehren. Die Gefahr drohte 1. von den Judaisierenden und den Juden im allgemeinen, 2. von seiten der Protestanten und Rationalisten. 3. von dem durch die Jesuiten zu neuem Leben erweckten Katholizismus und der damit zusammenhängenden Union. Anfangs äußerte sich dieser Kampf in der Wiederholung und Umarbeitung verschiedener Aufsätze, die bereits im alten Rußland verbreitet und gegen die Lehren der Juden und Lateiner gerichtet waren; mit der Zeit entstanden aber auch selbständige Werke, die von der Gelehrsamkeit der westrussischen Führer auf diesem Gebiete Zeugnis ablegen. Geschrieben wurden sie zuerst in gemeinrussischer Schriftsprache, d. h. russisch-kirchenslavisch, hin und wieder auch mit westrussischen Dialektmerkmalen. Allmählich ging man aber auf das an Polonismen reiche Westrussische über. Mitunter schrieben die gleichen Schriftsteller gleichfalls polnisch, da diese Sprache damals bereits unter der weißrussischen Intelligenz weit verbreitet war.

Die von seiten der Juden drohende Gefahr war nicht allzu groß, da ihre Werke keinen tiefer gehenden Eindruck hinterließen. Aus diesem Grunde wiederholen die gegen sie gerichteten Arbeiten zum größten Teil alte Motive, so daß ihnen keine besondere Bedeutung zukommt. Neue Fragestellungen tauchten darin erst auf, als die Novgoroder Judaisierenden, bei denen der Rationalismus eine gewisse Rolle spielte, an Einfluß gewannen. Aber selbst damals ist in Westrußland auf diesem Gebiete nichts besonders Erwähnenswertes geleistet worden.

Literatur: N. Petrov Западнорусские полемические сочинения XVI в. Труды Киевской Духовной Академии 1894, Nr. 2.

Heftiger wurde der Kampf mit dem Protestantismus und der Reformationsbewegung geführt. Diese religiösen Strömungen richteten sich zwar gegen den Katholizismus, aber trotzdem wurden viele Rechtgläubige davon nur ergriffen, besonders junge Adlige, die zur Ausbildung oder aus anderen Gründen Reisen nach Deutschland unternahmen. Auch im Auslande weilende Kaufleute schlossen sich der Reformationsbewegung an. Als in Litauen protestantische und kalvinistische Schulen aufkamen, konnten die Russen auch in der Heimat die neuen Lehren kennen lernen. Zur Bekehrung der Rechtgläubigen zur neuen Lehre wurden die entsprechenden Bücher des Kalvinisten, später auch Antitrinitariers S. Budny und seines Anhängers V. T'apinskij in altweißrussischer Sprache herausgegeben. An den Namen des ersteren knüpft sich die Ausgabe des kalvinistischen Katechismus von 1562 (in Nesviž) und die Schrift von der Rechtfertigung des sündigen Menschen vor Gott (О оправдании грешного человека перед Богом) aus der gleichen Zeit. Beide Bücher sind mit den Typen des Skorina gedruckt. Da es sich hierbei um gewöhnliche konfessionelle Lehrbücher handelt, bieten sie in inhaltlicher Beziehung nichts Interessantes, wohl müssen aber einige Gedanken aus der Widmung an die Radziwills hervorgehoben werden: der Katechismus erschien in der örtlichen Volkssprache, damit die Mäzene der Herausgeber nicht nur fremde Sprachen lieben, sondern auch diese ehrwürdige slavische Sprache liebgewinnen und sich an ihr erfreuen mögen (в чужоземскихъ языцѣхъ кахали, але бы ся тежь . . . и того здавна славного языка словенъского розмиловати и онымъ ся бавити рачили). Von der Übersetzung des Evangeliums von T'apinskij ist bereits oben die Rede gewesen.

Die Propaganda der Lutheraner und Kalvinisten rief natürlich eine griechisch-katholische Gegenströmung hervor. Da es in Westrußland sonst keine geeignete Persönlichkeit für einen mit entsprechenden Waffen zu führenden Kampf gegen die protestantischen Sekten gab, kam diese Rolle dem Mönch Artemij zu. Dieser war 1551 auf der Kirchenversammlung zu Moskau (Стоглавый собор) in das Soloveckij-Kloster verbannt worden; er floh aber von dort nach Litauen und fand beim Fürsten Jurij von Słuck Zuflucht. Nach dem Zeugnis seiner Zeitgenossen hat er viele Anhänger der arianischen und lutherischen Irrlehre der Orthodoxie erhalten. Er verfaßte auch Sendschreiben an die Verbreiter dieser religiösen Lehren (z. B. an S. Budny) und an einflußreiche Persönlichkeiten Westrußlands. Mit der neuen Lehre war er gut vertraut, da er zeitweilig ihr selbst nahe gestanden hatte. Seine Sendschreiben sind in der damaligen russischen Schriftsprache mit einigen westrussischen Eigentümlichkeiten abgefaßt, daher braucht auf sie an dieser Stelle nicht weiter eingegangen zu werden. Diese Sendschreiben riefen neue, größtenteils anonyme und kompilierte Abhandlungen gegen die Lutheraner hervor. Im allgemeinen wurde die neue Lehre darin aber einer allseitigen Erörterung unterzogen. Erschüttert wurde der Protestantismus in Westrußland allerdings nicht durch die Rechtgläubigen, sondern durch die Jesuiten, die sich mit der Zeit auch gegen die griechisch-katholische Kirche wandten.

Literatur: Über den Kampf mit den Protestantismus und der Reformationsbewegung vgl. Verf. Белорусы III 2, S. 157—171. Die Werke des Artemij sind herausgegeben in Русская историческая библиотека, Bd. IV; vgl. ferner S. Vilinskij Послания старца Артемия 1906. I. Sokolov Отношение протестантизма к России в XVI—XVII в. (Moskau 1880). N. L'ubovič История реформации в Польше (Warschau 1883). N. Petrov Западнорусские полемические сочинения XVI в. (Труды К. Д. Ак. 1894, Nr. 2).

Am heftigsten wurde in Westrußland der Kampf gegen die Lateiner, die Katholiken, geführt. Nach der Vermählung des Jagiello mit Jadwiga im Jahre 1386 kamen viele katholische Polen nach Westrußland. Auch viele einheimische griechisch-katholische Weißrussen traten zum Katholizismus über, weil eine der wichtigsten Bestimmungen der politischen Union von 1386 die offizielle Anerkennung dieses Bekenntnisses im litauisch-russischen Staate war. Früh fanden hier auch die Bestrebungen einer Vereinigung der östlichen mit der westlichen Kirche Widerhall, die sich hauptsächlich nach der Florentiner Union von 1439 zeigten. Natürlich mußte eine solche Lage der Dinge Strömungen gegen die Lateiner hervorrufen.

In der ersten Zeit spiegelte sich jedoch in diesen Angriffen nur der alte Streit zwischen griechisch-katholischem und römisch-katholischem Bekenntnis seit der Zeit der Kirchentrennung wider, und nur teilweise zeigte sich darin ein Gegensatz in der Gegenwart: die anfangs kirchenslavisch gehaltenen Abhandlungen gegen die Lateiner wurden größtenteils zur Bestärkung der Rechtgläubigen in ihrem Glauben abgeschrieben zur Warnung vor einem Anschluß an die katholischen Nachbarn in Polen und Litauen. In der zweiten Hälfte des 16. Jahrh. trat jedoch mit dem Auftreten der Jesuiten ein Umschwung ein, die ursprünglich zum Kampf mit dem Protestantismus nach Litauen kamen. Nachdem sie die rationalistischen Lehren verdrängt hatten, richteten sie ihre ganze Aufmerksamkeit gegen die Rechtgläubigen und bemühten sich nach Kräften, sie auf diese oder jene Weise für die katholische Kirche zu gewinnen. Sie lockten die Jugend in ihre von guten Lehrern geleiteten Schulen, druckten in kirchenslavischer Sprache einen Katechismus für alle orthodoxen Christen „всем православным христианам" (Wilna 1585) und verbreiteten Schriften, die in unzweideutiger Weise gegen die griechisch-katholische Kirche gerichtet waren.

Unter diesen Abhandlungen muß man an erster Stelle das polnisch geschriebene Buch von P. Skarga O iednośći kośćioła Bożego pod iednym pasterzem (Wilna 1577, 2. Ausgabe 1590, herausgegeben in der Русская Историческая Библиотека Bd. VII) genannt werden. Diese höchst tendenziös gehaltene Schrift heuchelt Mitleid mit dem leichtgläubigen und armen russischen Volke, das die hinterlistigen Griechen durch Verbreitung von Irrlehren an Stelle des wahren Christentums in eine so hoffnungslose Lage gebracht hätten, daß ihm als einziger Ausweg nur eine Kapitulation vor der römischen Kirche übrigbleibe. Auf die griechisch-katholischen Weißrussen machte dieses Buch einen erschütternden Eindruck, um so mehr, als gleichzeitig von der katholischen Regierung verboten wurde, griechisch-katholische Kirchen und Schulen zu bauen. Selbst der westrussische Adel begann zu schwanken und viele seiner Vertreter traten dank der unermüdlichen Tätigkeit der Jesuiten zum Katholizismus über. Von russischer Seite wurden natürlich alle Maßnahmen gegen dieses Buch ergriffen. Es entstand ein Literaturkampf, der sich nach Annahme der Kirchenunion besonders zuspitzte. Noch ein anderer Umstand erregte die Rechtgläubigen und rief einen energischen Protest hervor: das war die Einführung des neuen Kalenders nach der von Papst Gregor XIII. 1582 unternommenen Reform.

Der Streit hielt sehr lange an und wurde in gemeinrussischer Schriftsprache, sowie auch weißrussisch und polnisch geführt. In der ersten Zeit taten sich bei den Rechtgläubigen Laien, belesene Autodidakten, hervor, allmählich ergriffen aber Leute die Führung, die ihrer Bildung nach nicht den Katholiken und Uniierten nachstanden. Die Polemik bezog sich nicht nur auf dogmatische und theologische Fragen, sondern auch auf die traurige Lage der westrussischen Kirche überhaupt. Da es an einer gebildeten Geistlichkeit fehlte, herrschten unter den Geistlichen die verschiedensten Mißstände. Da die Union sich außer auf die westrussische Kirche auch noch auf die südwestliche, kleinrussische erstreckte, so beteiligte sich an dieser Polemik auch der Süden, der seit dem 17. Jahrh. sogar die Führung innehatte. Genaueres hierüber gehört daher in die ukrainische Literaturgeschichte.

Literatur: Über die Polemik mit den Lateinern vergl. Verf. Белорусы III 2, S. 172—209; ferner A. Popov Историко-литературный обзор древнерусских полемических сочинений против латинян (XI—XV в.) Moskau 1875; N. Petrov Западнорусские полемические сочинения Труды КДА. 1894; A. Archangel'skij Борьба с католичеством и западнорусская литература конца XVI — первой половины XVII в. Чтения 1888 Nr. 1; V. Zavitnevič Палинодия Захария Копыстенского, Warschau 1883. Die meisten polemischen Schriften sind in der Русская Историческая библиотека, Bd. IV, VII, XIX, teilweise auch im Архив юговападной России, Teil I, Bd. VII, VIII erschienen.

3. Die ältere weißrussische, in lateinischer Schrift abgefaßte Literatur.

Die Einführung der Union zog schlimme Folgen für das russische Volkstum Westrußlands nach sich; besonders litt unter ihr die westrussische Schriftsprache, die im 17. Jahrh. ohnehin stark polonisiert wurde, indem viele polnische Wörter, auch polnische syntaktische Wendungen und Formen in die Sprache eindrangen. Hieraus erklärt sich dann auch der vollständige Übergang zur polnischen Sprache und Schrift. Die griechisch-katholischen Weiß- und Kleinrussen begannen sich sogar in dogmatischen Schriften, ganz abgesehen von den polemischen, des Polnischen zu bedienen. In Gericht und Verwaltung hielt sich das Westrussische länger, daneben bürgerte sich aber allmählich auch das Polnische ein, bis endlich 1696 die betreffende Bestimmung des Litauer Statuts dahin abgeändert wurde, daß ein Schreiber verpflichtet sei polnisch, nicht russisch zu schreiben. Von da ab wurden alle Urkunden und Akten polnisch geschrieben; selbst die im Westen eingesessene Intelligenz begann polnisch zu sprechen und zu schreiben. Nur beim einfachen Volke und dem niederen Adel, der von der Polonisierung nicht betroffen wurde, lebte das Weißrussische fort. Die polnisch geschulten Weißrussen sahen in ihrer Muttersprache aber nur die Sprache der unteren Schichten, die man mitunter zwar auch in der Literatur anwenden konnte, jedoch nur um die Gebildeten zu belustigen. Die dafür in Frage kommende Literaturgattung war die leichte Satire und Komödie. Und tatsächlich kamen in den Intermedien oder Interludien, manchmal auch in den Komödien selbst einfache weißrussische Bauern vor, die durch Handlung und Rede das Publikum ergötzen sollten. Viele solche Theaterstücke, die größtenteils in den Jesuitenschulen Westrußlands aufgeführt, darauf auch in den rechtgläubigen und uniierten geistlichen Schulen nachgeahmt wurden, sind in Handschriften aus dem 17.—18. Jahrh. erhalten. Nur eine Satire ist bald nach ihrer Entstehung veröffentlicht worden; die Komödien sind bis auf unsere Zeit ungedruckt geblieben. Für die angegebene Zeit sind diese Werke die einzigen Zeugnisse der weißrussischen Umgangssprache. Überliefert sind sie jedoch in nichtrussischer Gestalt, da sie mit lateinischen Buchstaben geschrieben resp. gedruckt sind. Nur im äußersten Osten Weißrußlands, im Gebiete von Smolensk, wurden solche Werke in kyrillischer Schrift abgefaßt.

Anläßlich der Ankunft des neuernannten lutherischen Pastors in Wilna wurde von einem unbekannten Jesuiten die Satire „Witanie ná Pierwszy Wiazd z Krolewca do Kadłvbka Sáskiego Wileńskiego Ixa Her N. Lvtermachra“ (herausgegeben von A. Croiset van-der-Kop: Забытый эпизод из борьбы католицизма против реформации в Западной России. Известия 1912, Heft 1) polnisch verfaßt und 1642 veröffentlicht (in Wilna, obgleich sie in Wittenberg entstanden ist). Es tritt darin auch ein Bauer Sieńko Náleẃayko auf, der in reinem Weißrussisch den lutherischen Pastor begrüßt. Wie der Pfarrer in seiner Rede die griechische Sprache (греческий язык) erwähnt, meint der Bauer anfangs, es gehe um den Buchweizen (гречиха), und nur ganz allmählich erfaßt er das Gesagte:

Ochći mnie po Hreczesku bruśisz wielmi mnoho,
A sztob tobie daw w hubu nietucie nikoho.

Im weiteren Verlauf des Gespräches erweist sich der Bauer als Jesuit, der den protestantischen Lehrer am liebsten nach Moskau in die Lehre (k Moskwie ná náuku) schicken möchte. Dort würde er sich schon von Luther und dem Teufel selbst lossagen. Übrigens könnte man ähnliche Verhältnisse auch in Wilna, besonders aber in Kiev finden. Aus der Rede des Bauern geht hervor, daß er als Rechtgläubiger sich des Gegensatzes zu den Polen (Ляхи) und Uniierten (униты) wohl bewußt ist. Er endet mit einer Drohung gegen den Pfarrer.

In verschiedenen alten, meist polnischen Sammelhandschriften sind, wie bereits gesagt, viele Schuldramen überliefert. Geschrieben wurden sie von Lehrern der Rhetorik an Jesuitenschulen, späterhin auch von Lehrern anderer Schulen, die im 17. und 18. Jahrh. im Polnisch-Litauischen Reiche aufkamen. Gewöhnlich sind diese Werke polnisch oder lateinisch abgefaßt. Mitunter kommen darin auch einzelne Szenen vor, worin zum Ergötzen des Publikums weißrussische Bauern auftreten. Diese Szenen sind außerordentlich wichtig als Zeugnisse für die weißrussische Umgangssprache des 17.—18. Jahrh. und für ihre Eigentümlichkeiten. Sie enthalten auch einiges Material zur Beurteilung von Anschauungen, Aberglauben und Interessen des damaligen einfachen Volkes wie auch der russischen Gesellschaft, soweit sie noch nicht polonisiert war. In vielen Fällen ist es nicht schwer, den Zusammenhang dieser Szenen mit der auf uns gekommenen mündlichen Volksdichtung, besonders den Anfängen des Volksdramas nachzuweisen.

Die in solchen Schuldramen auftretenden weißrussischen Bauern werden stark karrikiert: sie sind unbeschreiblich dumm, schwerfällig, abergläubisch, besitzen dabei aber doch etwas Humor, Schlauheit und Verständnis für die kulturellen Lebensbedingungen, wie auch für die Beziehungen unter den Ständen sowie innerhalb der polnisch-litauischen Gesellschaft. Was ihre Sprache anbelangt, so ähnelt sie stark dem heutigen Weißrussischen. Man begegnet darin aber vielen Polonismen, auch kleinrussischen Zügen, je nach dem Grade der Vertrautheit ihrer Verfasser mit der Volkssprache.

Das älteste Intermedium liegt in einer Handschrift des Jahres 1651 von E. Pyliński aus Grodno vor. Als Einleitung zum Drama Comoedia de Jakob et Joseph Patriarchis wird ein Intermedium vorausgeschickt, worin der weißrussisch sprechende Bauer (rusticus) Ivan und ein polnisch sprechender Höfling (aulicus) auftritt. Dabei erzählt Ivan die Legende von der Erschaffung der Ziege. Das Gespräch endet mit einer Erörterung über die

Vorzüge der Union und des Katholizismus gegenüber dem griechisch-katholischen Bekenntnis.

Bemerkenswert ist ferner das Intermedium „Daemon et pueri illius, Rusticus, Judaeus“ in einer Handschrift aus dem 17. Jahrh. Ein Bauer tritt darin als wundertätiger Arzt auf und rühmt sich, den Teufel heilen zu können:

Dobryi ia cyrulik, umieiu leczyci;
Wiedaiu, iak lekarstwa dobraho zażyci.
Ja ieho zleczu zaraz aharodnym zielam,
Wyparu czorta w łazni maładzieńkim chmielam.
A kali nie pamoże, toż żyda z maściami
Zazwaci, z roznymi ieho parchumami.

Da seine Heilkünste aber keinen Erfolg haben, muß der Jude um Hilfe angegangen werden. Die Heilungsszene des Teufels ist komisch gehalten; abgesehen von der Sprache findet man darin aber nichts rein Weißrussisches. Der Wunderkünstler parodiert einen Arzt, was aber auch ein einfältiger Bauer einer jeden Nation könnte. Im Gegensatz zur Volksdichtung, wo es vom Teufel immer heißt, daß er die wunderbaren Heilmittel selbst kennt, wird er hier als sehr dumm und dazu noch als krank geschildert.

In den anderen Intermedien werden andere Themen entwickelt. Der dem Anschein nach sehr dumme und einfache Bauer erweist sich darin mitunter als schlau und zielbewußt.

Schließlich versuchte 1787 K. Moraszewski eine ganze Komödie im Stil des alten Schuldramas zu schreiben. Die handelnden Personen gehören alle dem niederen Stande an, ein Bauer, der Teufel und ein Büßender (chłop, djabeł, pokutujący). Bemerkenswert ist dabei, daß der Bauer weißrussisch spricht, desgleichen mit einigen Entstellungen auch der Jude. Der Bauer ist des Arbeitens überdrüssig geworden, klagt über seine schwere Lage und tadelt Adam, daß dieser von der verbotenen Frucht gekostet und dadurch das ganze Menschengeschlecht ins Verderben gestürzt habe. Doch der Teufel meint, man dürfe Adam keine Vorwürfe machen, da ja auch der Bauer selbst der Versuchung nicht widerstanden hätte. Als Beweis hierfür schlägt der Teufel vor, der Bauer möge sich einem leichteren Versuch unterziehen, nämlich eine Zeitlang schweigen. Der Bauer kann jedoch sein Versprechen nicht einlösen und verliert die Wette.

Die Hauptperson dieses Stückes ist der Bauer Dz'omka. Er zeichnet sich durch die gleichen Eigenschaften wie die anderen entsprechenden Gestalten der Schulintermedien aus: er ist dumm, spricht viel unnützes Zeug, trinkt gern, ist aber trotzdem recht schlau. Der Teufel ist hier schlauer als derjenige der anderen Intermedien, er ist sogar listig und kann alles ausführen, besonders wenn ihm der Mensch seine Seele verkauft; gleichzeitig ist er aber auch der Verbreiter moralischer Lehren: ihm legt der Verfasser häufig Erbauungsworte in den Mund. Im Gegensatz zum einfältigen Bauern ist er der Vertreter einer anderen Gesellschaftsklasse, besitzt einen weiteren Horizont und spricht polnisch. Den übrigen Personen kommt nur eine geringe Bedeutung zu. Dieses Stück ist nach den Regeln der pseudoklassi-

'schen Dramen geschrieben und bildet gleichsam einen Übergang von den ungekünstelten früheren Intermedien zum heutigen Volksdrama.

Der Verfasser der „Komödie“ ist nicht nur gut mit Volkssprache und -dichtung (es finden sich bei ihm viele Sprichwörter und volkstümliche Redensarten) und dem weißrussischen Volkscharakter vertraut, sondern kennt auch die Lebensweise und die Belustigungen der Weißrussen. Das Schulintermedium mit Bauerntypen, das seinen Stoff dem Volksleben entnimmt, hat sich hier zu einem wirklichen Lustspiel entwickelt.

Als ein neuer Zug der Intermedien des 18. Jahrh. müssen die darin vorkommenden Spottlieder erwähnt werden, wie man sie häufig auch in der Volksdichtung antrifft. Ein solches Lied enthält z. B. das Intermedium Rusticus et Judaeus. Hierin wird vom Bauern ein Preislied in der Art der Kol'adalieder gesungen mit dem Refrain: „Hey nam koleda!“

Da u naszoho Sauki — czotyry ładki.
Hospodar pry pieczý — hulajeć mak taukuczý.
Małyje rabiata — kliczuć papu papu tata!

Auch auf den Juden wird darin ein Lied gesungen, aber es ist nur ein Spottlied.

Weißrussische Bauern (Литвины) kommen mitunter auch in kleinrussischen Intermedien vor, die im 18. Jahrh. nach dem Vorbilde der Schuldramen von wandernden Kirchensängern und Studenten geschaffen wurden. Inhaltlich bieten sie nichts Interessantes.

Literatur: Vgl. Verf. Белорусы III 2, S. 214—237; ferner A. Brückner Polnisch-russische Intermedien des 17. Jahrh., Archiv f. sl. Phil. XIII; P. Morozov История русского театра I; V. Peretz К истории польского и русского театра. Известия 1905 und 1911; A. Syčevskaja К вопросу о Мольере в польской драматической литературе XVIII ст., РФВ. LXII.

II. Die Neue Periode[1]).

Infolge verschiedener ungünstiger Bedingungen unterlag die alte weißrussische Literatur in altwestrussischer Sprache allmählich dem polnischen Einfluß und endete im 18. Jahrh. mit einem Fiasko: auf allen Gebieten, sogar dem dogmatisch-religiösen, gewann das Polnische mit der Zeit die Oberhand. Glücklicherweise beachtete man aber damals das einfache Volk nur wenig, das auf niederer Kulturstufe verblieb und etwaige geistige Interessen nur durch die Volksdichtung befriedigen konnte. Diese war ja auch die Wurzel des weißrussischen Volkstums und der Hort der weißrussischen Volkssprache. Es wurde oben bereits gezeigt, wie diese Volkssprache, wenn auch in polnischem Gewande, mitunter sogar in die Literaturdenkmäler jener Zeit, obgleich sie nicht weißrussisch waren, Aufnahme fand. Als nach den Teilungen Polens das weißrussische Gebiet Rußland einverleibt wurde, bürgerte

[1]) Eine genaue Darstellung dieser Zeit findet sich bei Verf. Белорусы III 3: Художественная литература на народном языке, Petersburg 1922. 8° XVII + 454.

sich die gemeinrussische Schriftsprache immer mehr unter den Beamten wie auch überhaupt unter der Intelligenz ein, so daß sich selbst damals die Volkssprache nicht zu einer Literatursprache entfalten konnte. Allerdings kamen bereits Ende des 18. oder Anfang des 19. Jahrh. einige beachtenswerte, in der Volkssprache abgefaßte Werke auf, sie wurden jedoch damals nicht gedruckt, sondern meist auswendig gelernt und mündlich überliefert. Zur Zeit der romantischen Begeisterung für das Volkstum erinnerte man sich dieser Werke; einige von ihnen, allerdings nur Bruchstücke, wurden herausgegeben und von Lokalpatrioten sogar für hervorragende literarische Schöpfungen gehalten. Auch Nachahmungen derselben versuchte man im Volksgeist und über das Volksleben zu schreiben. Solche Werke gab es aber wenige. In den 80er Jahren des 19. Jahrh. erinnerte sich ihrer eine Gruppe von Volkskundlern; wiederum erschienen einige neue Versuche, doch auch diesmal geriet die Angelegenheit ins Stocken; eine Literatur in volkstümlichem Weißrussisch entstand immer noch nicht. Schuld daran war: 1. das Fehlen beachtenswerter Vorbilder unter den ersten Versuchen, 2. das Nichtvorhandensein eines entsprechenden Leserkreises, weil der Inhalt dieser Werke zum größten Teil für das einfache Volk unzugänglich war und die einheimische Intelligenz natürlich die gemeinrussisch oder polnisch geschriebene Kunstdichtung bevorzugte, 3. die ablehnende Haltung der russischen Regierung zur volkssprachlichen Literatur, weil außer harmlosen Dichtungen auch politische Proklamationen weißrussisch erschienen, durch die das Volk gegen die herrschende Religion und die Staatsgewalt aufgehetzt wurde. Auch inhaltlich befriedigte diese Literatur den Leserkreis nicht: es fehlten ihr tiefere Ideen und Gedankenfrische, und auch die Form ließ zu wünschen übrig. Der einzige Wert dieser Werke besteht in lebhafter Darstellung der volkstümlichen Lebensweise, der Sitten und Gebräuche, des häuslichen Milieus in einer meist recht ausgeglichenen Sprache, kurz, ihre Vorzüge sind rein ethnographischer Art. Mitunter zeigt sich darin auch ein guter Humor.

Das vor etwa 40 Jahren erwachte Interesse für die volkskundliche Erforschung Weißrußlands und die sich hieraus ergebende Begeisterung für das Volkstum schufen Wandel in dieser Beziehung. Nähere Bekanntschaft mit dem Volkstum und Sammlungen von Volksdichtungen zu rein ethnographischen Zwecken waren die Veranlassung dazu, daß man auch selbständige Dichtungen weißrussisch zu schreiben versuchte. Diese Erstlingsversuche können weder in ihrem Plan noch in ihrer Ausführung befriedigen (mitunter verstieß man darin sogar gegen die Verskomposition): sie schildern die weißrussische Landschaft, das Dorfleben, versuchen die Heimatliebe zu stärken, treten für die Verbreitung der Bildung im Lande ein, behandeln auch sittliche Fragen, indem sie z. B. gegen die Trunksucht Stellung nehmen. Als Nachahmung der alten humoristischen Werke erschienen neue, häufig über das gemeinrussische Thema: auch wer im Elend lebt, darf nicht niedergeschlagen sein, oder: arm sein ist keine Schande (А и в горе жить — некручинну быть).

Ende des 19. und Anfang des 20. Jahrh. nimmt die weißrussische Literatur einen entschiedenen Aufschwung. Neue Strömungen machen sich darin bemerkbar. Die sich über ganz Rußland ergießende Welle der Freiheitsbewegung und nationalen Selbstbestimmung erreichte auch Weißrußland und rief hier eine Wiedergeburt hervor. Das niedere Volk stand auch diesmal abseits. Jetzt hatte sich aber schon eine kleine Gruppe von Gebildeten konstituiert; dieser schlossen sich viele Enthusiasten aus der älteren Generation an, die häufig sogar nichtweißrussischer Abstammung waren, und es entstand die sogenannte weißrussische Bewegung. Sie trug wesentlich zur Stärkung des weißrussischen Selbstbewußtseins bei und begünstigte das Aufkommen recht talentierter Schriftsteller, die teils lokale, teils sogar allgemein menschliche Probleme in ihren Werken behandeln. Im Vordergrunde steht die Ausarbeitung der weißrussischen Schriftsprache und des akzentuierenden Verses.

1. Die weißrussische Travestie der Äneide.

Die ältesten weißrussischen Kunstdichtungen sind Travestien der Äneide. 1798 erschien die Энеида, на малороссийский язык перелицованная И. Котляревским. Diese anspruchslose, humorvolle Dichtung von den Abenteuern des klassischen Äneas schildert zugleich auch das damalige Volksleben und fand bei Kotl'arevskijs Zeitgenossen in Kleinrußland wie auch in den anderen Teilen des Reiches viel Beifall. In Großrußland war der Boden für solche Dichtungen bereits durch die Äneide von Osipov vorbereitet; als Nachahmung der Äneide von Kotl'arevskij tauchte auch bald darauf in Weißrußland eine solche Dichtung auf.

Die weißrussische Travestie der Äneide wurde von ihrem Verfasser nicht als Ganzes herausgegeben, sondern in Abschriften und auf mündlichem Wege verbreitet. Im Druck erschien nur der Anfang: ein Teil erschien 40 Jahre nach der Abfassung, 21 Verse Anfang der 60er Jahre, der größte Teil, 303 Verse — erst Ende des 19. Jahrh. Auch die auf uns gekommenen unvollständigen Aufzeichnungen der weißrussischen Travestie der Äneide entstammen einer von ihrer Abfassung weit entfernten Zeit, und zweifellos geht keine von ihnen auf den Verfasser zurück. Auf Grund literarhistorischer Erwägungen kann heutzutage der Name des Verfassers als sicher gelten. Es ist Vikentij Pavlovič Rovinskij, ein aus dem Kreise Duchovščina, Gouv. Smolensk, stammender Oberst. Geboren wurde er 1782 und starb in den 40er Jahren des vorigen Jahrh. Außer der Äneide, die erst nach seinem Tode im Druck erschien, hat er noch einige Gedichte geschrieben, in denen er nicht ohne Spott die Verschrobenheit der damaligen Herrenschicht behandelt, ferner die Komödie: Ehe aus Zwang (Брак по неволе). Seine Zeitgenossen aus den Gouvernements Mohilev und Witebsk hielten, wie aus dem Vorwort von R. Druckij-Podberezskij zu Barszczewskis Buch Szlachcic Zawalnia (Petersburg 1844) hervorgeht, Mańkovskij für den Verfasser der Äneide. Dieser war erst Rat in Mohilev, darauf Vizegouverneur in Witebsk, und es heißt von ihm, daß er „ein rechter Vertreter des humorvollen Geistes des ärmsten Mohilever Adels" gewesen ist. Für die Autorschaft des Rovinskij spricht außer der Tradition einiger Handschriften die Sprache der Äneide (mit Smolensker Dialektwörtern) und die Erwähnung von Institutionen und Ortschaften des Gouvernements Smolensk darin. Zweifellos kannte auch Mańkovskij die Dichtungen von Rovinskij und deklamierte sie, und dieser Umstand hat den Anlaß dazu geboten, die Äneide mit seinem Namen zu verknüpfen.

Da die Äneide mündlich überliefert und von verschiedenen Personen an verschiedenen Orten aufgezeichnet wurde, weisen die Aufzeichnungen und gedruckten Fragmente dieser Dichtung einige Varianten auf. Als Beispiele führe ich den Anfang dieser Dichtung an nach Aufzeichnungen aus Vitebsk (a) und aus Smolensk (b):

a) Янэй дзяцюк виць быў цюкавый,
Парнюк няўвошта украсиў;
И пан удаўся нилукавый,
Даступин, весил, ниспясиў.
Но греки вуйму нарабили:
Ик ляда Трою так спалили;
Кашель схвациўши науцёк,
И так зрабиўши ён чаўнок,
Траянцами яго набиў
И ў море синие пусьциў.

b) Жив-быв Янеñ, дзяцюк хупавый,
Парнюк ниввошта украсив;
Хаць пан, а вдався нялукавый,
Даступин, веснл, неспесив.
Но греки вуйму нарабили:
Як ляда Трою всю спалили;
Кашель ён згрёбши науцёк,
И швыдко зробивши чавнок,
Траянцами яго набив
И в моря з ими ён паплыв.

In dem oben erwähnten, 1844 erschienenen Aufsatz meint Druckij-Podberezskij, daß diese Dichtung Ende des 18. Jahrh. entstanden sei („napisana przed 50 laty“). Dieses kann aber schon deswegen nicht der Fall sein, weil die Äneide von Kotl'arevskij, deren Nachahmung diese weißrussische ist, erst 1798 gedruckt wurde. Ferner enthalten alle Aufzeichnungen der weißrussischen Äneide folgende Stelle:

Дамоўки стали убиратца,
Як от Кургузова Липарт,

d. h. „от Кутузова Бонапарт“, wie von Kutuzov der Bonaparte, so zogen sie sich zurück. (Erklärung in der Aufzeichnung von 1851.) Folglich kann die weißrussische Äneide erst nach 1812 entstanden sein.

Da diese Dichtung nicht gedruckt, sondern auf mündlichem Wege überliefert wurde, nahm sie in den 40er Jahren eine halbvolkstümliche Gestalt an. Dies konnte um so leichter geschehen, da sie stark dem Volksgeist angepaßt ist: überall wird darin eine Lebensweise entsprechend derjenigen der bemittelten weißrussischen Bauern geschildert; das klassische Milieu ist hier nur äußerlich.

Schon die Überschriften der verschiedenen Fassungen der weißrussischen Äneide enthalten Hinweise darauf, daß sie eine Nachahmung der kleinrussischen Äneide von Kotl'arevskij ist. Dabei ist sie jedoch keine Übersetzung der kleinrussischen, sondern eben nur eine Nachahmung, die das gleiche Ziel verfolgt wie ihr Vorbild: sie steht ungefähr zur Äneide von Kotl'arevskij im gleichen Verhältnis wie diese zur scherzhaften Dichtung von Osipov. Davon überzeugt man sich schon bei oberflächlicher Vergleichung dieser Dichtungen miteinander. Die Reihenfolge der Schilderungen ist in allen drei Äneiden dieselbe; Rovinskij und Kot'larevskij bieten sogar die gleichen Episoden, auch finden sich bei ihnen an gleichen Stellen „Reden", die sich inhaltlich sehr ähnlich sind. Die Ähnlichkeit der einzelnen Episoden ist aber nur allgemeiner Art; in Einzelheiten und in ihrer Sprache weichen die Dichtungen stark voneinander ab. Als Beispiele ähnlicher Wendungen dienen:

Kotl'arevskij [1])	Rovinskij
Борей лежит недуж с похмилья	Барей с пахмелля, як вяперь,
А Нот поихав на весилья,	Ляжиць в святлицы на кавёнки,
Зехвир же, давный негодяй,	А Нот учора зъехав к жонки,
З дивчатами заженихався,	Зяхвир з дзявухнами загрався,
А Евр у винныки нанявся:	А Евр у батраки нанявся:
Як хочеш, так соби смякай . . .	Як хочеш, ты сабе смекай . . .

Vgl. auch die Worte der Juno zu Äolus:

Kotl'arevskij	Rovinskij
Ты знаешь, вин який сутига,	Мяркую, чув, Яней ён зводник,
Паливода и коновид,	Варюга, злодзий, канаводник;
По свиту як нще побига,	Траянцы также вси латрыги,
Багацько вин наробыть бид.	Вси курвичи и вси ярыги,
Пошли ты в море злую тучу,	Праяву зробяць на святу;
Щоб всю Енейску челядь сучу	И их всих нада с свету знесць.
Пустить на дно из ним к чортам.	Кали, сват, зробиш тую чесць,
За се же дивку чернобриву,	То я дзявухну украсиву,
Товстеньку, гарну, уродливу	Салодкую, як з медам сливу,
Таби я, далеби, що дам . . .	Табе за тэе привяду . . .

Andere Stellen sind sich inhaltlich ähnlich, im Ausdruck aber selbständig und sind den Anschauungen und der Lebensweise der Weißrussen angepaßt.

Die Ähnlichkeit der weißrussischen Äneide mit der klein- und großrussischen zeigt sich auch in der äußeren Form: alle sind im gleichen Versmaß geschrieben: in vierfüßigen Jamben und mit gewöhnlich zehnzeiligen Strophen.

Somit ist Kotl'arevskijs Äneide für Rovinskij Ausgangspunkt und Vorlage gewesen; stets aber war der Verfasser der weißrussischen Äneide bemüht, seiner Dichtung eine nationale Färbung zu geben.

Schließlich muß noch erwähnt werden, daß der Verfasser der weißrussischen Äneide mit der großrussischen von Osipov bekannt war; er ahmte sie aber nur in den seltensten Fällen nach, nämlich wenn es galt, der Erzählung eine größere Anschaulichkeit zu verleihen. So sagt z. B. Kotl'arevskij vom Brausen des Meeres nur: А море з лиха аж реве. Rovin-

[1]) Die alte Orthographie der Ausgabe in Киевская Старина 1900 Jan. ist beibehalten; nur ѣ wurde durch и ersetzt und ъ weggelassen.

skij wie auch Osipov geben dagegen ein ganzes Bild, indem sie einander ähnliche Vergleiche anwenden:

Rovinskij	Osipov
Кали хто видзив, як Бахциха	Горшок у бабы как со щами
Нямецка пива задаець;	Бурлит в растопленной печи,
Яке яно падымець лиха,	Так точно сильными волнами
Запенитца и розна прець, —	Кипело море в той ночи.
От так и моря заревела,	
Бублила, пенилась, шипела.	

Eine genauere Analyse der weißrussischen Äneide, z. B. in ihrem Aufbau usw., ist nicht möglich, da bisher nur ein 303 Verse umfassendes Stück derselben bekannt ist.

Literatur: Verf. Белорусская Энеида на изнанку (Сборник Харьковского Историко-Филолог. Общ. XVIII 1908).

Die sonstigen kleinen Dichtungen aus dem Beginn des 19. Jahrh. in der Art des Glückwunschgedichtes (Поздравительное стихотворение со днем ангела oder Виншованьне Савасцея (vgl. Verf. Белорусы III 3, S. 23—28) wie auch die pseudovolkstümlichen historischen und mythologischen Lieder (ib. 28—31) u. a. enthalten nichts Bemerkenswertes.

Literatur: N. Jančuk О мнимонародных белорусских песнях исторического и мифологического содержания (Сборник Х. И.-Ф. Общ. XVIII).

2. Die älteren weißrussischen Schriftsteller.

Seit den 40er Jahren des vorigen Jahrhunderts beginnen bereits weißrussische Dichtungen mit Angabe ihres Verfassers zu erscheinen. Es sind zumeist Werke polnischer Schriftsteller aus Weißrußland, die von klein auf die Volkssprache beherrschten und sich ihrer mitunter aus diesen oder jenen Gründen in ihren Dichtungen bedienten. Weißrussische Werke schrieben und druckten sie gewöhnlich in polnischer Schrift und Orthographie. Alle diese Schriftsteller gehörten der westlichen, polnischen Kultur an, ihre Auffassung weißrussischer volkskundlicher Dinge ist daher oft unrichtig.

Ihre Dichtungen sind idyllisch-sentimental, häufig haben sie didaktische Färbung; mitunter zeigt sich darin auch Humor und Spott. Die Einstellung dem unteren Volke gegenüber ist eine gönnerhafte, der es jedoch bei den besten Schriftstellern nicht an Liebe zum Volke mangelt. Diese fußte auf der romantischen Begeisterung für das Volkstum, wie sie in der damaligen Literatur herrschend war. Eine Folge hiervon war das Bestreben nach Verbreitung der Bildung unter dem einfachen Volke, nach Besserung seiner schwierigen Lebensbedingungen, Behebung seiner Laster, wie Faulheit und Trunksucht und Erkenntnis seiner Weltanschauung. Es muß jedoch erwähnt werden, daß solche Aufgaben nur den wenigen befähigten, dem Volke nahestehenden Schriftstellern vorschwebten. Häufiger wurde versucht, die Bauern mit ihrem schweren Schicksal auszusöhnen, indem man die sie bedrückenden Herren von aller Schuld freisprach und die Verantwortung auf die Angestellten der Gutsherren, Verwalter, ‚Tiuny' usw. abzuwälzen bestrebt war. Die Gutsbesitzer werden als treusorgende Patriarchen ihrer Untergebenen dargestellt. In vielen Dichtungen wird das Volk aber auch in humoristisch-spöttischer Weise geschildert, was besonders dem Leserkreis dieser Literaturgattung, dem unteren Adel gefiel; dem Volke selbst war solche Dichtung ihrem Inhalte nach wenig zugänglich, außerdem war es ja auch in den meisten Fällen nicht des Lesens kundig. Endlich verfolgen die hier in Frage kommenden Schriftsteller polnische lokalpatriotische Ziele: Adel und Volk werden in Proklamationen gegen die russische Herrschaft aufgewiegelt, es wird ein Aufstand gegen die bestehende Ordnung vorbereitet, um das frühere historische Polen wiederherzustellen. Zur Vervollkommnung der Sprache werden Stücke aus den besten polnischen Dichtungen ins Weißrussische übersetzt.

Zuerst erschien die Arbeit von Alexander Rypiński, der, wie bebereits im Vorwort erwähnt wurde, 1840 in Paris das kleine Buch Białoruś veröffentlichte. Es sind Vorträge, die der Verfasser 1839 in einem Pariser literarischen Zirkel gehalten hatte. Infolge ungenügender historischer und philologischer Vorbildung vertrat er die Ansicht, daß die Weißrussen Polen wären und Weißrußland eine polnische Provinz sei. Ohne auf das in diesem Buch gebotene rein volkskundliche Material einzugehen, muß hervorgehoben werden, daß sich darin die ältesten Aufzeichnungen einiger Kunstdichtungen, z. B. Teile aus dem Epos von Barszczewski Рабунки мужыкоў, das damals auf mündlichem Wege verbreitet wurde, finden. Unter den wenigen selbständigen Dichtungen von Rypiński in weißrussischer Sprache verdient nur ‚Niaczyścik, ballada białoruska' Beachtung. Das in keinerlei Hinsicht besonders interessante weißrussische Schnaderhüpfl

A na dware wieciar wieić,
A Mikita żyta sieić!
Mikita! czy ty-ta?
Nie ja-ta, moj tata!

regte den Verfasser zu einer Ballada über jenen Mikita („Przedmowa autora") an. Sie beginnt folgendermaßen:

Tamŭ użò sto let budzie,	Żyŭ, byŭ Mikita u nas.
Stàryje pomniać to ludzie;	Na sàmym kańcù siałà:
Skażyć wam i Apanàs:	Tam jahò chatka była.

Inhaltlich ist die Ballade wenig kompliziert. Mikita war arm; er besaß nur einen Eber. Während der Fastenzeit schlachtete Mikitas Frau diesen Eber und machte Wurst. Ihren Mann schickte sie hinaus Schnaps zu holen und verließ selbst aus irgend einem Grunde das Haus. Unterdessen stahl der Teufel Eber und Wurst. In ihrer Wut fiel Mikitas Frau über ihren Gatten her; als sie jedoch sagte „daß du umkommen mögest!" (sztob ty prapaŭ!) fiel sie selbst tot hin, das Haus aber brannte nieder. Die Ballade endet mit der Lehre, das Volk möge über Würsten nicht Fastenzeit und Kirche vergessen.

Ihrem Inhalte nach versucht die Ballade, jedoch nicht ganz glücklich, den Volksglauben zu erfassen. Die Moral ergibt sich aber nicht aus der Fabel. Auch ist das syllabische Versmaß keineswegs volkstümlich.

Was das Verständnis für das weißrussische Volkstum und dessen Sprache anbelangt, so wird Rypiński darin bedeutend von seinem Zeitgenossen Jan Czeczot übertroffen. Er stammte aus dem Kreise Nowogródek und war ein Landsma nnund Freund von Adam Mickiewicz. Über seine volkskundlichen Verdienste ist bereits oben gehandelt worden. Seine 28 eigenen Dorflieder „własne piosnki wieśniacze" sind in seinem kleinem Buch Dorflieder vom Niemen und der westlichen Düna (Piosnki wieśniacze z nad Niemna i Dźwiny, z dołączeniem pierwotwornych w mowie sławiano-krewickiej (Wilno 1844) enthalten, eins davon ‚An die lieben Bauern' (Da miłych mużyczkoŭ) auch in der Sammlung aus dem Jahre 1846. Hiermit endet die letzte Serie seiner Lieder. Es bietet die Zusammenfassung seiner Ansichten über das Volk und seine sittliche Vervollkommnung. Dem Volke helfen will er mit seinen Liedern, denn auch er sei unterm Volk aufgewachsen, auch er hätte im Leben Leid erfahren, um besser das Volk verstehen zu lernen:

Da i jaż wam pamahù
Pièsieńku śpiewaci;
Da i ja ż miż wami ŭzroz
Pry baćku i maci.

I mnie Boh na świecie daŭ
Horo harawaci;
Sztoby lepsz ja was lubiŭ
I ŭmieŭ spahadaci.

Nach dieser Einleitung, in der sich der Verfasser sozusagen dem Volke vorstellt, charakterisiert er die bereits früher von ihm angeführten, durch ihre Mannigfaltigkeit ausgezeichneten Volkslieder: Wie wunderbar sind eure Lieder, die leider von der Heimat nicht gewürdigt werden. Aber es wird die Zeit kommen, wo sie aus ihrem Schlafe erwacht, dann wird sie euch lieber anhören wollen als eine Nachtigall.

Oj sztoż wy napieli tut,
Da jakoho dziwa!
Szkoda, szto na hołas wasz
Staronka dremliwa.

Ale jak praczchnièc ca s sna
Heta dabradziejka;
Peŭno budzie słuchać was,
Lepsz jak saławiejka.

Eine Wiedergeburt kann nur durch harte Arbeit herbeigeführt werden; die Trunksucht ist dem besonders hinderlich, jetzt frönen diesem Laster sogar Frauen, und das Volk ist daher im Niedergang begriffen:

Kińcie pierszy żonki wy,
Miłyje dzieŭczata;
Dola, szczaście zaczniè żyć,
Hdzie ćwieroza chata.

Błahasławić budzie Boh
Ŭ kamory, abory;
I nie budzie taki lud
Biezsilny, jak chwory.

Wenn dieser Zustand erreicht wird, dann wird sich das Volk von der Gnade Gottes überzeugen können:

Oj kab koliś nam dażỳć
Da takoj paprawy;

Tob zapieŭby z wami ja,
Szto nam Boh łaskawy!

Dieses Gedicht ist bemerkenswert sowohl durch seinen selbst dem einfachen Volke zugänglichen Inhalt, als auch durch seine reine Volkssprache und sein Versmaß (tonischer Choreus mit einem Endreim in jeder zweiten Zeile). Allerdings erinnert die Pause nach der siebenten Silbe an die Zäsur beim syllabischen Versfuß; für die Verwandtschaft mit der polnischen Verstechnik zeugt der zweiteilige Reim.

Czeczot's eigene Lieder sind größtenteils didaktisch: neben einer Schilderung der guten Seiten des Bauernlebens wird darin ausführlich auf seine Schattenseiten eingegangen. Das Ideal eines begüterten Bauern ist für ihn nicht allzu kompliziert: er verlangt bloß Umsichtigkeit, Vorsorglichkeit, Arbeitsfreude, Enthaltsamkeit, Kirchenbesuch und Gastfreundschaft. Erwünscht erscheint es Czeczot, daß der Bauer auch des Lesens kundig sei, doch hält er das bereits für einen Luxus (vgl. die Sammlung von 1844 Nr. 67, 86, 87, 68, 69).

Von den negativen Eigenschaften des Bauern tadelt er am meisten Trunksucht und Faulheit (vgl. Nrn. 70, 72, 73, 74, 80, 88). Von den Nachteilen der Trunksucht heißt es:

A bodaj ty nowaja
Karczomka zhareła,
Jak maja pierez ciabie
Chatańka zhaleła!

Dzieteczki i żoneczka
Biez chleba u tuzie;
Woliki i koniki
Topiacca u łuzie. (Nr. 82.)

Am abstoßendsten erscheint ihm aber eine betrunkene Frau. Sie sei dem Teufel ähnlich, und es gebe auf der Welt nichts Schlimmeres als sie:

Koli czorta znać choczecie,
To na jeje pahladziecie;

Niszto hidczej kołom świeta
Jak pijanaja kabieta. (Nr. 94.)

Gerügt werden auch noch andere Fehler, wie z. B. Unsauberkeit der Wirtin, wogegen Czeczot allzu radikale Maßnahmen empfiehlt, die jedoch durchaus den Sitten jener grausamen Zeit entsprechen (Nr. 71). An Stelle der Rauchstuben empfiehlt er Öfen mit Essen zu bauen, denn dadurch würde eine unhygienische Lebensweise vermieden (Nr. 81); ablehnend verhält sich Czeczot gegen das Vergraben des Geldes, anstatt es in Umlauf zu setzen (Nr. 79); dann tadelt er auch diejenigen, die ihre Kinder nicht ein nützliches Handwerk lernen lassen.

Besonders besteht er auf der Notwendigkeit, die Bauern im Lesen und Schreiben unterrichten zu lassen, was die Pflicht jedes Gutsbesitzers sei (Nr. 82). Dazwischen finden sich bei ihm auch einige wenige Liebeslieder; es sind ihrer aber nur wenige (Nr. 89, 90, 91).

Alle eigenen Lieder von Czeczot enden mit einem Gebet (Nr. 94), indem er die Größe und Allmacht des Schöpfers schildert und seinen Segen auf alle Menschen herabfleht:

Błahasławi Twaje dzietki,
Pracu naszu i paletki;
Błahasławi usie ludzie,
Niechaj usiem dobre budzie!

Obgleich in einigen Gedichten von Czeczot das volkstümliche Versmaß nicht eingehalten und ein syllabisches Versmaß angewandt wird, so ahmt er im allgemeinen doch in glücklicher Weise die Verslieder nach. Sie sind auch vielfach ins Volk gedrungen und spätere Sammler von Volksliedern haben seine Dichtungen häufig in ihre Sammlungen aufgenommen, die sie aus dem Volksmunde aufzeichneten.

Literatur: Verf. Белорусы II 3, 39—46. A. Pypin История русской этнографии IV, 46—55. Wiek XIX. Sto lat myśli polskiej... III (Warschau 1907).

Ordnen wir die Schriftsteller nach der Zeit des Erscheinens ihrer Werke in weißrussischer Sprache an, so muß an dritter Stelle Jan Barszczewski genannt werden, schriftstellerisch tätig war er jedoch bereits früher als Rypiński und Czeczot. Dieser Dichter entstammte dem niederen Adel aus der Witebsker Gegend (geb. 1790 gest. 1851) und hat das Polocker Jesuiten-Kollegium besucht. Da es ihm nicht gelang, die Universität zu beziehen, war er den größten Teil des Jahres in Petersburg Hauslehrer. Den Sommer verbrachte er in seiner Heimat, bei seinen Landsleuten auf dem Lande, wo er wegen seines Geistreichtums und seiner dichterischen Fähigkeiten ein gern gesehener Gast war. Seine verschiedenen Erzählungen aus dem weißrussischen Leben in polnischer Sprache sind vereinigt im Buche Szlachcic Zawalnia, das den Namen seines Onkels trägt, bei dem er sich häufig aufhielt. Die Zeitgenossen waren von diesen Erzählungen begeistert; die unparteiischen späteren Kritiker verhalten sich ihnen gegenüber aber recht kühl: die Darstellungen der Lebensweise gehen nicht tief, die Einstellung zum Volk ist ausgesprochen gönnerhaft.

Von seinen Werken in weißrussischer Sprache müssen hervorgehoben werden: 1. Bauernverwüstungen (Рабунки мужыкоў). Nach der Äußerung von R. Druckij-Podberezskij war diese Dichtung wie auch die Äneide in ganz Weißrußland bekannt. In seinem ganzen Umfang ist aber dieses Gedicht niemals erschienen. Nur im Vorwort zu Szlachcic Zawalnia werden Auszüge daraus geboten, ferner sind in Biełaruś von Rypiński drei Stellen daraus veröffentlicht. Diese Dichtung beruht auf einem wirklichen Vorfall auf dem Gut des Malinowski, als die Franzosen 1812 heranrückten. Sie beginnt mit einer Schilderung der Plünderungen:

Jak prancuskaja siła	Prancuzou u nasz dwor,
Iz za Dźwiny nastupiła,	I nutka dzielać zdor.
Nam stała karcić,	Kleci parażbiwali,
Cztob paradak priwracić.	Panou naszych zahnali;
Adnakaż siadzieli cicha,	Nas kazali paźbirać
Asz tut prinosić licha	I harełku pić i brać...

Lange dauerte diese Plünderung, bei der alles mitgenommen wurde, dessen man habhaft werden konnte. Schließlich verließen die Franzosen das Gut, die Bauern aber veranstalteten eine Beratung (radu sabie układali). Dort wurde über die Vorzüge und Nachteile der Herren gesprochen, und dann versammelte man sich, um den Kummer im Schnaps zu ertränken, wozu das ganze Dorf eingeladen wurde. Als jedoch der Verwalter zurückkehrte, begannen die Bauern eine Schlägerei untereinander und ergriffen die Flucht.

Inhaltlich ist dieses Epos wenig beachtenswert. Besser ist jedoch seine Sprache und sein Rhythmus, wenn es auch nicht ganz dem Volksgeist entspricht. Die darin vorkommenden komischen Szenen und die Schilderungen allgemein bekannter Persönlichkeiten trugen zu seiner Verbreitung und dem Ruhme des Verfassers wesentlich bei. Allerdings wurde es bei weitem nicht so populär wie die Travestie der Äneide, die sich bis auf heute gehalten hat.

2. Barszczewski gehört auch das nach Druckij-Podberezskij um 1809 entstandene Gedicht an: Da czymże twaja dzieweńka hałouka zaniata (Was beschäftigt denn dein Köpfchen, du Holde?) Veranlaßt wurde es durch die Liebe des Verfassers zu einer gewissen Maksimovič. Abramovič hat es vertont im Rocznik literacki (Petersburg 1843) veröffentlicht.

3. Ferner erschien im gleichen Rocznik (zugleich 1843 im Москвитянин) das Lied Harelica von Barszczewski, das weder durch seinen Inhalt noch durch sein Versmaß etwas Beachtenswertes bietet.

Literatur: A. Pypin История русской этнографии IV 61, 62; Verfasser Белорусы I 215—216, 436—437; R. Zemkevič Ян Баршчэўскі, першы беларускі пісьменьнік XIX сталецьця (Wilna 1911).

Einer der fruchtbarsten und populärsten Schriftsteller der 40er und 50er Jahre war Vincenty Dunin-Marcinkevič, der nicht nur weißrussisch schrieb, sondern auch viel in weißrussischer Sprache druckte. Er gehörte gleichfalls dem niederen Adel an (geb. 1807 in Bobruisk, Kreis Minsk, gest. 1884). Sein medizinisches Studium beendete er nicht, sondern ließ sich in Minsk nieder, wo er einen Posten im katholischen geistlichen Konsistorium bekleidete. Seine weißrussischen, mit polnischer Orthographie geschriebenen Werke veröffentlichte er nur bis zu den 60 Jahren. Es liegen von ihm gleichfalls Werke in polnischer Sprache vor. Einige seiner Dichtungen, besonders die dramatischen, sind zweisprachig: die einen Personen sprechen polnisch, die anderen, zumeist Bauern, weißrussisch wie im Schuldrama des 17.—18. Jahrh. Außer den gedruckten Werken sind von ihm auch einige handschriftlich erhalten, die erst in letzter Zeit veröffentlicht worden sind. Ihm gehören an:

1. „Die Bäuerin" — Sielanka. Opera we dwóch aktach (Wilno 1846). Vertont wurde sie von St. Moniuszko und erntete in Minsk großen Beifall. Weißrussisch sprechen darin übrigens nur der Vogt Naum, der seine Rede mit vielen Sprichwörtern und Redensarten durchsetzt, ferner Tit und der Bauernchor. Die Grundidee der Oper wird der als Bäuerin verkleideten Julia in den Mund gelegt: Vor Gott sind Bauern und Herren gleichwertig. Auserwählt sind von ihm diejenigen, die ihre Nächsten lieben wie sich selbst:

... Bóg i kmiotków i pany
Zarówno uważa w niebie.
Ten u niego jest wybrany,
Kto kocha bliźnich jak siebie.

2. Hapon. Powieść, w języku białoruskiego ludu napisana (Minsk 1855). Die ganze Erzählung ist in recht gelungenen, wenn nicht tonischen, so doch

gereimten Versen geschrieben. Sie gibt ein gutes Bild von den weißrussischen Sitten und den Verhältnissen zur Zeit der Leibeigenschaft: dabei ist die Schilderung objektiv, ohne Idealisierung und Übertreibung. Das hat wohl viel zu seinem Erfolge beigetragen, denn vieles daraus wurde auswendig gelernt und gleich der Volksdichtung mündlich überliefert. Der Inhalt ist ungefähr folgender: Der Bauer Hapon wird unter die Soldaten gesteckt, weil ein Gutsverwalter in Hapons Braut Katharina verliebt ist und gegen ihn intrigiert. Dem Bauern gelingt es aber, sich den Offiziersgrad zu verdienen. Als Vertreter der Regierung nimmt er darauf in Mohilev an der Rekrutenaushebung teil. Unter den Rekruten befindet sich auch der von Hapons Gutsherrin verjagte Verwalter. Hapon zieht ihn ein, selbst aber fährt er zu seiner Gutsherrin und heiratet darauf seine Braut.

Das Ziel dieser Erzählung ist wiederum ein rein didaktisches, sie will nachweisen, daß das Gute immer belohnt, das Böse immer bestraft wird. Außerdem wollte der Verfasser den Gedanken durchführen, daß die „Herren" immer gütig seien, falls sie aber gegen ihre Bauern einmal ungerecht sind, so seien daran die Gutsverwalter schuld, die sie über den wahren Sachverhalt im Dunkeln lassen. Ferner beabsichtigte der Verfasser, durch diese Erzählung die Bauern davon zu überzeugen, daß ein „nüchterner, sittlich hochstehender, begabter und pflichttreuer Bauer" immer von der väterlich für ihn sorgenden Regierung belohnt wird.

Doch nicht diese sittlichen Tendenzen waren es, die die Zeitgenossen für die Erzählung von Hapon einnahmen. Allgemein gefiel die gute Sprache, die anschauliche und wahrheitsgetreue Schilderung des weißrussischen Lebens. Auch gefielen die mitunter eingeschalteten Volkslieder. Einige Stellen daraus sollen als Proben gegeben werden. Die Erzählung beginnt mit einer lebendigen Schilderung einer Wirtshausszene:

Шум, крык, гоман у карчме,
Кіпіць сельская дружына;
Піва, мёд, гарэлку пье,
Ажны курыцца чупрына.
Гаспадары за сталом
Громка гутарку вядуць;
А ляндарка з ляндаром
Мёд, гарэлку раздаюць.
Хлопцы, дзеўкі, маладзіцы
Ля парога гаманяць,
А старые чараўніцы
Цішком ля печы сядзяць[1]).

Die Musik ist in vollem Gange. Hapon läßt die Musik einen Kosakentanz (Kazačok) spielen und beginnt nun mit Feuereifer zu tanzen:

То ўпрысядкі выкідаець,
Ажны стогнець под ім пол,
То галубца подбіваець,
Ажны трасецца хахол.
„Ах! ух! давай жару,
Давай болі, давай пару!" . . .

Nicht weniger anschaulich ist der Tanz der Katharina dargestellt, sogar mit Anstimmung des entsprechenden Begleitliedes. Lebhaft wird auch die Rekrutenaushebung in Mohilev geschildert, besonders gut jedoch die Sitzung

[1]) Nach der neuesten Ausgabe in der in Weißrußland eingeführten Orthographie.

mit den anwesenden Personen, angefangen von dem Marschall mit dem Orden am Knopfloch (с крыжам у пятліцы) bis zum unbeholfenen beleibten Arzt (якісь пузаты, быццам мядзьведзь, так касматы). Im letzten Liede, dem vierten, wird Hapons Hochzeit mit den sich anschließenden Volksbräuchen beschrieben. Trotzdem er auf seinen Rang stolz war, wollte er es sich nicht nehmen lassen, seine Hochzeit nach bäuerlicher Art zu feiern:

Хоць Гапон чыноў дажыўся,
Да ведаў, с каго радзиўся,
Не хацеў прынараўляць
Паном, — а простым звычаем,
Ён мужыцкім обычаем
Здумаў вясельля сыграць.

Die Hochzeit wurde im Einklang mit den alten Sitten gefeiert: die jungen Mädchen sangen die alteingebürgerten Lieder; auch die Bewirtung ist der Feierlichkeit entsprechend.

3. Wieczernice (Minsk 1855). Es sind zwei Spinnstubengeschichten. Unter anderem enthält die erste eine Beschreibung der Stadt Minsk und ihrer Bewohner, ferner einige in Weißrußland verbreitete Anekdoten, z. B. wie ein betrunkener Bauer mit einem Hering zugleich einen Fünfrubelschein aufißt, den er für ein verkauftes Kalb erhalten hat und in seiner Tasche zusammen mit dem Hering aufbewahrte. Im zweiten Spinnstubenlied wird eine getreue Schilderung der Totenfeier für die Ahnen zur Zeit des Totenfestes „Дзеды" geboten. Einige Schilderungen sind auch hier meisterhaft. So wird z. B. die Stieftochter Katharina folgendermaßen dargestellt:

Расла як тычынка, цвела як каліна,
Бывала, вочкам як на цябе гляне,
Нехаця сэрца твайго дастане:
Серабрысты голас, як у салавейка,
А гаспадарная, бытцэм муравейка,
Ціха як авечка, прыгожа як краска . . .

4. Ciekawyś? Przeczytaj! (Minsk 1856). „Lies es, wenn du neugierig bist!" Weißrussisch ist hierin die Kupała beschrieben. In dieser Erzählung wird das ländliche Kupalafest entsprechend den Volksbräuchen geschildert, sogar einige diesbezügliche Volkslieder werden angeführt und gleichzeitig das Verhältnis zwischen den Söhnen der Gutsherren und den Bauernmädchen, sowie zwischen Bauern und Gutsherrn gestreift. Der Verfasser beweist dabei die Unmöglichkeit einer Heirat von Schlachzizen und Bauernmädchen (штоб шляхціц з мужыцкай дочкай ажаніўся).

Durch Idealisierung der Bauern will der Verfasser die Gutsherren für sie erwärmen und sie zu einem humanen Verhalten zu ihren Untergebenen veranlassen. Eine gute Behandlung durch die Gutsherren muß aber mit Gleichem vergolten werden:

Хваліць толька Бога — шчыра працаваці,
Любіць добрых паноў — маўляў родных браці . . .

5. Der weißrussische Sänger Dudarz białoruski (M. 1857). An weißrussischen Dichtungen finden sich darin zwei: die Schilderung des Erntefestes

Шчэроўскіе дажынкі und Верш Наума Прыговоркі. In der ersten wird das schlichte Verhältnis zwischen edlen Gutsherren und den ihnen untergebenen Bauern geschildert. Den Anlaß hierzu bietet das Erntefest. Nachdem das schönste Mädchen dem Herrn einen Kranz überreicht, werden die Schnitter und Schnitterinnen bewirtet. Dieses Festessen wird in homerischem Geiste geschildert:

Аж вось паявіўся на шырокі стол
Цалікам пячоны прэбальшэнны вол.
Да бакі ж яго тлустасьцю абліты,
Да рогі ж яго золатам абвіты!
К няму навнасілі бараноў дзясятак,
Хлеба ж, сыроў, блинцоў, тучных парасятак,
Мілянкі! без ліку, — еш дый апражыся! . . .

Der Верш Наума Прыгаворки, worunter sich Dunin-Marcinkevič selbst meint, ist anläßlich des Besuches der polnisch-weißrussischen Größen A. Kątski, Władysław Syrokomla und St. Moniuszko in Minsk geschrieben worden. Besonders herzlich wird Syrokomla begrüßt, er sei ja den Weißrussen ein Bruder, das Minsker Land sei seine Heimat:

А трэці дудàр меж намі узрòс, ён нам братка,
Яму Міньская зямелька родненькая матка! . . .

Sobald er heimatliche Lieder anstimmt, vergißt man Kummer und Sorgen und wird fröhlich; singt er aber traurige Lieder, dann blutet einem das Herz.

6. Von Dunin-Marcinkevič stammt auch die weißrussische Übersetzung des ersten Teiles von Mickiewiczs Pan Tadeusz (Wilno 1859). Im allgemeinen ist die Übertragung genau, Sprache und Vers sind darin aber bei weitem nicht so gut wie in seinen selbständigen Dichtungen.

Von den nicht zu Marcinkevič Lebzeiten veröffentlichten Dichtungen verdient besonders eine, der „Naum", zusammenhängende Beachtung. Sie liegt in der Handschrift des Dichters, jedoch ohne seine Unterschrift, vor und bietet nicht das sonst bei ihm üblische idyllische Bild von dem Leben der Bauern, die von den Gutsherren mit Wohltaten überschüttet werden, sondern schildert die schwere Lage des durch den Herrn vollkommen ruinierten Leibeigenen, der bis zur Verzweiflung getrieben wird. Diese Dichtung ist mehrmals von Dovnar-Zapol'skij veröffentlicht worden (vgl. Исследования и статьи I 202 f). Sie beginnt mit einer Beschreibung der Armut des Bauern, der unter Hunger und Kälte schwer zu leiden hat:

Весна, голад пярапала,
Ані солі, ані круп:
І скаціне корму мала,
І самому ані ў зуб.

На палацях дохнуць дзеці,
Жонка тры дні здуру пьець,
І даўно парожна ў клеці,
Хоць была добрая клець . . .

Alles dieses ist aber nebensächlich, wenn nur endlich die Freiheit anbrechen würde, wenn man nur aufhören wollte mit dem Bauern wie mit dem Vieh Handel zu treiben und ihn auszusaugen (і шкуру з нас до карка драць).

Inhaltlich entspricht dieses Gedicht nicht der allgemeinen Grundstimmung in den Werken von Dunin-Marcinkevič, auch ist der Vers ein anderer.

Literatur: Die Werke von Dunin-Marcinkevič sind teilweise wieder abgedruckt in Biełaruskije Pieśniary. Seine dichterische Tätigkeit behandeln M. Dovnar-Zapol'skij in Исследования и статьи, Kiev 1909; A. Pypin История русск. этнографии IV 62—63; Verfasser Белорусы III 3, S. 49—64.

Die Zeit Dunin-Marcinkevič's war reich an Schriftstellern, hauptsächlich aus dem polnisch-weißrussischen Adel, die sich in ihren Werken mitunter des Weißrussischen bedienten. Einige davon waren hervorragende polnische Dichter und Schriftsteller. Ihre weißrussischen Versuche wurden aber zumeist bloß handschriftlich aufbewahrt oder auf mündlichem Wege verbreitet. Gedruckt wurden sie selten, höchstens wenn sie politische Proklamationen waren. In diesem Falle wurde aber als Erscheinungsort Paris oder London angegeben; heute kann man ihrer nur mit großer Mühe habhaft werden.

Einer von diesen hervorragenden Dichtern war nach Dunin-Marcinkevič der bekannte polnische Schriftsteller weißrussischer Abstammung Władysław Syrokomla (Ludwik Kondratowicz). Von seinen weißrussischen Gedichten wurde jedoch nur eines und dazu noch anonym veröffentlicht. Es trägt die Überschrift Dobryja wieści (Gute Botschaften) und erschien in der Broschüre Hutorka staroho dzieda (Paris 1862). Die Anfangsworte lauten:

Zachodzić sońca pahodniaha leta,
Wieieć wiecier z Zachodnich niebios;
Zdaroŭ buć wiecier! z dalokaho świeta,
Dobryja ż wieści ty da nas prynios?[1])

Der gleichen Zeit gehört Artemij Darevskij-Veryha an. Gebürtig aus dem Witebsker Gouvernement hat er nach dem Zeugnis seiner Zeitgenossen (Kirkor Живописная Россия III 327) folgende, damals natürlich nicht veröffentlichte Dichtungen Гуторка з пліондроўки по земли Латышской, Поврот Михалка, Быхов verfaßt und den ‚Konrad Wallenrod' von Mickiewicz übersetzt. Von allen diesen Gedichten hat man bisher nicht einmal die Handschriften gefunden. Ferner werden ihm noch einige kleinere Sachen zugeschrieben, die erst neuerdings herausgegeben worden sind. Mit seinem Namen verbunden ist auch das sogenannte „Album" (Альбом). Es enthält die handschriftlichen Gedichte verschiedener damaliger Schriftsteller in polnischer und weißrussischer Sprache und ist Veryha selbst gewidmet (vgl. Verf. Белорусы III 3, S. 67—69). Augenscheinlich war er ein gern gesehener Gast bei dem damaligen weißrussischen Adel, weil er den Gedanken und Bestrebungen der Adligen Ausdruck verlieh. Ein Beweis hierfür ist z. B. der Eintrag von A. Chodecki (Mohilev 1859). A tym czasem, poszciwy Białoruski dudarzu, ciągnij dalej swoją propagandę ... i dmuchaj w węgle ... toć z czasem

[1]) Vgl. Kraszewski W. Syrokomla in Przegląd Europejski 1862 II 606; Verf. Белорусы III 3, S. 64—66.

wytryśnie i płomień ... (Inzwischen aber, ehrbarer weißrussischer Sänger, setze deine Propaganda fort und blase weiter in die glimmenden Kohlen ... so wird mit der Zeit die Flamme herausschlagen!)

Demselben Kreise gehörte auch der bekannte polnische Schriftsteller Wincenty Korotyński an. Auf ihn geht das im Album anläßlich des Aufenthaltes des Zaren Alexanders II. in Wilna am 6. und 7. September 1858 verfaßte weißrussische Gedicht zurück. Es besteht aus fünf Strophen, von denen die erste zu einem Attentat und zum Aufstande anspornt. Nur nachts ließe sich unbehindert arbeiten, dann würde die Sonne der Freiheit erstrahlen.

Встава́ймо, бра́тцы, да дзѣ́ла, да дзѣ́ла!
Зъ по́вначи пѣ́вень зало́павъ крыло́мъ.
Ну́же, кабъ жы́во рабо́та, паспѣ́ла, —
Вы́слаць гасьци́няцъ жо́вцяньнкимъ пяско́мъ,
Дру́жно, грома́до, въ серде́чнуй ахво́цѣ,
Ду́хамъ наси́лки на пле́чы узьдзѣ́нь!
Охъ! то́лько но́ччу неспо́рно въ рабо́цѣ.
Узыдзи́ намъ, со́вняйко! прывядзи́ намъ дзѣнь!

Außer einem Aufruf an die Bauern zu einer gemeinschaftlichen Aktion auf dem Wege, den der große Landesfürst (вельки гаспадар края) nehmen würde, behandelt das Gedicht auch die schwere Lage der Bauern, für die der Wunsch nach Gleichheit und Brüderlichkeit erst erfüllbar wird, wenn der erlösende Tag anbricht, an dem die Sonne der Freiheit den das Volk umhüllenden Nebel zerstreuen wird.

Außerdem gibt es von W. Korotyński noch einige kleinere, erst neuerdings veröffentlichte Gedichte (Verf. Белорусы III 3, S. 70—72) und die revolutionäre Broschüre „Hutorka staroho dzieda", worüber weiter unten.

Außer diesen wäre noch eine ganze Reihe weißrussischer Schriftsteller aus der Mitte des 19. Jahrh. zu nennen, deren Werke teilweise erst jetzt herausgegeben worden sind, teilweise noch immer handschriftlich aufbewahrt werden. Von einigen weiß man nur, daß sie weißrussisch geschrieben haben; ihre Werke sind aber bisher weder gedruckt noch im Manuskript gefunden. Hierher gehören G. Arcimowski (vgl. Наша Hiва 1915, Nr. 19—20), P. Bachrym (Маладая Беларусь 1913, Nr. 3, 9—16), F. Topczewski (Хвэлька з Рукшэніц), O. Obuchowicz (Harecki Гісторыя Бел. Літэратуры 126), Adam Pluh (Ant. Petkiewicz) und einige andere (vgl. Verf. Белорусы III 3, S. 73—78).

3. „Taras auf dem Parnaß".

Dies ist ein gereimtes humoristisches Epos, das in den 80 er Jahren hauptsächlich auf mündlichem Wege besonders in den Gouvernements Mohilev und Witebsk verbreitet wurde und offensichtlich die weißrussische Äneide nachahmt. Auch hierin wird lebhaft und wahrheitsgetreu das Leben der begüterten Weißrussen geschildert; ihre Geschmacksrichtung, sittliche und geistige Haltung ist gut beobachtet. Das Epos beginnt mit den Worten:

Ці знаў хто, братцы, з вас Тараса,
У палясоўшчыках што быў?
На Пуцявішчы, у Парнаса,
Ён там ля лазні блізка жыў.

Weiterhin folgt die Charakteristik des Taras, der wegen seiner Besonnenheit und Nüchternheit von seinem Herrn und seiner Herrin, ebenso wie vom Dorfschulzen geschätzt wurde.

Што ж? Чэлавек ён быў рахманы,
Гарэлкі ў губу ён ня браў:
За тое ж ў ласцы быў у пана,
Яго пан дужэ шанаваў.
Любіла тож Тараса й паня,
І войт ні разу не збрэхаў.
За тое ж ён балота враня
Да цёмнай ночи пільнаваў.

Einmal unternahm er frühmorgens gewohnheitsgemäß einen Rundgang durch den Wald, setzte sich auf einen Baumstumpf und schlief ein. Da schien es ihm, als wäre er irgendwohin hinabgestürzt, und als er zu sich kam, befand er sich in einer ihm fremdartigen Umgebung: er war am Parnaß. Alle möglichen Dichter und Schriftsteller bemühten sich, den Berg zu ersteigen. Ihnen folgte auch Taras. Auf dem Berge erblickte er einen Herrenhof (панскі двор), da sah er Schweine, Hunde, Ziegen, Hammel ... Augenscheinlich haben auch die Götter mit der Wirtschaft zu tun, wenn sie sich Schweine halten.

А на дварэ там сьвіньні ходзяць,
Сабакі, козы, бараны ...
Знаць і багі хадзяйства водзяць,
Калі сьвіньней дзержаць яны.

Er kehrte im Hause der Götter ein und sah sich dort einer Einrichtung gegenüber, wie er sie bei reichen Bauern gewohnt war: Schuster nähen die Sandalen der Götter, Göttinnen waschen die Wäsche der Götter, Saturn flicht Bastschuhe, Neptun bessert Netze aus, Zeus liegt auf dem Ofen, Amor scherzt mit den jungen Mädchen:

Амур жэ з дзеўкамі жартуе, То ён зненацку пацалуе,
Ну проста смех ажно бярэ, То хустку з галавы здзярэ.

Die Mittagszeit rückt heran, und die Götter versammeln sich zum Essen. Getränke und Speisen werden gereicht, wiederum genau so wie bei den begüterten Weißrussen. Die schöne Hebe kredenzt den Branntwein: „Пыгожа дужэ дзеўка Гэба гарэлкі ў чаркі наліла." Die Speisenfolge ist die gleiche wie in Weißrußland. Alles ist im Überfluß vorhanden. Besonders sagen dem Taras die Würste und die Haferplinsen zu.

Як унесла ж на стол коўбасы, Аж сьлінкі пацяклі ў Тараса
Бліны аўсяны ў рэшаце, І забурчэла ў жываце ...

Nach dem Essen ertönt der Dudelsack und die Götter tanzen weißrussische Tänze. Besonders anmutig ist dabei die Venus:

Во . . . Разам у дуду зайгралі
Скакаць багіні пачалі.
Ўвяўшы хустачку, Вянера
Пайшла мяцеліцу скакаць:
Прыгожа, стройна цераз меру —
Пяром ня можна напісаць.
Чырвона, тоўста, круглаліца,
І вочы як на калясе;
Як жар гарыць яе спадніца,
І стужка ўплецена ў касе.

In ähnlicher Weise vergnügen sich die andern Götter. Taras schaut zu und ergötzt sich daran. Wie nun aber ein Tanzlied (плясуха) ertönt, kann er nicht länger widerstehen und beginnt selbst zu tanzen, daß Jupiter seine helle Freude daran hat:

Як стаў прыстуківаць атопкам,
Аж рот разявілі багі:
То ён прысьвісне, то прытопне,
То шпарка пойдзе у кругі.
Глядзеў Юпіцяр і дзівіўся,
І пад дуду ў ладоні біў . . .

Dank dem Beistand der Zephire wird Taras schließlich gegen Abend wieder in seinen Wald gebracht. Damit schließt dieses scherzhafte Epos.

Es wurde die Ansicht geäußert (M. Dovnar-Zapol'skij Исследования и статьи I 205—213), daß „Taras auf dem Parnaß“ ein Werk Dunin-Marcinkevič' sei. Es genügen aber bereits die angeführten Proben, um die Unhaltbarkeit einer solchen Annahme einzusehen. Dunin-Marcinkevič schrieb stets in syllabischen Versen, hier liegen aber rein tonische vor. Nur in schlechten Aufzeichnungen und nicht nachgeprüften Ausgaben dieses Epos begegnet man unrichtigen Strophen und Versen. Unterschiede zwischen Dunin-Marcinkevič und dieser Dichtung bestehen auch in sprachlicher Hinsicht. Obgleich die Darstellung des Volkslebens bei Marcinkevič, wie auch hier, genau ist, so zeichnet sich doch der Taras durch seine lebendige Schilderung aus, es fehlt darin jene Sentimentalität, die man sonst überall bei Dunin-Marcinkevič findet. Schließlich werden von Marcinkevič nirgends zeitgenössische und russische Schriftsteller erwähnt (obgleich die Erwähnung polnischer Dichter recht viel Raum einnimmt), im Taras dagegen treten nur russische Dichter auf: der Bauer sieht, wie Puškin, Lermontov, Žukovskij und Gogol' schnell den Parnaß ersteigen:

Чатыры добрых малайцы.
Народ то быў ўсё не такоўскі:
Сам Пушкін, Лермантоў, Жукоўскі
І Гоголь . . .

Der Verfasser des Taras war gut vertraut mit den russischen literarischen Strömungen jener Zeit. Unter denjenigen Dichtern, die den Parnaß zu ersteigen versuchten, bemerkte Taras einen, der die ganze Zeit über unzufrieden war und drohte, alle zu beschimpfen, so wie man es mit Gogol' im vorigen Jahre gemacht hat (як Гоголя у прошлым леце). Das war der Kritiker Faddej Bulgarin. Auf Grund des Gesagten wird man sich wohl der Ansicht anzuschließen haben, daß der Taras von Studenten des früheren landwirtschaftlichen Instituts in Hory-Horki, Gouv. Mohilev, das 1864 als Forstinstitut nach Petersburg übergeführt wurde, geschrieben ist. Die oben angeführte Anspielung auf Bulgarin weist auf die 40er Jahre hin, als dieser Gogol' angriff. Um diese Zeit wird das hier behandelte Epos entstanden sein.

Was durch diese Dichtung bezweckt wurde, ist schwer zu sagen. Dovnar-Zapol'skij meint, der Verfasser hätte unter Benutzung älterer Vorbilder in der Art der Äneiden-Travestie ein anschauliches Bild des weißrussischen Volkslebens geben wollen und hätte zugleich die Absicht, diejenigen Schriftsteller zu verspotten, die ohne besondere Begabung den großen Schriftstellern nachstreben. Diese Annahme ist möglich, jedoch nicht überzeugend. Jedenfalls fand Taras eine weite Verbreitung unter der weißrussischen Intelligenz, drang aber nicht in das einfache Volk: diese Dichtungsart entsprach nicht dem Geschmack der breiten weißrussischen Volksmasse.

4. Die Revolutionsliteratur der 60er Jahre.

Zu Beginn der 60er Jahre, teilweise auch früher, bediente sich der weißrussischen Sprache noch eine andere Literaturgattung, die sich das Ziel gesetzt hatte, das einfache Volk gegen die griechisch-katholische Kirche und das herrschende russische Volkstum aufzuhetzen. Wie die späteren politischen Ereignisse zeigen, haben diese Proklamationen und Broschüren bei den Weißrussen, selbst den uniierten und katholischen, ihre Wirkung verfehlt. Als bloße Zuschauer verfolgten diese zuerst neugierig die im Wachsen befindliche Bewegung, dann aber verhielten sie sich ihr gegenüber meist feindselig. Diese Literatur nahm größtenteils in polnischen und katholischen Kreisen ihren Anfang: ein Beweis hierfür ist die lateinische Schrift, sowie die allgemeine Tendenz dieser Schriften. Auch einige andere Umstände weisen auf einen derartigen Ursprung. Eine literarische Bedeutung kommt diesen Broschüren und Proklamationen nicht zu. Man darf sie jedoch nicht mit Schweigen übergehen, weil sie von Weißrussen gelesen wurden und einige ihnen wohl auch beipflichteten. Auf jeden Fall haben sie in der Folgezeit einen gewissen Einfluß auf die Literatur und das Leben der Weißrussen ausgeübt. Es mag sein, daß auch die Verfasser dieser Schriften zum Teil wenigstens, trotz ihres katholischen Glaubens, weißrussischer Abstammung waren. Stellenweise zeigen sie volles Verständnis für die Bedürfnisse des einfachen Volkes.

Es sollen nun einige Proben dieser Literaturrichtung folgen.

Mużyckaja prauda (Bauernrecht), sechs Nummern, hgb. 1863 in Białystok von Konstanty Kalinowski (Jaśko haspadar s pad Wilni). Von einigen Nummern war er selbst der Verfasser. Ihr gemeinsamer Inhalt wird durch folgende Worte von Nr. 3 zusammengefaßt: „Herr erbarme Dich unser, hilf uns in unserm Unglück, vertreibe den Moskowiter aus unserm Lande, gib uns wahre Freiheit und den Glauben unserer Väter ... (Bożе ... zlitujsia nad nami, pamaży nam u naszej niedoli, wyżeni Maskala z naszaho kraju, daj nam praudziwuju wolność i wieru naszych Dziedou . . .). Aus dem weiteren geht hervor, daß unter diesem Glauben der uniierte (Unijackaja wiera) gemeint ist.

Ferner gibt es mehrere Gespräche (гуторки), gewöhnlich in Versen. Eines davon, die Hutorka staroho dzieda (1. Ausgabe Posen 1861, 2. Ausgabe Paris 1862, zusammen mit den Dobryja wieści „Guten Botschaften" von Syrokomla erschienen) wird gewöhnlich mit dem Namen von W. Korotyński verknüpft. Es beginnt mit folgenden Worten: Sagt an ihr braven Menschen, was wird denn auf der Welt geschehen? Hat denn Gott es so gefügt, daß wir ewig Moskowiter bleiben sollen? Nein doch, Brüder, klagt nicht! Gedenkt der Zeit, wo der Pole mit dem Moskowiter kämpfte. Worum kämpften sie denn und wofür vergossen sie soviel Blut? Dafür doch, daß der Pole dem Volke die Freiheit geben wollte.

Ej skażycie, dobry ludzie,
Szto uże na świecie budzie?
Czy tu tak Boh sudziŭ z nami
Prapaść na wiek Maskalami!
Oj! nie, bracia, nie tużycie,
Na tu poru wspamianicie,
Jak pred daŭnymi letami
Biŭsia Palak z Maskalami.
Za sztoż jany wajawali?
Stolko krowi razliwali?
Oj za toje, szto narodu
Palak chacieŭ dać swabodu.

Weiterhin wird in düstern Farben die Lage der Weißrussen unter russischer Herrschaft geschildert; es wird ausgeführt, wie die Franzosen im Krimkrieg Polen und Weißrussen verteidigten; es wird davor gewarnt, den Reden der Geistlichkeit Glauben zu schenken, nach denen die Russen im Begriff seien, die Bauernbefreiung durchzuführen usw. Die Schlußworte dieser Broschüre lauten: Ja, so ist es, ihr Brüder! Gutes habt ihr von den Moskowitern nicht zu erwarten. So denkt daran, was ihr zu sagen habt, wenn man euch danach fragt. Dann wollen wir alle einstimmig ausrufen: es möge wieder Polen erstehen! Denn, wenn wir Polen werden, werden wir den Herren gleich sein.

Oj tak! takto, moi ludzie,
Z Maskalom dobra nie budzie,
Tak pomnicież szto skazaci,
Jak u was buduć pytaci —
Krykniem usie w odny słowa,
Niechaj Polszcza budzie znowa.
Bo jak staniem Polakami,
Budziem rounyje z Panami!

Im gleichen Sinn sind die aus denselben Kreisen stammenden Pieśni nabożnyja (z. B. Warschau 1861) abgefaßt; unter ihnen findet sich auch eine Umdichtung des bekannten polnischen Hymnus: Boże, Ty Polszczy praz douhija wieki dawaŭ cześć usw. (polnisch Boże, coś Polskę . . .).

Über die anderen Proklamationen und Broschüren dieser Richtung vgl. Verfasser Белорусы III 3, S. 83—90.

5. Antirevolutionäre Broschüren und Gedichte der 60er Jahre.

Von Seiten der Griechisch-Katholischen wurde Anfang der 60er Jahre wenig in weißrussischer Sprache veröffentlicht: augenscheinlich hatte niemand Zeit dazu, obgleich die Notwendigkeit einer Antwort auf Insinuationen in der Art der im vorhergehenden Kapitel angeführten, allgemein eingesehen wurde. Aus den Kreisen der Intelligenz sind mir nur eine Broschüre und zwei Gedichte bekannt, die sich zur Aufgabe stellen, unter der weißrussischen Bauernschaft gesunde Ansichten über die Pläne der Regierung nach Aufhebung der Leibeigenschaft, sowie über die Zuteilung von Ländereien an die Bauern zu verbreiten. Schließlich gingen auch einige Gedichte aus den Kreisen schriftkundiger Bauern hervor. Diese wurden lange handschriftlich aufbewahrt und sind erst in letzter Zeit veröffentlicht worden. Sie handeln von den Zeiten der Leibeigenschaft und schildern in grellen Farben die Schrecknisse derselben. Hierher gehört das Gespräch eines alten Freisinnigen mit den jüngeren über ihre Sache:

Бясѣда стараго вольника зъ новыми, пра ихнае дзѣло (s. a et l. 16^0 31). Es liegen Hinweise vor, daß der Verfasser dieser Broschüre Apanas Kisel' war, der sie 1861 im Auftrage des Gouverneurs in Mohilev erscheinen ließ.

In den Могилевские Губернские Ведомости (1862 Nr. 51, 60, 61) veröffentlichte Franz Blus in Versen (über $1^1/_2$ Tausend) die Reden des Dorfschulzen an die Bauern von der Freiheit: Рѣчь Старовойта къ крестьянамъ о свободѣ (zur Volkslektüre) und Рѣчь Старовойта (meinen Landsleuten zur Lektüre). Infolge häufiger Wiederholungen ein und derselben Gedanken, sowie überflüssiger, an die Leser und sogar den Herausgeber gerichteter Vorworte, unnötiger Motivierungen und Bestrebungen, eine Art didaktischer Dichtung zu bieten, sind beide Gedichte allzusehr in die Länge gezogen. Irgendeine literarische Bedeutung kommt ihnen nicht zu.

Sehr anschaulich ist die Lage des weißrussischen Bauern am Vorabend der Aufhebung der Leibeigenschaft in dichterischer Form dargestellt im Gespräch des Danila mit Scepan „Гуторка Данилы з Сцепанам", das noch zur Zeit der Leibeigenschaft erschien, aber bereits als die Gerüchte von der Bauernbefreiung sich ihrer Verwirklichung näherten. Einige Forscher nehmen mit Recht an, daß es vom ersten weißrussischen Bauerndichter Pavel Bachrym (gest. 1891 in Krošin, Kreis Słuck) verfaßt sei. Das Gedicht nimmt eine feindselige Haltung gegenüber den Gutsbesitzern, den Bedrückern des Volkes ein und sympathisiert mit dem rechtlosen Volk. Es ist in reinem Weißrussisch, fast ohne Polonismen geschrieben. In lateinischer Schrift hat es zum erstenmal Federowski (Lud białoruski III 14—18) herausgegeben. Als Probe mag die Stelle von der Lage der Gutsbesitzer nach der Bauernbefreiung hier angeführt werden: Schwer war unser Leben, aber sie werden es noch an sich erfahren, wie hart sie gegen uns Bauern waren.

Прыгон як урвецца і талакі не станя,
Скўнчыцца адраву іх панаваня ...
Не адзін вастогня і не адзін пісня ...
Ены нас глумілі, плакаць не давалі,
Віняи, ці не віняи без канца каралі,
А цепер ім самым тое дастанецца,
Што нам дасюль было, то на іх шчаўпецца ...

Als Gegenstück zur Гуторка ist im gleichen Bande (18) ein Gespräch des Herrn mit dem Bauern (Разговор пана з мужыком) nach der Bauernbefreiung veröffentlicht. Nachdem der Gutsbesitzer sich mit Stepan begrüßt hat, bittet er, daß dessen Dorota gegen Kost und Lohn zur Arbeit kommen möge. Stepan antwortet aber stolz: schon hätten die Bauern das Brot des Herrn satt bekommen, als der Herr sie quälte:

Ужо панскі хлѣб дакучыў,
Як пан нас добро мучыў:
Дбобро паны гандлявалі,
Слўгі на сабакі меняли.

Ihrem Inhalt nach sind Гуторка und Разговор interessant als Charakteristik der damaligen sozialen Verhältnisse in Weißrußland. Ihre Form ist aber recht schwerfällig und für mündliche Überlieferung ungeeignet, da die syllabischen gereimten Verse sehr lang (13 Silben) und schleppend sind; daher findet man solche Dichtungen heute nur noch in Handschriften und dazu noch in starker Verstümmelung vor.

6. Anonyme Kunstdichtungen.

Nach Unterdrückung des polnischen Aufstandes, der sich auch über Westrußland ausgedehnt hatte, hörte man zeitweilig auf, weißrussisch zu schreiben. Aus Furcht, von der Regierung politischer Unzuverlässigkeit und polnischer Gesinnung verdächtigt zu werden, veröffentlichten die adligen Schriftsteller (Nationalpolen oder sogar weißrussische Katholiken) ihre Werke nicht mehr in weißrussischer Sprache, hauptsächlich, weil die wenigsten von ihnen sich entschlossen hätten, in russischer Orthographie zu schreiben, die polnische aber war damals in Weißrußland verboten. Es schien, als ob die weißrussische Literatur unterbunden sei und die weißrussische Schrift zum Aussterben verurteilt.

Aber auch diesmal, wie bereits im 17. und 18. Jahrh., kam die Rettung aus den unteren Schichten: die Tradition der weißrussischen Literatur lebte fort in der Volksdichtung, die damals mit besonderem Eifer von den Volkskundlern gesammelt wurde. Für die Erhaltung der literarischen Überlieferung sorgten Bauern, Kleinbürger, Dorfschullehrer und Geistlichkeit. In mündlicher Überlieferung und handschriftlichen Aufzeichnungen bewahrten sie verschiedene, das Volksleben schildernde Kunstdichtungen und Reste des Schuldramas aus der Zeit der Leibeigenschaft.

Einige dieser Gedichte geistlichen Inhalts (вирши und канты) gehen auf das 18. Jahrh. zurück und weisen verschiedene Reminiszenzen wie auch Reste des geistlichen Kirchengesangs auf. Sie wurden bei Gratulationen vorgetragen. Gedichtet wurden sie zum größten Teil von wandernden Schülern (бурсаки) und Seminaristen, die diese Tätigkeit auch später im Leben als Schreiber, Dorfschullehrer und Unterbeamte fortsetzten. Hieraus erklären sich auch die vielen kirchenslavischen Elemente dieser Dichtungen. Wir besitzen aber auch Glückwunschgedichte, in denen das weißrussische Element überwiegt. So z. B. Старый Восип бородатый und Химка з Ганкою дзве маладзицы, die bei Rypiński (Białoruś) zu einem Gedicht vereinigt sind und den Jesuiten zugeschrieben werden; Nosovič hat sie auch aus dem

Volksmunde aufgezeichnet (Зап. V 70). Hierher gehört ferner das Glückwunschgedicht anläßlich des Osterfestes (Зап. V 86—89), das wohl die Umarbeitung eines Kleinrussischen darstellt. Es beginnt mit einer Schilderung der Leiden der Gottesmutter am Grabe des Heilands:

Пречистая середь ночи Плачучи на гроб Христов,
Пусцилася со всей мочи На Голгофу меж кустов.

Humorvoll wird dann erzählt, wie Christus zur Hölle herabfuhr, die gerechten Seelen von dort wegführte und wie der weise Salomo sie unter dem Läuten der Paradiesglocken versammelte, wo sie von Gott mit goldenen Ostereiern beschenkt und zum Osterschmaus geladen wurden, worauf ein allgemeiner Reigentanz stattfand und der Ruhm des Herrn verkündet wurde:

Сам Бог яйцами златыми Тут и бабки, тут и внучки,
Похристосавався з усими, Вси побралися за ручки,
Разгавевся святый мир Пошли в вечный корогод.
И почався вечный пир . . . Слава Богу в род и род!

(Vgl. Verf. Белорусы III 3, S. 99—103).

Eine besondere Gattung bilden die anonymen Gedichte, die das Bauernleben mit seinen hauptsächlichsten Schattenseiten schildern, besonders Trunksucht, kriecherisches Verhalten zu den Reichen und Nichtachtung der Armen, häusliche Streitigkeiten usw. Solcher Gedichte gibt es sehr viele. Einige davon sind auch in die Sammlungen von Volksdichtungen aufgenommen worden, so z. B. das 1848 Nosovič vom uniierten Geistlichen Bočko gelieferte (Зап. V 126—133). Es ist darin von Menschen die Rede, die egoistisch nur ihren eigenen Lüsten leben und Gott vergessen haben.

Есць таких на свеце много, Себе любюць ўсего боле
Што запомнили на Бога. По своей идуць ўси воле . . .

Solche Leute kennen keine festen sittlichen Normen: die Männer frönen der Vielweiberei, die Frauen gehen mit anderen Männern um:

Мужи по дзве жонки маюць, Жонки других мужикоў.

Freundschaft und Brüderlichkeit sind ihnen fremd; die Armen werden von ihnen verachtet. Nur der Reiche ist ihnen willkommen:

Хто без грошей и без хлеба, А коли да хто богат,
Тых людзей и нам не треба: Кажному и сват и брат.

Im Stil erinnert dieses Gedicht mitunter an die Travestie der Äneide, z. B. die Schilderung der menschlichen Schlechtigkeit:

Злы, завистливы, суцяги,
Пьяницы альбо плуцяги,
Непокорны, драчуны,
Сквапные до чужбины . . .

In dieser Art sind auch viele andere Gedichte, die den Titel: „поучения“, „гуторки“, рассказы“ u. ä. tragen oder ihrem Inhalte nach „Сироцинка“, „Горький пьяница“, „Лаврия“. „Правда“ usw. heißen; ferner gibt es gereimte Anekdoten, z. B. von Ded Tomaš und der Baba Kulina, oder die

Schilderung, wie der Bauer ins Theater geht. Sie alle liefern ein sehr wertvolles volkskundliches Material und sind auch mitunter literarisch beachtenswert. (Vgl. Näheres bei Verf. Белорусы III 3, S. 103—116.)

Am wertvollsten sind unter den anonymen Dichtungen zweifellos die Weihnachts- oder Krippenspiele. Zu Anfang des 19. Jahrh. hatten sie einen starken Aufschwung genommen; heute aber befinden sie sich infolge ungünstiger Umstände im Niedergange. Diese Spiele sind im Westen aufgekommen und dann über Polen auch nach Weißrußland gedrungen. Ursprünglich waren sie streng religiös gehalten, aber mit der Zeit tauchen in ihnen, wie auch in den Intermedien und Interludien des Schuldramas, im Volkston gehaltene Szenen mit humoristischen Zügen auf. Jetzt ist in diesen Spielen („бетлейки"), die von den Scholaren allmählich in kleinbürgerliche und sogar in Bauernkreise getragen wurden, das religiöse Element vollständig in den Hintergrund getreten; Spuren davon sind nur in einigen Szenen, wie überhaupt in der Aufstellung der Krippe erhalten; dafür überwiegen Szenen aus dem Volksleben. Auf diese Weise zerfallen die Spiele in zwei Teile: den ernsten, in dessen Mittelpunkt hauptsächlich König Herodes steht und den scherzhaften, mit verschiedenen Szenen aus dem Volksleben. Im ersten Teile kommt meist der „Zar Herodes", seltener „Zar Maximilian" vor. Ihrer Entstehung nach sind sie nicht weißrussisch, auch sind sie nicht in reinem Weißrussisch abgefaßt. Sie waren es auch nicht, die den Zuschauern der Krippenspiele besonders gefielen, viel anziehender und unterhaltsamer waren für die letzteren die humoristischen Szenen aus dem Volksleben. Einige davon weisen Berührungspunkte mit „Herodes" und der Geburt Christi auf, bei anderen fehlen auch diese. Es kommen darin vor: der Jude, der Teufel, die Herodias, ein Bauer Maciej und ein Doktor, ein Bauer mit seinem Sohne Maksim, ein Makar, Anton mit der Ziege, Gaukler mit Bären, Zauberinnen, der Kaufmann Vol'skij, ein Kosak, zwei Ritter oder Alexander von Makedonien und Porus aus Indien, ein Bernhardiner Mönch usw. Als Probe führe ich die Szene „Мацей и доктар" an; der angeheiterte Macej kommt zum Arzt, um seinen Kater loszuwerden:

А ей, а ей, ах, ах, ах!
Ах, Маѐж вы людкòве:
Быў я ў суседа Ігнася на куцì,
Так ніяк ні м^{у}ог да хаты дайці.
Што мая Марыся ні рабіла,
Да-й гаршчок на пупі станавіла,
Да-й тое ні памагло,
Ешчэ г^{у}орш прылегло!
Парадзілі мне галясу, купервасу,
Да-й бурачнаго квасу,
Да-й моху, чэртополоху,
Чабрў, жабрў, гароху,
Да-й ешчэ нечагось троху . . .
Трэйчы піў, ні памагло.

(Federowski L. B. III 163.)

Wie der Arzt von der Krankheit des Bauern erfährt, schlägt er ihm zur Heilung mit einem Stock auf den Bauch.

Verfasser der Krippenspiele und Szenen aus dem Volksleben waren ungeschulte Leute, die die wichtigsten Ereignisse aus der biblischen Geschichte nur von Hörensagen kannten und teilweise mit den Wanderdramen und Motiven wandernder Erzählungen vertraut waren. Sie standen auch dem Leben des niederen weißrussischen Adels und der Kaufleute nahe. Mit der Zeit wurden diese in Volkskreisen aufgeführten Stücke den Volksdichtungen immer ähnlicher, so daß es nun häufig schwer ist, die Grenze zwischen Kunst- und Volksdichtung zu finden.

Literatur: Šejn Материалы III 144—154, Romanov Белорусские тексты вертепного действа, Mohilev 1898, bieten Textausgaben; untersucht wurde dieses Gebiet von P. Morozov Очерки из истории русск. драмы XVII—XVIII в. ЖМНПр. 1888; V. Peretz Кукольный театр на Руси, Petersburg 1895 (= Ежегодник И. Театров 1894—95); R. Volkov Народная драма Царь-Максимилиан (РФВ. LXVIII); S. Malewicz Betleem na Bialej Rusi (Lud XXII 129—137); Verf. Белорусы III 3, S. 116—129, daselbst auch genauere Literaturangaben.

III. Neue weißrussische literarische Versuche Ende des 19. Jahrh.

Die Ereignisse der 60er Jahre lenkten die Aufmerksamkeit der russischen Regierung und Gesellschaft auf denjenigen russischen Stamm, dessen Gebiet mehr ohne sein Zutun teilweise zum Schauplatz der Revolution geworden war. Schriftsteller und Gelehrte, besonders Volkskundler, begannen sich um die Klarlegung des ethnographischen Bestandes in dem Westgebiet zu bemühen. Man begann weißrussische Volksdichtungen zu sammeln und zu veröffentlichen. Aus dieser Zeit stammen auch die besten Sammelwerke dieser Art, wie z. B. diejenigen von Hiltebrandt, Dmitrijev, Bezsonov, Nosovič, Šejn, Demboveckij, Radčenko, Romanov u. a. Das zur Zeit des Verbotes, in weißrussischer Sprache zu drucken, in großen Mengen gesammelte Material übertraf an Umfang und Inhalt bei weitem das in der ersten Hälfte des 19. Jahrh. von weißrussischen Schriftstellern veröffentlichte und regte diejenigen, die sich für Volkstum und Sprache der Weißrussen interessierten, zu tiefergehenden Untersuchungen an: hier fand man gute Schilderungen des Volkslebens und konnte auf dieser Grundlage mit den Bedürfnissen des Volkes, seinen Bestrebungen und seiner Sprache bekannt werden. Dieser literarische Reichtum weckte auch das Interesse für die alten weißrussischen Sprachdenkmäler. Schließlich begannen in einigen Provinzzeitungen, z. B. dem Минский листок (1889), in den damals noch in Moskau gedruckten Kalendern von M. (Dovnar-)Zapols'kij für die Jahre 1889 und 1890, sowie auch im Северо-западный календарь von A. Słupskij für 1892 und 1893 neben literarischem, gemeinrussischem Material auch Proben in weißrussischer Sprache zu erscheinen in Form von einzelnen kurzen, harmlosen Gedichten. Diese erneuten Versuche stießen nicht auf den Widerstand der Regierung. Es war klar, daß das Verbot, in weißrussischer Sprache zu drucken, an Bedeutung einbüßte. Wiederum traten einige volkstümliche Schriftsteller aus der örtlichen Intelligenz mit weißrussischen Werken hervor, um aufklärend und erziehend zu wirken. Unter ihnen gab es auch solche, die die Tradition der früheren Schriftsteller weiter fortführten (A. Jelski); ihrem Vorgange folgten bald andere aus dem Volk oder aus Kreisen, die dem Volke nahestanden. Anfangs in russischer Sprache schreibend, durchsetzten sie ihre Werke mit einer Menge von weißrussischen Wörtern und Wendungen, bis sie schließlich ganz auf die Volkssprache übergingen (A. Pščołko). Damals erschienen auch einige Werke von Bauerndichtern, die durch das allgemeine volkskundliche Interesse jener Zeit angeregt, sich schriftstellerisch zu betätigen begonnen hatten (M. Kosič).

Alle diese Schriftsteller stehen an der Grenze zwischen der neuen und neuesten weißrussischen Literaturperiode. Obgleich einige von ihnen der letzteren nahe kommen, so fallen sie doch nicht ganz unter diese. Auf drei von ihnen soll hier etwas näher eingegangen werden.

Alexander Jelski hatte während des 25 jährigen Stillstands in der weißrussischen Literatur die Traditionen von Dunin-Marcinkevič bewahrt und versuchte sie nun, teilweise in veralteter, von romantischer Begeisterung für das Volkstum getragener Form, der wiedererwachenden Literatur zu übermitteln. Als katholischer Weißrusse, Gutsbesitzer aus der Minsker Gegend (gest. 1916), war er von aufrichtiger Liebe für alles Weißrussische beseelt, nicht nur für das Dorfleben, sondern auch für die alte weißrussische Literatur; er war ständig um die geistige und moralische Entwicklung und das Wohlergehen des einfachen Volkes bemüht. Aus diesem Grunde veröffentlichte er populäre weißrussische Broschüren in Prosa und in Versen, übersetzte wertvolle Werke der polnischen Literatur und ließ sie sogar teilweise drucken. Sein Erstlingswerk war eine Übertragung von Pan Tadeusz (Lemberg 1892). Nachdem er im Vorwort (pradmowa) einige Worte über Mickiewicz und die in Vergessenheit geratene Übertragung des Pan Tadeusz von Dunin-Marcinkevič gesagt, wendet er sich an die weißrussischen Leser mit der Aufforderung, von ganzem Herzen ihre vernachlässigte, heilige Muttersprache zu lieben, die einst auch von den Landesfürsten und ihren Würdenträgern gesprochen worden sei: „Czytaja ‚Pana Tadeusza‘, darahije Biełarusy, palubiciaž ŭsim sercam swaju rodnaju, zaniadbanaju, swiatuju biełaruskaju mowu, katoraja z pradwieku nia tolka była waszaju u siołach, no jej užywali samyje daŭniejszyje manarchi kraja i ich wialmožy.“

Die Übersetzung von Jelski ist entschieden flüssiger geschrieben als diejenige von Dunin-Marcinkevič. Als Beispiel führe ich den Anfang an:

Litwa! maja Ajczyzna! ty zdaroŭju roŭna!
Takwiela toj ciabiê acenić, chto, pażyŭszy poŭna,
Ciabiê utraciŭ! Ciapier krasŭ twaju ja lepiaj znaju
I apiszu, bo ciažka pa tabiê skuczaju.

Von seinen populären Broschüren nenne ich Сынок, Petersburg 1895. Sie behandelt das Thema: Verwöhnte Kinder gedeihen nicht gut (Аляж уласня бацькоў пящоты псуюць дужа дзяцей цноты). Gegen das leichtsinnige Bestreben, eines besseren Verdienstes wegen in die Fremde zu ziehen, wendet sich die Prosa-Broschüre Выбираймася у прочки (Petersburg 1896); zu erwähnen wäre ferner „ein Wort über den verfluchten Branntwein“ — Слова аб праклятай гарэлцы (Petersburg 1900) und die Schrift von „Land und Freiheit für das Landvolk“ — Hutarka ab tom, jakaja maja być ‚Ziamla i Wola‘ sielskamu narodu (Wilna 1906).

An dieser Stelle muß auch die Tätigkeit eines anderen Volksfreundes, der Marie Kosič, Erwähnung finden, deren Namen eng mit der volkskundlichen Erforschung des Černigover Gouvernements, soweit es weißrussisch ist, verknüpft ist. An Kunstdichtungen stammen von ihr: На пиресяленьня (Černigov 1903). Sie behandelt darin den Zug der Auswanderer nach Sibirien. Zweifellos zeigt sich in diesem Gedicht ein guter Gedanke (man solle sich nicht unnütz von der heimischen Scholle trennen und in ferne Länder ziehen); zu wünschen übrig läßt aber der Stil und die Verstechnik. Die gleichen Mängel finden sich auch in der Übersetzung einiger Krylovscher Fabeln ins Weißrussische von M. Kosič: Переложение некоторых басен Крылова на белорусское наречие (Černigov 1903).

Eine Sonderstellung nimmt unter den weißrussischen Schriftstellern der Übergangszeit Alexander Pščoɫko ein. Er gehörte auch zu den unter den weißrussischen Schriftstellern wenig zahlreichen „Volksfreunden“ (народники), kannte Leben und Sprache der Bauern gut und war bemüht, seine Kenntnisse und Beobachtungen auch andern zu übermitteln. Die Narodniki unter den Weißrussen schrieben hauptsächlich in russischer Schriftsprache, da sie der Ansicht waren, daß dadurch ihre Werke eher ihr Ziel erreichen würden: das Interesse der Intelligenz für den vergessenen und geknechteten, aber in volkskundlicher und historischer Beziehung beachtenswerten weißrussischen Volksstamm zu wecken. Pščoɫko entstammte einem Vitebsker Dorf, wo er auch mit seiner vielseitigen Tätigkeit begann. Seine Begabung liegt ausschließlich auf humoristischem Gebiet. Infolgedessen schildert er das weißrussische Dorfleben, gleich Gogol' „mit einem sichtbaren Lachen und unsichtbaren Tränen“.

Die meisten seiner Erzählungen sind in den Витебские Губернские Ведомости erschienen und wurden darauf teilweise in den Sammlungen Очерки из жизни белорусской деревни (Vitebsk 1899), Белорусские рассказы (ib. 1901), Янкина жалоба (ib. 1902), Пилипово веселье (ib. 1901) u. a. vereinigt. Für uns sind besonders wichtig jene Skizzen und Erzählungen von Pščoɫko, die weißrussisch oder vorwiegend weißrussisch geschrieben sind, so z. B. Свидетель (der Zeuge), das die Aussagen eines Weißrussen vor Gericht in Monologform enthält. Der Verfasser zeigt hier viel Verständnis für das innere Leben des weißrussischen Dorfbewohners mit seiner Weitläufigkeit und seinem Unvermögen, Nebensächliches von Wesentlichem zu unterscheiden. Gut ist auch: В губерню с бумагой (Nach der Gouvernementsstadt mit einem Schreiben) — eine prächtige Schilderung eines unwissenden Weißrussen, dem alles in der Stadt seltsam und interessant erscheint. Eine dritte Erzählung У тиятри (im Theater) schildert einen weißrussischen Bauern im Theater, eine Szene in der Art der Gorbunovschen Erzählungen; noch witziger ist endlich sein Панское игрище (Herrenscherz); wo ein junger Gutsbesitzer einen in ein herrschaftliches Gewand gekleideten Bauern zu einem Ball in den Klub mitnimmt: Hier macht sich der Bauer in geistreicher Weise über die Herren lustig. In dieser Art gibt es noch viele andere Erzählungen von Pščołko.

IV. Die neueste weißrussische Literatur.

1. Allgemeiner Überblick.

Die neueste weißrussische Literatur steht in engstem Zusammenhang mit der sogenannten weißrussischen Bewegung. Seit Mitte der 80er Jahre des 19. Jahrh. begann diese sich allmählich vorzubereiten, nahm in den 90er Jahren einen bedeutenden Aufschwung, trat aber deutlich erst Anfang des 20. Jahrh. hervor.

Entscheidend war für die weißrussische Bewegung das 1891 in Krakau veröffentlichte kleine Buch von Maciej Buračok (Pseudonym Francišek Bohuševič) „Dudka Biełaruskaja". Es ist eine Sammlung weißrussischer Kunstdichtungen. Im Vorwort handelt der Verfasser über die Bedeutung des Weißrussischen und seine Stellung unter den anderen slavischen und nichtslavischen Sprachen. Es heißt dort: Unsere Sprache ist eine ebensolche menschliche Sprache und Herrensprache wie Französisch, Deutsch oder irgendeine andere. (Mowa naszaja jość takaja ludskaja i panskaja, jak i francuskaja, albo niamieckaja, albo inszaja jakaja.) Vor allen Dingen müsse man seine eigene Sprache kennen. Es habe viele Völker gegeben, die zuerst ihre Sprache einbüßten und dann selbst untergingen: (Szmat było takich narodau, szto stracili napiersz mowu swaju ..., a potym i zusim zamiorli.) Solche Gedanken sind sicher richtig, aber bei Bohuševič bezweckt ihre Hervorhebung eine Loslösung der Weißrussen von den Großrussen und sät Zwietracht unter die russischen Stämme. Anfang des 20. Jahrh. war die Biełaruskaja dudka unter all denjenigen verbreitet, die sich für die Stärkung des weißrussischen Nationalbewußtseins interessierten. In den damals im Entstehen begriffenen weißrussischen Gesellschaftskreisen wurde die Ansicht vertreten, daß die Entwicklung des weißrussischen Menschen und Bürgers unlöslich verbunden sei mit der Entwicklung des weißrussischen Volkstums. Es bildeten sich Gruppen, hauptsächlich in Petersburg, die diese Aufgabe in verschiedener Richtung zu lösen bestrebt waren. Die einen verfolgten nur aufklärende und literarische Ziele, die anderen dagegen strebten die Vorbereitung einer sozialen und politischen Revolution an. Von all diesen Gruppen wurden anfangs verbotene, dann aber auch erlaubte Broschüren und Proklamationen, späterhin auch literarische Werke veröffentlicht. Auf die illegalen Organisationen und Ausgaben soll hier nicht eingegangen werden. Das erste gesetzliche Organ, um das sich die ständig wachsende weißrussische Bewegung gruppieren konnte, war die in Wilna am 1. Sept. 1906 erstmalig erschienene Zeitung Наша Доля. Sie kam jedoch nur in 6 Nummern heraus, da sie nicht in Ruhe ihre Ideen entwickeln konnte, sondern sich der revolutionär-separatistischen Richtung anschloß; aus diesem Grunde wurde sie verboten. An ihre Stelle trat seit

November 1906 die Zeitung Наша Hiва in Wilna, die bis 1915 bestand. Das ansprechende Programm dieser Publikation, dem ganzen zurückgesetzten weißrussischen Volk zu dienen (служыць усему беларускому скрыўджэнаму народу), sein Selbstbewußtsein zu wecken, ohne die einen Volksstämme Westrußlands gegen die anderen aufzuhetzen, trug dazu bei, daß sie das Organ der besten Kräfte der weißrussischen Bewegung wurde. Dort wurden Aufsätze über verschiedene Fragen aus dem Leben des weißrussischen Bauern und der mittleren Intelligenz gedruckt, dort erschienen auch Novellen, Erzählungen und Gedichte neuer weißrussischer Schriftsteller, die jedoch ihre Namen meist unter verschiedenen Pseudonymen verbargen. Der Verlag Наша Hiва veröffentlichte auch einige Einzelausgaben.

Ausschließlich aufklärende und literarische Aufgaben verfolgte die 1906 in Petersburg gegründete weißrussische Verlagsgesellschaft: „Загляне сонцэ i ў нашэ ваконцэ“ (Auch in unser Fenster soll die Sonne scheinen). Sie beabsichtigte, weißrussische Editionen herauszubringen und zu verbreiten, sowie alles zu fördern, was zum weißrussischen Leben in Beziehung steht: „выдаваць i шырыць выданьня беларускіе i усё, што стыкаецца з жыцьцём Беларусі.“ Für ihre Ausgaben mit russischen Typen arbeitete sie eine besondere Orthographie aus, die später von der ganzen weißrussischen Presse angenommen wurde (Weglassung von ъ und ѣ, Ersatz des и durch і, ferner щ durch шч). In ihren Ausgaben mit lateinischen Typen führte sie ž, š, č für polnisch ż, sz, cz ein. Dieser Gesellschaft verdanken wir die besten Ausgaben der älteren weißrussischen Schriftsteller und Dichter: sieben Lieferungen der Biełaruskije Pieśniary; sie hat auch einige Werke der neuesten Schriftsteller herausgegeben und vielfach Autoren unterstützt.

Die im März 1917 erfolgte große russische Revolution gab den Weißrussen, wie auch den anderen Volksstämmen Rußlands die Möglichkeit, sich über ihre Bedürfnisse zu äußern und ihr nationales Leben frei zu gestalten. Auch dieses trug zur Entwicklung der verschiedensten Literaturgattungen bei.

Über die weißrussische Bewegung und die Entwicklung der (seitens der Regierung erlaubten und verbotenen) weißrussischen Literatur ist bisher viel geschrieben worden (vgl. Verf. Белорусы III 3, S. 151—174), besonders eingehend wird aber darüber gehandelt bei I. Sv'atyc'kyj Відроженє білоруського пісьменьства (Lemberg 1908); I. Kraskovs'kyj На порозі нового життя (Літературно-науковий вістник, Kiew, Bd. 70, 1918); E. Kančer Белорусский вопрос, Petersburg 1919; F. Turuk Белорусское движение, Moskau 1921. Sowohl die allgemeinen wie auch die speziell weißrussischen Ursachen der Entstehung der weißrussischen Bewegung sind in diesen Werken dargelegt. Bis zu einem gewissen Grade haben sie auch in der Literatur ihren Niederschlag gefunden; ein näheres Eingehen darauf ist aber Sache des Kulturhistorikers.

Der erste Anstoß zur weißrussischen Bewegung ging von Persönlichkeiten aus, die zum größten Teil nicht nationale Weißrussen, sondern im polnischen Geiste, Milieu und den Traditionen des alten Adels auferzogen waren. Einige von ihnen hatten sogar unter dem polnischen Aufstande gelitten. Es läßt sich nicht leugnen, daß sie, aus Weißrußland gebürtig, aufrichtig ihre Heimat liebten und ihr Freiheit und Gedeihen wünschten; sie waren aber durch ihre Erziehung befangen und stützten sich hauptsächlich auf die katholischen und hartnäckig bei der Union verbleibenden Weißrussen, ohne zu beachten, daß diese ja weniger als ein Fünftel der ganzen weißrussischen Bevölkerung ausmachten; so erschien ihnen häufig als negativ, was der griechisch-katholischen Mehrheit als positiv galt. Diese Einstellung der Begründer der weißrussischen Bewegung hatte zur Folge, daß ihre Werke von der Regierung verdächtigt wurden und die weißrussische Intelligenz zum Teil selbst diese Schriften nur mit Vorsicht, und nicht ohne Vorurteil las. Häufig glaubte sie auch Gefahren zu sehen, wo es tatsächlich solche nicht gab. Glücklicherweise waren die ersten Führer der Bewegung, F. Bohuševič und I. Nesłuchoŭski, sehr befähigte und überzeugungstreue Schriftsteller, so daß sie nicht übersehen werden konnten. Die Führer der späteren weißrussischen Bewegung, besonders zur Zeit der polnischen Okkupation von Weißrußland, konnten sich leider nicht unparteiisch und objektiv zu ihrer Aufgabe stellen. Durch ihren Chauvinismus wirkten sie abstoßend auf die griechisch-katholische Mehrheit und brachten Unfrieden in die ethnische Einheit.

Die Gebundenheit der ersten weißrussischen Schriftsteller zur Zeit der Wiedergeburt an die polnische Sprache und Literatur übte, wie weiter unten dargelegt werden soll, teilweise einen negativen Einfluß auf die Gestaltung der weißrussischen Schriftsprache aus, um so mehr, da die späteren Schriftsteller sich veranlaßt fühlten, ihren befähigten Lehrern auch in sprachlicher Hinsicht nachzueifern. Hieraus erklärt sich die Übernahme polnischer Wörter für im Weißrussischen unbekannte Gegenstände und Begriffe, besonders für die Abstrakta; es wäre vielleicht einfacher gewesen, solche Ausdrücke dem Gemeinrussischen zu entnehmen. Aus dem gleichen Grunde findet man auch heute noch häufig das syllabische Versmaß an Stelle des fürs Weißrussische geeigneteren tonischen Verses mit freiem Akzent.

Auf Inhalt und Charakter der literarischen Erzeugnisse aus der hier behandelten Zeit übte auch der Umstand einen starken Einfluß aus, daß die wichtigsten damaligen Schriftsteller dem einfachen Volke entstammten (Bauern, Arbeitern und dem unteren Adel). Niemand war geeigneter als sie, die ihnen von Jugend auf vertraute weißrussische Natur und jenes unkomplizierte, aber sorgenreiche Leben zu schildern, dessen Wirkung sie an sich selbst erfahren hatten. Vom gemeinliterarischen Standpunkt aus sind aber diese besonderen Bedingungen auch von merklichen Nachteilen begleitet. Diese Dichtung ist wie das darin geschilderte Leben höchst primitiv; sie ist einförmig wie die weißrussische Natur und behandelt keine tieferen Probleme. Ihr fehlen die verfeinerten Stimmungen der großen Literaturen. Hier bleibt noch viel zu tun übrig zur Ausprägung einer originellen nationalen Literatur. Die von den alten Schriftstellern aus der ersten Hälfte des 19. Jahrh. ererbte Empfindsamkeit zeigt sich stellenweise auch heute noch. Eine gewisse Maßlosigkeit und Übertreibung zeigt sich auch in der Schilderung guter und schlechter Charaktereigenschaften.

Als Nachteil der heutigen weißrussischen Literatur muß vielleicht auch die allzu große Vorliebe für den Vers angesehen werden, ein Mangel, der sich wohl auch sonst in neu entstehenden Literaturen beobachten läßt. Für die Ausarbeitung der Schriftsprache wäre wohl eine gute Prosa geeigneter.

Literatur. W. Żukowski Polacy i białorusini (Wilna 1907). A. Pogodin Белорусские поэты. (Вестник Европы 1911 янв.). A. Novina. (A. Łuckiewicz) Белорусы (aus Формы национального движения в современных государствах. Спб. 1909). W. Węgnerowicz Młoda Białoruś (Świat Słowiański 1912 styczeń, luty). L. Wasilewski Litwa i Białoruś (Krakau S. A.). A C'vikevič Адраджэньне Беларусі і Польшча (Berlin 1921). V. Ihnatoŭski Каротки нарыс нацыянальна-культурнага адраджэньня Беларусі (Minsk 1921). Slovanský Přehled 1914—1924, S. 55f.

Nach diesen allgemeinen Bemerkungen soll auf die wichtigsten weißrussischen Schriftsteller und Dichter der letzten Zeit in der Reihenfolge des Erscheinens ihrer Werke eingegangen werden.

2. Francišek Bohuševič.

F. Bohuševič (Pseudonym Maciej Buračok, Szymon Rewka) entstammte dem Ošm'aner Adel des Wilnaer Gouvernements. Er wurde 1840 geboren und starb 1900, studierte Mathematik und Jura und nahm am polnischen Aufstand von 1863 teil. Seine wichtigsten Werke sind weißrussisch geschrieben: Dudka biełaruskaja, Krakau 1891, und Smyk biełaruski, Posen 1894.

In seinen ersten Gedichten, in der „Dudka" und im „Smyk" äußert er sich über die Aufgaben seines dichterischen Schaffens. Nicht nur in den Herzen seiner Leser will er eine tiefe Spur von seinen Dichtungen zurücklassen, er will auch durch sie auf die seelenlose Natur seine Wirkung ausüben. Diesem Vorsatz entspricht die Wirkung jedenfalls nicht. Bereits 40 Jahre betätigt er sich als Dichter, kann aber doch nicht jene Töne finden, die ihm volle Freiheit und Glück geben. Es wiegen daher bei ihm traurige Motive vor. Bohuševič' Dichtung erinnert durchaus nicht an diejenige seiner Vorläufer, die in der idyllischen Stille des weißrussischen Lebens Versöhnung mit der Wirklichkeit und eine Rechtfertigung jenes Druckes suchten, den anfangs die Gutsherren auf ihre Leibeigenen, später die Regierung auf das Volk ausübte. Obgleich Bohuševič mitunter übertreibt, so bietet er doch realistische Schilderungen des Lebens und der Natur in Weißrußland und kennt ausgezeichnet den weißrussischen Bauer und seine Sorgen.

Besonders anschaulich schildert er die Rechtlosigkeit und die Erniedrigungen, denen der russische Bauer infolge seiner Unbildung ausgesetzt ist.

Wieś świet każyć, bjeć u zwona:
„Durny mużyk, jak warona" . . .
Da nawuki jon nia braŭsia,
Zakasiŭsia, zaaraŭsia;
Durniam umre, jak radziŭsia,
Sam saboj durnym zrabiŭsia.

Das ganze Leben lang arbeitet der Bauer und hungert trotzdem, da das Brot nicht länger als bis Weihnachten reicht.

Die große Armut des Bauern im Gegensatz zum Reichtum der Herren wird behandelt im Gedicht: „Gott teilt nicht gleichmäßig“ (Boh nia roŭna dziele). Zerlumpt und schmutzig wird hier der Bauer geschildert „wieś jak reszata świecitca, adny łaty, adzin brud“ ... Seine Hütte ist verfallen, der Wind pfeift durch ihre Wände. Zudem muß er seine Kuh, seine Schweine und das Geflügel auch in seiner Hütte unterbringen: „u ścianie dziury, wiecier chodzie, dym i śnieh; tut karowa, świnie, kury“ ... Kärglich ist auch seine Kost: „chleb żuje z miakinkaj, chlopcze kwas dy labiadu, razam żywieć z świnkaj, z kaniom razam pjeć wadu“ ... Gut ist auch die folgende Schilderung der verfallenen Bauernhütte, die einzustürzen droht:

A kiń wokam na chatu maju:
I ciacze, i hnije, i krywaja,
U siaradzinie hnoj, i staić na hnaju,
I dziŭlusia ja sam — jak trywaję.

Trotz dieser äußersten Armut ist der Bauer mit seinem Los zufrieden.

Viel hat der Weißrusse auch unter seiner Rechtlosigkeit und der Willkür der Richter zu leiden. Auch hier trägt seine Unbildung viel zu einer Verschlechterung seiner Lage bei. Nach Ansicht des Volkes ist die Wahrheit aus der Welt gewichen. Selbst das Kreisgericht befriedigt den Bauern nicht infolge der vielen Formalitäten und seiner scheinbaren Härte. Der Staatsanwalt erscheint ihm als ein grausamer Mensch, der rücksichtslos Opfer fordert:

Na Panturku ż zirknie, — jak skacina rawie:
„Winawat, winawat, niechaj placie kaznie,
I ŭ turmu, i ŭ Sibir!“ i jeszcze kudyś pchnie ...
Hawaryŭ, hawaryŭ, ażno pić zachacieŭ,
Tak jak bulbu Piatra pasaliŭszy dy zjeŭ.

Die Dummheit des Weißrussen bietet einem jeden energischeren Menschen die Möglichkeit, ihn auszunutzen; in dieser Beziehung klagt Bohuševič besonders die Juden an. Im allgemeinen behandelt aber der Weißrusse den Juden vorurteilsfrei, ja, hegt sogar eine gewisse Zuneigung zu ihm.

Die schwere Lage des Weißrussen treibt ihn oft bis zur Verzweiflung. Herr! wozu bin ich geboren! („Oj Bożeż moj, Boże, nasztoż ja radziŭsia!“) ruft er aus. Wozu habe ich denn eine Zunge, wenn ich nicht die Wahrheit sagen darf? Habe ich denn die Augen nur empfangen, um Tag und Nacht hindurch zu weinen? (Kab buło czym płakać i u dzień i u noczy); die Ohren, um nur Schlechtes zu hören?

Oj ci nia na hetaż, kab czuć jak zwiakajuć
Łańcuhi na ludcach, szto z chat uciakajuć.
Nia zdziekujsiaż, Boże, nada mnoj, nad imi:
Parabi usich nas jak kamień hłuchimi!

Und in der Tat verfolgt ihn das Leid (wie es in der Volksdichtung heißt) auf Schritt und Tritt (vgl. „Hora“): er versucht es auf den Boden des Flusses zu versenken, es ins Feuer zu werfen, im Walde an einen Baumstumpf zu binden, in die Erde zu vergraben, es in den Bastschuh zu verstecken oder sogar nach Amerika zu bringen. Und doch hat er vor ihm nirgends Ruhe. Es verfolgt ihn vom Morgen bis zum Abend und wird wohl nur zusammen mit seiner Seele von ihm weichen:

Dyk i tut niama pakoju: Musić Boh jaho z duszoju
Z horam loh i z horam ŭstau; Razam woźmie, razam daŭ.

Trotzalledem liebt der Weißrusse seine Heimat, findet nichts schöner als die weißrussische Natur, ist sogar mit seinem traurigen Los zufrieden und will nicht den Kreis der Seinigen verlassen. In einem Wiegenliede (Kołysanka) sagt z. B. die Mutter zum Kinde: Oh, werde du lieber kein Gutsherr, bleibe das, als was du von deiner Mutter geboren bist, damit ich mein Leben mit dir verlebe, mit dir leide und arbeite:

Oj nia budź ty lepiej panam . . . Kab wiek z taboj wiekawała
Budź czym matańka radziła . . . Harawała, pracowała . . .

Noch ein Ereignis hat in den Dichtungen von Bohuševič einen Niederschlag gefunden: die Entpolonisierung und Entkatholisierung der Weißrussen, die mitunter sogar gewaltsam durchgeführt wurde. Im Gedicht „Chreśbiny Maciuka" (Die Taufe des Maciuk) wird z. B. erzählt, wie der Bauer Maciej, der sich nach weißrussischem Brauche als tutejszy, d. h. als Ortseingesessenen bezeichnet hatte, trotz der Androhung von Strafe nicht Russe zu werden beschloß und es vorzog, sich den Polen anzuschließen. Selbst unter Rutenhieben bleibt er der Union treu: Sein Glaube ist stärker als die Hiebe:

I bjuć — nia balić, choć za serca biare . . .
Jak kryknu heta: „Ej bijcież macniej,
Macniejszy ad wiery waszaj Maciej!"
O takto chryścili mianie kazaki
Z tutejszaho dy ŭ palaki!

Eine allseitige Schilderung des weißrussischen Bauernlebens zu bieten, ist die Hauptaufgabe von Bohuševič' Dichtungen. Natürlich übergeht er dabei auch nicht den Aberglauben und die Volksbräuche. Alles ist so geschildert, wie es vom Volke aufgefaßt wird; häufig begegnet man bei ihm auch Motiven aus der Volksdichtung.

Meistens schildert Bohuševič das Volksleben in ernster Weise. Es finden sich bei ihm aber auch solche Gedichte, die das Leben des Bauern und des Gutsbesitzers humoristisch darstellen. Ein „Lachen unter Tränen" macht sich im neunten Liede des „Smyk" bemerkbar, worin ein sich amüsierender betrunkener Wirt, dessen Wirtschaft ganz verschludert ist, geschildert wird.

Nicht wenig bittere Wahrheiten bekommen bei Bohuševič auch die Gutsherren zu hören, die vor nichts zurückschrecken, um nur Herren zu bleiben, und sich nichts entgehen lassen. Ein guter Humor zeigt sich auch in einem Gedicht des „Smyk", betitelt „Panskaja ihryszcza" von Jurka[1]). Es ist auch mündlich überliefert und in verschiedene Sammlungen anonymer Dichtungen aufgenommen worden; seinen Inhalt bildet die Schilderung eines herrschaft-

[1]) Über den Verfasser dieses Gedichtes ist man sich bisher noch nicht schlüssig. Die einen schreiben es Topčeŭski, die anderen Šemet-Počanskij zu.

lichen Balles, dem ein Bauer zuschaut. Bohuševič äußert darin seine Entrüstung darüber, daß die Gutsherren nach der jüdischen Pfeife tanzen und nicht nur auf Bällen, sondern auch im Leben. Jedoch nicht genug damit, selbst der Bauer ist dafür empfänglich:

I durnyż ty, jak miadzwiedź,
Zdziwawaŭsia i czaho? —
Żyd u dudku swaju dmieć
A pan skacze la jaho.
To nia dziwa, tolki styd!
I nam użo hraje żyd.

Die sonstigen Gedichte des Bohuševič, teils selbständige, teils Übertragungen (wie z. B. die Fabel Swinia i żałudy) sind inhaltlich weniger interessant.

Die Sprache von Bohuševič ist nicht rein: es finden sich darin viele unnütze Polonismen, die leicht durch entsprechende weißrussische Wörter hätten ersetzt werden können (z. B. a skutku nic, wasoła, na wasele, ludźie na łodzie, niawiastka, paszencie, poki, piontym usw.).

Das Versmaß ist gewöhnlich ein tonisches, das gut durchgeführt wird.

3. Ivan Niesłuchoŭski.

Ein jüngerer Zeitgenosse von Bohuševič war der aus Minsk gebürtige I. Niesłuchoŭski mit dem Pseudonym Janka Łučyna (1851—1897). Die kleine Gedichtsammlung von ihm trägt den Titel: Вязанка Янки Лучыны (Petersburg 1903). Einige seiner Gedichte, z. B. „An die Heimat" (Роднoй старонцы) (Kalender des Slupski für das Jahr 1892) sind jedoch darin nicht enthalten.

Die Dichtungen von Niesłuchoŭski sind nur eine Ergänzung zum dichterischen Schaffen von Bohuševič. Freiwillig hat sich Niesłuchoŭski, nach seiner eigenen Aussage, mit dem weißrussischen Volke verbunden („з ім я зліўся з добрай волі") und bemüht sich meist, dem Kummer und Leid des Volkes Ausdruck zu verleihen, wenn seiner Dichtung auch heitere Motive nicht fremd sind. Die düstern Stimmungen sind dennoch bei ihm überwiegend: bei jeder Gelegenheit denkt er an die Mißstände des Volkslebens. Im Gedichte „Was die Vögel erzählten" (Што птушкі казалі) hört er im Singen der verschiedenen Vogelarten Hinweise auf menschliche Laster („лепшы говор дра́чы: дзяры, бяры . . .: die Krähe schreit „кралі, кралі!"). Raub, Diebstahl, Unterdrückung der Schwachen — sind nach ihm die charakteristischen Züge der Gutsbesitzer und der Regierung.

Auch anderswo finden sich nach ihm Schädlinge, die den weißrussischen Bauer aussaugen. Im Gedichte „Der Habicht" (каршу́н) wird dieser Vogel mit dem Aussauger des Dorfes, dem Juden, verglichen. Traurige Gedanken über die freudlose Lebensweise des Bauern bilden den Inhalt des Gedichts „Што думае Янка, вязучы дровы у го́род". Überall ist Feiertag, doch Janka ist in Werktagsstimmung; er hat keine gute Kleidung, die er anlegen könnte, keine Nahrung, weder für sich noch für sein Pferd, nichts, womit er seine vor Frost erstarrten Glieder erwärmen könnte.

Ну! кабыла, чаго стала?!
Чаго стала?! скажеш — цяжка,
Ды й ня надта ж ты і сыта.
А мне ж лёгка? . . . глядзь, сярмяжка
Стара . . . рвана . . . ветрам шыта . . .

Dieses traurige Schicksal bringt Nesłuchoŭski jedoch nicht zur Verzweiflung: er glaubt an eine bessere Zukunft und söhnt sich mit dem Leben aus. Vgl. „Überaus süße Gedanken“ („Надто салодкія думкі“): Glaubt mir, ihr Menschen, sagt er, das Glück wird kommen. Leichter lebt es sich, wenn man seine Gedanken im Himmel sucht:

Верце, людзі: щасце будзе,
Так як пчолкам ў улі! . . .
Так найлепей жыць на свеце
З думкой гдзесь у небе . . .
Ўсюды щасця слыхаць голас,
Брат ня крыўдзіць брата . . .

Die bei den Weißrussen so stark ausgeprägte Heimatliebe findet ihren Ausdruck in den Gedichten „Горсць пшаніцы“ (eine Handvoll Weizen) und „Бусел“ (der Storch). Im ersteren entwickelt der Verfasser den Gedanken, daß nur derjenige ein wahrer Sohn Weißrußlands ist, der kein Land schöner als seine Heimat findet; das zweite handelt von einem Storch, der voll Trauer daran denkt, daß er im Herbst nach Ägypten fliegen muß und zum Abschied noch einmal den Niemen, den See und das Land sehen möchte, wo er geboren wurde, wo er nicht wenige glückliche Tage verlebt hat (щасця знаў дзенькі ня рэдкі).

Ein zielbewußter starker Charakter, wie er unter den Weißrussen häufig zu finden ist, wird in Стары ляснік (Der alte Buschwächter) geschildert. Ein alter Buschwächter will, obgleich er sehr alt ist und der Herr sich weigert, ihm Pulver zu geben, auf jeden Fall einen Bären, der ihm ein Füllen geraubt hat, bestrafen und führt seinen Vorsatz auch aus: der Bär wird von ihm getötet.

In den Gedichten von Nesłuchoŭski werden die allergewöhnlichsten Gefühle, wie z. B. die Liebe zu einem Mädchen in innigster Weise und mit starker seelischer Anteilnahme („Ямщик“) zum Ausdruck gebracht.

Um das Schaffen dieses Dichters richtig würdigen zu können, muß noch das Gedicht: An die Heimat „Роднай старонцы“ erwähnt werden. Nach einer vergleichenden Darstellung der heutigen Lage Weißrußlands äußert der Verfasser seinen Glauben an eine lichtere Zukunft dieses Landes, wenn erst die Bildung zugenommen haben wird:

Сонцэ навукі скрозь хмары цемные
Прагляне ясна над нашай ніваю,
І будуць жыці дзеткі патомные
Добраю доляй — доляй шчасліваю! . . .

Die Sprache Nesłuchoŭskis ist verhältnismäßig rein; in rhythmischer Hinsicht befriedigen aber seine häufig syllabischen Verse nicht.

4. Aloizija Paškevič-Kejris.

Nach ihrer Begabung, allgemeinen Einstellung und auch in ihrem Vers erinnert an Bohuševič stark die im Jahre 1916 verstorbene weißrussische Schriftstellerin A. Paškevič (nach ihrem Gatten Kejris). Sie trat in der Presse unter verschiedenen Pseudonymen (Ciotka, Krapiva, Krapiŭka, Haŭryła z Palacka, Tymczasowy) hervor, in Proklamationen sogar anonym. Aus einer katholischen Bauernfamilie stammend, hat sie die Universität besucht. Ihr gehören an: Скрыпка Беларуская und Хрэст на свабоду (beide s. l. 1906). Einige ihrer Werke sind auch in anderen Ausgaben erschienen.

Im Vorwort zur Скрыпка gesteht sie selbst ein, daß ihr Schaffen von Bohuševič' Дудка beeinflußt sei. Wie dieser bestrebt war, seinen Stimmungen in Дудка und Смык Ausdruck zu verleihen, so versucht sie es in der Скрыпка zu tun: die schönsten Gefühle könne man in Liedern ausdrücken, aber auch Blitze schleudern und Herzen brechen könne man damit:

Ў песьні можна пераліці
Ўсё найлепша, наймілейша.
Ў песьні можна даць перуны,
Песьняй сэрцы рваць на часьці . . .

Im Liede könne alles geschildert werden: die Farbenpracht der Blumen, das Rauschen der goldenen Wiesen, der Sichelklang und Sensenschlag im Sommer, der honigsüße Duft der Weiden und das Wiegenlied. Aber es ist auch möglich, starke Motive wiederzugeben: bis in den Himmel kann die Klage dringen, wenn nur die Saiten fest sind:

То малітвай смык завыў бы,
То вакляўбы на пяруны
То аж ў неба скаргай біў бы,
Толькі крэпкі былі б струны! . . .

A. Paškevič ist vor allen Dingen bestrebt, die ärmliche und einförmige weißrussische Landschaft zu schildern. Sie findet darin aber Bilder und Stimmungen, die eine beruhigende Wirkung auf den Menschen ausüben („Лета"), z. B. das vom Winde bewegte Kornfeld, das sie mit der Braut im Hochzeitskleide vergleicht:

Ніва шуміць каласамі
Жыта спелаго, аўса,
Ўся прыбрана васількамі,
Як дзеўчына да венца.
Вецерок па ёй гуляе,
Клоніць колас да зямлі.
Сонцэ зерне налівае,
Бусл клякочэ на гумні . . .

Die Dichterin vergißt auch nicht die Schönheit des weißrussischen Mädchens zu preisen: Вочы неба, броў чарненька, гарацьшчокі, в губ маліны . . . Доўгі косы венком ўютца, зубы белые сьміютца, стан ценюткі, як былінка" . . . Das Gegenteil davon ist infolge ihrer schweren Arbeit die verheiratete Frau (Наша Ніва 1908 Nr. 2).

Andere Töne entlockt der Leier der Dichterin ihre starke Heimatliebe. Sie erstarkt bei ihr, wie auch bei Bohuševič, besonders, wenn sie in der Fremde fern von der Heimat weilt. „Oh, diese Hütten! Schicke mir, du Schicksal, nur ein Tautröpfchen aus unserem Dorfe, schicke mir nur ein

Stäubchen von dort herüber und ich werde selig sein!" ruft sie in der Fremde aus („На чужой староны"):

Ой да хаткі! кінь мне доля
Хоць расінку з нашай вёскі,
Хоць пылінку, хоць дзве крошкі
Ад палудня маго брата,

Ой як люба родна хата!
Ой як мілы родны край!
Паляцеў бы як у рай.

Immer wieder grübelt sie darüber nach, wie sie der Heimat helfen könnte. Doch der zur Auferweckung des Volkes ausgesandte Wind gibt ihr die traurige Antwort: wohl bin ich dort umhergezogen, wohl habe ich dort umhergeweht und die Hütten zerschlagen, und doch habe ich nicht erreicht, daß das Volk seine Stimme ertönen läßt:

Я там біўся, я там віўся,
Я ім хаты паламаў,

Але усё ж я не дабіўся,
Каб народ свой голас даў! ...

Dieses Beharren ihrer Landsleute im Rückstande raubt aber der Dichterin nicht den Mut; sie ist überzeugt daß die guten Eigenschaften des Bauern ihn zu Kampf und Fortschritt stärken werden („Вера беларуса").

Schließlich ist A. Paškevič auch durch ihre revolutionäre Tätigkeit bekannt; so veröffentlichte sie einige Lieder revolutionären Inhalts und die Sammlung Хрэст на свабоду. Die meisten dieser Gedichte stehen mit dem Aufstand des Jahres 1905 im Zusammenhang. Das weißrussische Leben berühren sie nicht. Eine Charakteristik dieser freudlosen Zeit bietet das Gedicht Небывалые часы (Ungewöhnliche Zeit):

I песьні заціхлі і смеху не відна,
I дзеці старэнькімі сталі.
I ноты весёлы музыкам брацць стыдна;
Радасны струны парвалі.
I хварбы артыстаў смутне рысуюць,
I цені ясны зміраюць.
I віршы паэты з жалем рымуюць,
I сэрцы кроўю сплываюць.

Reine Poesie als bildhafte Lebensschilderung ist hier selten: es ist eher ein gereimter Bericht über die damaligen Ereignisse.

Die Sprache dieser Gedichte ist kraftvoll und volkstümlich. Vgl. z. B.

Бомба трах! Сяргей[1]) у шматы,
Мірскі[2]) бежыць аж да хаты.

Цар у страху, сэнат млее,
Беданосцаў[3]) аж хварэе.

Literatur: A. Novina Naszy pieśniary 58—60. Eug. Chlebcevič Цётка (Полымя 1924 Nr. 3, 136—148).

5. Ivan Łucevič.

Die eigentliche Blütezeit der weißrussischen Literatur beginnt erst nach dem Aufstand von 1905. Damals trat eine ganze Reihe von Männern als

[1]) Der Onkel Nikolaus des Zweiten. [2]) Sv'atopolk-Mirskij der Minister.
[3]) Pobedonoscev Ober-Prokureur der heiligen Synode.

„Wecker“ des weißrussischen Volkes hervor, die das teilnahmslose Landvolk aufzurütteln versuchten. Sie bemühten sich, den Weißrussen die Augen zu öffnen über ihre Eigenart, ihr Leben, ihre soziale Stellung, ihre Sprache und Geschichte; sie erinnerten das Volk an seine ruhmreiche Vergangenheit und verglichen. damit seine jetzige schwere Lage. Sie wiesen auch auf die Wege hin, die zur Wiedergeburt von Land und Volk und zur Weckung des Nationalbewußtseins führen könnten. Die meisten dieser Schriftsteller gruppierten sich um die ersten weißrussischen Zeitungen und Zeitschriften, wie Наша Доля, Наша Ніва; es erschienen aber daneben auch einzelne Editionen mit der gleichen Tendenz.

Einer der besten Schriftsteller dieser Richtung ist I. Łucevič, der gewöhnlich unter dem Pseudonym Janka Kupała bekannt ist; mitunter sind seine Werke auch mit Vajdelota, I. L., Levy unterzeichnet. Unter den weißrussischen Schriftstellern und Dichtern kommt ihm eine zentrale Stellung zu.

Er wurde 1882 geboren und gehörte dem niederen Igumener (Minsker) Adel an; seine Jugendjahre verlebte er sorglos als Sohn eines Gutsverwalters (правёў крыху панічыкам, як аканомскі сын), darauf befaßte er sich mit Landwirtschaft. Eine systematische Ausbildung hat er nicht genossen, bildete sich aber zuerst autodidaktisch und dann als Hörer privater Kurse in Petersburg aus.

Literatur: L.s Autobiographie ist veröffentlicht bei Verf. Белорусы III 3, S. 229—230; dort finden sich auch nähere Literaturangaben; vgl. S. 227—282. Vgl. auch: M. P'otuchovič Асноўныя этапы ў развіцьці лірікі Янкі Купалы (Полымя 1925 Nr. 4, 149—161). „Маладняк Янку Купалу. Да 20-гадовага юбилею“ (Minsk 1925).

Seine zahlreichen Schriften erschienen teils in verschiedenen weißrussischen Zeitschriften und Zeitungen, teils in kyrillisch oder lateinisch gedruckten Einzelausgaben. Die wichtigsten davon sind: 1. Жалейка Янкі Купалы (Petersburg 1908); 2. Адвечная песня у XII праявах (Petersburg 1910), teilweise unter dem Einfluß von Andrejevs Жизнь человека entstanden; 3. Huslar (Petersburg 1910); 4. Сон на кургане. Драматическая поэма у 4 абразах (Petersburg 1912); 5. Раскіданое гняздо, geschrieben 1913 (Wilna 1919); 6. Шляхам жыцьця (Petersburg 1913); 7. Спадчына (Minsk 1922); 8. Безнавоўнае (Minsk 1925); 9. Паўлінка (Сборн. Сцэнічн. Твораў I (Minsk 1918); 10. Прымак (Сцэн. Творы I, Minsk 1923); Збор твораў I (Minsk 1925). Zieht man in Betracht, daß das erste Gedicht von Łucevič, Мужык, am 15. Mai 1905 (Шляхам жыцьця 109) erschien, so erweist er sich als der fruchtbarste heutige weißrussische Schriftsteller. Seine Rührigkeit geht nicht nur aus der großen Zahl der von ihm veröffentlichten Werke (über 1000 Seiten in 8⁰) hervor, sondern zeigt sich auch in der Mannigfaltigkeit seiner Werke, den darin behandelten Gedanken und aufgeworfenen Problemen. Alle Ereignisse im Leben des heutigen Weißrussen, selbst seine Stellung im kommunistischen Staatswesen, die Natur des Landes und allgemeinmenschliche Fragen sind von ihm in seinen Dichtungen behandelt worden.

Die Werke von Łucevič liefern vor allen Dingen ein reichhaltiges biographisches Material, dann zeigen sie auch deutlich sein Verhältnis zur Dichtung und zum Dichter. Über seinen Bildungsgang äußert er sich selbst folgendermaßen: die Bücherweisheit hat mir das Schicksal vorenthalten. Solchen Luxus konnte mir mein Vater nicht bieten: Weißrussische Worte und Gedanken lehrte mich meine Mutter ohne Bücher und ohne Schule:

Мне мудрасьці кніжнай не даў Бог пазнаці,
Мой бацька ня мог даць раскошаў такіх:
Научыўся я слоў беларускіх ад маці
І дум беларускіх без школы і кніг.
(Zeitung Звон 1919, Nr. 18.)

Von Jugend auf sah er Not und Armut und hatte Gelegenheit, die Nichtachtung, unter der der Weißrusse zu leiden hatte, kennenzulernen; viel Schweres hatte er auch selber zu ertragen. Doch er ließ den Mut nicht sinken — und suchte unentwegt das Land, wo es Wahrheit und Freiheit gibt, wo weder Blut noch Tränen fließen, und die Menschen nicht Not leiden:

Дзе бы праўда жыла, дзе бы воля цвіла,
Ні стагналі б дзе людзі над горам-бядой,
Дзе бы слёз не цякло, дзе бы кроў не плыла,
Палацеў бы туды, палацеў бы з душой. (Жал. 61.)

Doch des wirklichen Glücks kann er auf Erden, wo es weder zuverlässige Freunde noch wahre Liebe gibt, nicht teilhaftig werden. Er wünscht nur, daß sein Volk sein Lied anstimmen und begreifen möge, wovon er ein Lied singt: „Каб мой люд маю песню запеў і познаў, аб чым песня пяе!" Unter люд versteht er jedoch nur das einfache, ungebildete, unglückliche Volk, das nicht imstande ist zu lesen (Жал. 133 „тых цёмных, нешчаслівых, што не патрапяць прачытаць"); der übrige Teil des weißrussischen Volkes, z. B. die Gelehrten, mögen sich anders zu seinen Dichtungen verhalten: nach ihrer Ansicht können sie nur volkskundliches Interesse haben.

In seiner Sammlung Шляхам жыцьця (Auf dem Lebensweg), wo der Dichter bereits eine gewisse Höhe erreicht hat, schildert er die Entstehung seines Liedes (Песьня мая): Wald und Nacht haben mein Lied auferzogen, sie pflegten es mit Sagen des stummen Schicksals; Regen und Tau badeten es im Frühjahr, Schneestürme hegten es im Winter:

Пушча і ночка яе гадавалі, Дождж і расіца вясною купалі,
Няньчылі казкамі долі нямой; Сьнежные буры тулілі зимой . . .

Inmitten schwerer Arbeit in Feld und Wald entstand dieses Lied frei, und unabhängig rieselte es, einem Bache gleich, der Sonne und der Morgenröte entgegen: „коціцца, ўецца свабоднай крыніцай к сонцу і зорам, прастор дзе вялік". Ein Echo soll es wecken im schlummernden Dorf (выклікаць вотклік у сонным сяле).

Einige seiner Gedichte zeigen **Łucevič'** dichterische Bestrebungen, so z. B.: Aus dem Wunschwinkel — С кутка жаданьняў (Шл. 53): mit dem ganzen Volke will er ein Gespräch führen, will das Pochen von Millionen Herzen vernehmen:

С цэлым народам гутарку весьці,
Сэрца мільёнаў патслухаць біцьця —

und wenn die Pflicht es fordert, ist er auch bereit, im heiligen Kampfe für seine Brüder zu sterben, „за своіх брацьцёў ў сьвятой барацьбе“.

Auch auf die allgemeine Frage von der Bedeutung der Dichtung geht Łucevič in einigen seiner Werke ein. So spricht er in Песьня а песьнях (Жал. 41) den Gedanken aus, daß das Volk die Dichtung brauche wie das tägliche Brot. Sie erleichtert ihm das Herz, erhellt sein Leben, belebt seinen Geist und weist den Weg zu den Idealen (Гусл. 8). Freiheit zeichnet die Dichtung vor allem aus. Im Gedichte Курган (Шл. 215) antwortet der Sänger dem Fürsten auf seine Frage nach den Grenzen der Dichtung: Der Laute, o Fürst, sind keine Gesetze vorgeschrieben. Dem Himmel steht mein Herz und mein Gedanke Rede. Nur der Sonne, der Morgenröte, dem Adler sind sie vergleichbar. Du hast die Macht, o Fürst, mich zu fesseln, du hast auch die Macht, mich zu köpfen, doch meine Gedanken kannst du nicht in Ketten schlagen:

Гусьлям, княжэ, ня пішуць законаў:
Небу справу здае сэрцэ — думка мая,
Сонцу, зорам, арлам толькі роўна . . .
Сілен, княжэ, кавацъ, галаву сілен зняць,
Не скуеш толькі дум ланцугамі.

So ist Łucevič vor allem ein Lyriker, der die traurige Lage des weißrussischen Volkes schildert; düstere Stimmungen sind bei ihm vorherrschend. Doch wie weiter unten gezeigt werden soll, ist seine Dichtung nach Inhalt und Form recht mannigfaltig; natürlich stehen auch für ihn die Heimat und die sich an sie knüpfenden Gefühle im Vordergrunde.

Die einförmige weißrussische Landschaft und ihre Bewohner stehen zur Zeit der nationalen Wiedergeburt im Mittelpunkt einer jeden Dichtung. Gleiches ist auch bei Łucevič der Fall. Bereits in einem seiner Erstlingsgedichte (Жал. 3) schildert er den steinigen Boden, der harte Arbeit vom Landmann erfordert, und die kärgliche Ernte, die er seinem Bebauer liefert.

Невесёля старонка
Наша Беларусь . . .
Поля: горы ды каменьня
Потам зліта ўсё,
Сенажаць — адны карэньня,
Сівец ды купьё,
Родзе шнур не самавіта
Сколькі б працы ўнёс
Ячмень с сажай, з званцом жыта,
С свірэпкой авёс . . .

In den Dörfern gibt es keine Gärten, nur hin und wieder begegnet man vereinzelten Birken.

Doch die eintönige Landschaft läßt nicht nur traurige Gedanken aufkommen. Vieles in dieser Natur erweckt den Eindruck der Erhabenheit und Größe. So die mächtigen, weitverzweigten Eichen, die langlebigen Linden, die lange Zeugen von Kummer und Freuden des Bauern waren, die grünen Ahornstämme, von denen so viele Lieder singen („колькі песень аб ім спелі") usw.

Besonders reizvoll ist aber in der weißrussischen Landschaft die Strömung des Niemen (Шл. 35). Ruhig und erhaben fließt er dahin („Ціха і плаўна ў даль коцюцца воды") und gar mancher Gedanke knüpft sich an seine Vergangenheit und an die jetzige Lage seiner Anwohner. Einst schäumte hier Leben und der Ruhm des Volkes reichte weit über die Meere: heute ist der Weißrusse geknechtet, er, der einst zu Hause Herr war und berühmt in der Welt (панам быў дома і слаўным за домам), und der gebildete Teil des Volkes hat sich den Polen oder den Großrussen angeschlossen. Der Niemen lockt diese Abtrünnigen nicht mehr durch seine Schönheit. Newa und Weichsel beschäftigen ihre Gedanken:

Вецер інакшы ім дзьме ў галаве,
Вісла адным усьміхаецца ласа,
Тые заплюшчыўшысь пруцца к Неве.

Dem darbenden weißrussischen Volke gelten auch nicht wenige Gedichte. Überall erscheint es geknechtet, unentwickelt, des Lesens unkundig. . . . „Hunger war mein Vater, Not war meine Mutter. Die Arbeit gab mir Kraft, und auch wenn ich von allen verachtet bin, muß ich taub und stumm bleiben. Und Spreu muß ich essen, obgleich ich durch meiner Hände Arbeit die ganze Welt ernähre".

Я мужык беларус, —
Пан сахі і касы;
Цемны сам, белы вус,
Пядзі дзьве валасы.
Бацькам голад мне быў,
Гадаваў і карміў;

Беда маткай была,
Праца сілу дала.
Хоць пагарду цярплю,
Мушу быць глух і нем,
Хоць свет хлебам кармлю,
Сам мякінáчку ем.

(Жал. 5—6.)

In anderen Gedichten spricht Łucevič dem Volke Trost zu, sucht sein Selbstbewußtsein zu stärken, betont die Bedeutung des Ackerbaus, für den sich der Weißrusse so vorzüglich eignet. (Шл. 4 und 31.)

Ärmlich wie das Land und seine Bewohner erscheinen bei Łucevič auch die Hütten und Dörfer der Weißrussen. Ihre Schilderung bei Łucevič ist nur eine Variierung der Darstellung von Bohuševič und Nesłuchoŭski. Steinig schildert er den Acker des Weißrussen, ärmlich die Hütte, deren kleine Fenster nur wenig Licht spenden:

Горы ды каменьня
Вузкіе палоскі:
Гэта нашэ поле,
Поле нашай вёскі.

Курные ваконцы —
Свету каб хоць трошкі:
Гэта нашы хаты,
Хаты нашай вёскі.

Auch alles, was mit der schlichten Lebensweise der Weißrussen zusammenhängt, wird besungen, wie z. B. Bastschuhe und Hakenpflug. An dichterischem Gehalt sind diese Gedichte natürlich arm, da Reime noch nicht Dichtung sind; einen gewissen Eindruck machen sie aber trotzdem.

Im Gedicht Араты „der Pflüger“ (Шл. 118) heißt es: Finsterer als die Wolke, blickst du, o Pflüger! Du, durch den die Welt reich wird, bist doch der Ärmste von allen:

Ой, ты, мой араты, С цябе сьвет багаты,
Хмары ты хмурней; Ты ж усіх бядней ...

Neben der Schilderung von Natur und Menschen Weißrußlands geht der Dichter auch auf ihre Beschäftigung zu den verschiedenen Jahreszeiten und ihre Verwandlungen in der Natur ein.

Eine ganze Reihe von Gedichten handelt vom Frühling und den Frühlingsboten; sie enthalten auch die durch den anbrechenden „Jahresmorgen“ (утро года) hervorgerufenen Gefühle des Dichters. Mit der erwachenden Natur im Frühling wird in allen diesen Gedichten auch der Beginn der Feldarbeiten geschildert. Zu den Frühlingsmotiven gehört auch die Schilderung von Feld, Wald und Wiesen. Man vergleiche etwa die folgende: Wenn ich durch das Feld gehe, neigt sich die Ähre zu mir. Düster gestimmt, führe ich mit ihr leise Gespräche. Sie fühlt alles in ihrem Zaubertraum. Sie neigt sich zu mir, wenn ich feldwärts gehe (Шл. 20):

Як я полям іду, гнецца колас ка мне.
З ім маркотнай душой ціха шэпты вяду.
Колас чуе усё ў зачарованным сьне,
Колас гнецца ка мне, як я полем іду ...

Ihrem Plan nach erinnern alle diese Gedichte etwas an Lermontovs „Когда волнуется желтеющая нива“. Die Wirkung der Natur auf den Dichter ist hier aber eine andere, eine negative: etwas drückt ihn, wenn er aus der freien Natur in die Hütte zurückkehrt (Мяне штосьці гняце, як я ў хатку ўвайду). Die Hütte des Weißrussen steht im vollkommenen Gegensatz zu den die Seele erhebenden Naturschönheiten.

Viele Gedichte handeln vom Sommer und den schweren Feldarbeiten, von Heumahd und Ernte. Wie in der Volksdichtung werden sie mit dem Kriege verglichen: Die Stunde ruft! Hinaus in den Kampf, ihr Schnitterinnen (Час вам жнейкі, на бітву!) Im Gedichte Песьня жнеяў „Schnitterlied“ (Шл. 124) wird dem schmalen bäuerlichen Ackerstreifen mit seiner schlechten Ernte das große Ackerland des Gutsherrn gegenübergestellt; es ist von der Hand des Bauern gepflügt und besät worden, mit seinem Schweiß, seinem Blut und mit seiner Träne ist es durchtränkt „потам мужычым, крывёй і сьлявой“. Herzgewinnend ist die Schilderung eines vom Unwetter zerstörten Ackerstreifens in Над ніваю ў непагоду „Über dem Kornfeld bei Unwetter“ (Шл. 125). Sie erinnert an Nekrasov's Несжатая полоса und an weißrussische Volkslieder. Traurige Gedanken kommen ihm aber, wenn er sich die Frage vorlegt, welches Los die armen Bauern im Winter erwartet, wo sie dem Hunger und der Kälte preisgegeben sind:

Думы узьнімаюцца, думы маркотные:
Што бедакі, хлебаробы гаротные
Холадам, голадам зімнім начнуць?

Auch der Herbst hat in vielen Gedichten eine Schilderung erfahren. Sie schildern das Absterben in der Natur, den Abzug der Vögel in wärmere Regionen, das herbstliche Unwetter mit dem Brausen des Sturmes, und im Zusammenhang damit die Stimmung des Weißrussen, der nie Frühling im Herzen gekannt hat („вясны на сэрцы не знаў ніколі"), sondern nur herbstliche Stimmung im Herzen trägt: „і восень на свеце, і восень на сэрцы" (Жал. 33). Auch über sein eigenes Los kommen dem Dichter traurige Gedanken. Nur eine tröstende Erscheinung findet er im Herbst: das ist die Aussaat des Wintergetreides („Сяўпу", Жал. 100):

Выходзе сявец на загоны.
І поўнай, мазолістай жменяй
Жытцо на ральлі раскідае,
Хавае ў зямельку надзею . . .
„Радзі, помажы, Божэ!" скажэм
І мы сеўцам ўсякага роду;
А с зерня, што з добрага севу,
Збяруць яны й добрую ўроду.

Der Winter, der durch seine Fröste und Stürme alles in eisige Bande schlägt und dem hungernden Weißrussen wenig Gelegenheit zur Arbeit bietet, gibt wenig Anlaß zu dichterischer Begeisterung. Aber auch ihn hat Łucevič häufig besungen: „Ertrage diese Kälte, bei der alles Leben erstarrt, o Heimatland, leer' diesen Leidenskelch bis auf den Grund. Vorübergehen wird der Winter und wiederum wird der Frühling einziehen." (Жал. 34.)

Ой жудасна халодная
Ўзгулялася зіма,
Цярпі, зямелька родная,
Німа жыцьця, німа.

Цярпі, старонка родная,
Мученьня пій да дна,
Міне зіма нягодная
І ўскрэсне зноў вясна.

So verläuft das Leben des Weißrussen in engstem Zusammenhang mit der Natur. Das Schicksal des von ihm bebauten Feldes und der von ihm betreuten Wiese hängt ganz und gar von der Sonne ab; wie die früheren Bewohner Weißrußlands das empfanden, so empfinden es auch die heutigen. Das „Lied an die Sonne" — „Песьня сонцу" (Шл. 10) gibt diese Stimmung gut wieder: Wir rufen dich alle an, o Sonne! Löse auf deine goldigen Flechten, erwärme den vor Kälte erstarrten Acker, versieh' die Wiesen mit Blumen! Säe neue Saaten aus auf den Fluren:

Клічэм, сонцэ, цябэ, як адзін:
Распусьці залацістые косы,
Схаладзелы загон ацяплі,
Аквяці лугавые пакосы,
Ўсходы новые сей на зямлі.

Im Liebesbunde mit der Erde möge die Sonne das Herz des Landmannes beruhigen. Ja, noch mehr erwartet von ihr der Dichter: Wie sie ihr Antlitz am Kupalotage jährlich erneuert, so möge sie auch den Ruhm des Heimatlandes und seiner Bewohner erneuern:

Як у сьвята Купальскае, сонцэ,
Свой жывы абнаўляеш паглёд,
Аднаві славу нашай старонцы,
Аднаві яе сумны народ!

Solche Naturschilderungen geben dem Dichter auch oft den Anlaß dazu, den weißrussischen Bauer mit seinem Fleiß und seinem zähen Ausharren im Unglück darzustellen. Eine große Auswahl anderer Gedichte ist dem harten Los des Weißrussen, namentlich seiner großen Armut, gewidmet. Man vergleiche z. B. (Жал. 14):

Німа хлеба, німа солі,
Чужому рабі . . .
Вот зіма, мароз вялікі,
Дровы ў Менск цягні;
Дзеткі змёрзлі: енкі, крыкі:
Вот тут і жыві . . .

Selbst die Natur verhält sich anscheinend feindlich zu ihm. Das mit viel Mühe gepflügte und besäte Feld wird nicht selten durch Hagelschauer zerstört (Жал. 122). Schwer ist es für den Menschen, unter solchen Zuständen zu leben: auf das Glück darf er nicht hoffen, der morgige Tag wird für ihn ebenso sein wie der heutige. Schwer ist es, das Glück besessen zu haben und es zu verlieren. Noch schwerer ist es, nie das Glück gekannt zu haben (Гусл. 26): „Цяжка са шчасцейкам быць і расстацібся, цяжэй же шчасця не знаці ніколі“.

Ohne Hoffnung auf ein künftiges Glück grollt der Weißrusse seinem Schicksal. In einer Parodie auf das bekannte Wiegenlied von Lermontov läßt der Dichter eine weißrussische Mutter davon singen (Жал. 91), wie ihr Sohn erwachsen, mit Bastschuhen bekleidet, seinem Herrn dienen wird und als Lohn wenig Geld, schlechte Nahrung und viele Schläge erhalten wird, wie er dann Soldat wird und nach Hause zurückkehrt, aber infolge seiner Armut doch nur Tagelöhner werden kann und wiederum ganz der Gnade seines Herrn ausgeliefert ist. Doch Armut und Kummer sind kein Grund für ihn, aus dem Leben zu scheiden. Stehlen lernen wird er, und dadurch wird er Herr werden, äußerlich ein Herr, in der Seele ein Lump, und übersehen wird er seine Mutter, wenn sie ihm entgegentreten wird:

Красці выучышся на славу,
Пан будзеш тады . . .
У велікіе ты людзі
Выйдеш з беднаты,
Шаблю звесіш чэраз грудзі,
Стражнік будзеш ты . . .
Будзеш пан вялікі з віду
І сволач душой,
Спатыкаць цябе я выйду,
Ты махнеш рукой.

Der Grund seines Unglücks ist für den Weißrussen, daß an Stelle des Schicksals, der Dol'a, die bittere Not (Zloje Hore-Beda) sich an seine Sohlen geheftet hat und ihm auf dem Fuße folgt:

Горам чорным, ой, багата
Надарыла люд наш доля:
Гора ў хаце і за хатай,
Гора ў полі і за полем.

Das Unglück und die Not verläßt den Menschen selbst am Grabe nicht. Es verdirbt ihm seinen ganzen Besitz, den Acker wie die Hütte. Selbst sein Lied erinnert an eine Totenklage. Erst nach seinem Tode hört für den Bauern die Not auf und im Grabe erst findet er Ruhe (Жал. 74):

Як смерць возьме, усё гіне:
Нядоля, няволя!
Спакой толькі ў дамавіне,
Ў дамавіне доля!

Neben den widrigen Umständen, die das Leben des Bauern erschweren, geht der Dichter auch auf die das Unglück verursachenden Charaktereigenschaften seiner Landsleute ein: das sind Faulheit und Trägheit, das Fehlen von Unternehmungsgeist und die Trunksucht. Nicht ohne Ironie gibt der Dichter dem Bauern den Rat zu schlafen, wenn sich alle bei Frühlingsanbruch an die Arbeit machen. Frühaufstehen ist Sache derjenigen, die die Freiheit lieben. Du aber, Bruder, schlaf! (Жал. 15):

Сьпі, на слёзы і на горэ
Рукою махай . . .
Нехай тые уставаюць
Рана да зары,
Што свабодачку кахаюць,
А ты браце сьпі! . . .

Eine natürliche Folge der Trägheit ist, daß sich das Volk selbst sein Grab gräbt: So schläfst du, Heimatland, wie ein Grab in der Steppe mit deinen trägen Bewohnern, mit erloschenem Ruhm und gebrochener Kraft (Шл. 56):

Так сьпіш, так жывеш мімаходам
Мой край, як сьцепная магіла,
З сваім незавідным народам,
С патухшай і славай і сілай.

Auch die Trunksucht ist im Volke weit verbreitet: nichts hält es vom Trinken zurück, weder Unglück noch Hunger, noch Verlust des letzten mit schwerer Mühe erarbeiteten Groschens („пьюць, хаць грош той з крывавым потам на гарэлку дабываюць". Жал. 104).

So kann Łucevič in jeder Beziehung als weißrussischer Dichter gelten. Wie fest er in seiner Heimat wurzelt, wird auch aus seinen anderen Dichtungen klar.

So versucht er vor allen Dingen das festzustellen, was dem Weißrussen am meisten nottut. Er braucht vor allem Land und Nahrung (Шл. 130):

Зямелькі з валоку,
К ёй шнур неўдалёку,
С сьвятлічкай хацінку,
За жонку дзяўчынку,
Кусок салца к хлебу,
Рубля на патребу,
Здароўя чым болей,
Крыху долі, волі . . .

Heute ist der Bauer so arm, daß es dem geriebensten Dieb nicht gelingen würde, ihm etwas von seinem Besitz zu stehlen (нават злодзей, на ўсё сквапны, не ўкрадзе нічого).

Um mit seiner Arbeit mehr Erfolg zu haben, braucht der Weißrusse auch Bildung. Während alle Leute bereits deren Notwendigkeit eingesehen haben hat nur er allein es nicht getan (Шл. 161): „Цяней, беларусе, як ночка асення, і шчасьце ж такое ты маеш . . .“

Auch Freiheit braucht er; es versteht sich von selbst, daß die weißrussische Sprache nicht verboten werden dürfe. Zur Freiheit, Gleichheit und Bildung werden wir uns den Weg bahnen, und herrschen wird der Enkel dort, wo heute der Großvater Tränen vergießt (Шл. 143):

К свабодзе, роўнасьці і знаньню
Мы працярэбім сабе сьлед!
І будзе ўнукаў панаваньне
Там, дзе сягоньня плачэ дзед!

Auch zum Kampf für die Freiheit ruft der Dichter auf. Ihr schlaft, als ob des Henkers Schwert euch getroffen hätte. Genug des Schlafes! Steht auf allesamt! Die Sonne der Freiheit ruft euch! („Там“. Sv'atyc'kij Видродженє білор. п. 57): „Спіцё, як быццам кат засек. До' спаць, паўстаньце грамадою . . . Свабоды сонцэ вас заве!“ . . .

Der bemittelte, arbeitsame und kultivierte Weißrusse wird sicher bestrebt sein, ein Mensch zu werden und das Niveau seiner Zeit zu erreichen (стать с веком наравне). Auch diesem Wunsche des Weißrussen, als Mensch behandelt zu werden („людзьмі звацца“ Жал. 38) wird in einem Gedichte Ausdruck verliehen. Dieser Wunsch kann auch durch die schlechte Behandlung durch seinen Herrn nicht erstickt werden (Шл. 109). Auch an die Reichen und Satten wendet sich der Dichter, sie sollten doch Mitleid mit dem Bauer haben: „Пажалей мужыкабедака ты, каторы адветы і сыты“ (Жал. 9). Die Nächstenliebe soll sich aber nicht in Worten, sondern in Taten zeigen (Жал. 50). Diese biblische Lehre von der Nächstenliebe weist bereits allgemeinmenschliche Züge auf: Lieben wollen wir uns, Nachbarn! Lassen wir die Streitigkeiten! Laßt uns leben wie Kinder einer gemeinsamen Mutter! (Жал. 39):

Любімось, мае суседзі!
Кіньма сваркі, звадкі,
Жыйма, як родные дзеці
Аднэй нашай маткі.

Die Aufforderung vorwärts zu streben, der Sonne, der Wahrheit und einem neuen Schicksal entgegen, enthält das Gedicht „Гэй наперад“ „Vorwärts“ (Шл. 17). Alle für die Ideale der Wahrheit, des Guten, Schönen und der Freiheit Empfänglichen zu begeistern, versucht der Dichter durch „Каб я князем быў“, „Wenn ich ein Fürst wäre“ (Шл. 8). Die Sorge um die Heimat, die viele seiner Gedichte auszeichnet, wird besonders fühlbar, wenn der Dichter in der Fremde weilt (Шл. 21.) Wenn er fern von der Heimat sterben sollte, so würde sein Schatten die Gruft verlassen und auf das Kreuz gestützt immerfort dorthin schauen, wo die Ackerfurchen seiner Heimat liegen (гдзе лежаць загоны Беларусі роднай).

Ähnliche Gedanken finden sich in anderen Gedichten („Над сваёй айчызнай“. Жал. 78, Брату-Беларусу. Н. Ніва 1913, Nr. 39) mit offenkundiger Überschätzung des früheren Ruhmes von Weißrußland. Im allgemeinen schildert Łucevič aber die einstige und jetzige Lage der Weißrussen richtig. So haben die Nachrichten von der Möglichkeit einer nationalen Selbstbestimmung folgende Gedanken in ihm wachgerufen: „Zur allgemeinen stürmischen Volksversammlung tritt nun zusammen, du beraubtes, in Fesseln geschlagenes Volk! Berichte dort von ewigen Henkersqualen und von Spott und weise auf die Grabhügel und Kreuze hin! Berichte davon, wie die Gutsherren und Könige dich zur Fronarbeit nötigten, wie die Zaren dich von der heimischen Scholle vertrieben, . . . wie deiner Väter Land in Stücke gerissen wird" (На сход 1918. Спадчына 40):

На сход, на ўсенародны, грозны, бурны сход
Ідзі аграблены, закованы народ! . . .
Аб вечным катаваньні, зьдзеку далажы,
І пакажы на курганы і на крыжы . . .
Як гналі пот з цябе паны і каралі,
Як гналі проч цары з радзімае зямлі . . .
Як Бацькаўшчыну твою рэжуць на кускі . . .

Leider sind diese Klagen erfolglos geblieben, und die Friedensverträge von Brest-Litowsk und Riga haben sich darüber hinweggesetzt.

Auch in Zeiten des politischen Umsturzes, des Hungers und der Umwandlung des weißrussischen Lebens unter dem Einfluß neuer Lehren blieb sich der Dichter treu: alle Ereignisse spiegeln sich in seinen Dichtungen wider. Besonders beachtenswert ist in dieser Beziehung das Gedicht Перад будучынай „Vor der Zukunft" (Адраджэньне I, 1922, S. 81). Einige Verse daraus lauten:

Заціснуты, задушаны, як мышы
Пад жорсткім венікам, з усіх бакоў,
Шукаем, як сьляпыя, ня згубіўшы
Таго свайго, што наша ад вякоў . . .

А хтось далёкі, ці хтось можа блізкі
Засеў за наш бяседны, сытны стол
І кідае, як з ласкі, нам агрызкі,
А мы к зямлі з падзякай гнёмся ўпол.

Нявольніцтва й жабрацтва так нас зьела
І так нам высмактала з сэрца сок,
Што, на'т у вочы глянуць плюнуць сьмела
Ня сьмеем, стоптаныя на пясок . . .

Аграбленныя з гонару й кашулі,
З свайго прыпыну выгнаныя вон,
Мы дзякуем, што торбы апранулі
На нас ды с нашых нітак-валакон . . .

Eine andere Frage ist es, ob der Dichter sich auch noch treu blieb, als er seinen Lokalpatriotismus besiegte und Kommunist wurde (Безназоўное 1925, 5): O ja! Ich bin ein Proletarier! Noch gestern war ich ein demütiger Knecht, heute bin ich Beherrscher der Welt und König über die Könige! Mein Vaterland ist die ganze Welt, von den heimischen Gefilden habe ich mich abgewandt. Doch nein, ich bin das ganze Übel noch nicht los geworden. Des Nachts begegnet mir im Traume die Heimat! . . .

. . . О так! Я — пролетар! . . .
Яшчэ учорах раб пакутны —
Сягоньня я зямлі ўладар
І над царамі цар магутны!
Мне бацькаўшчынаў цэлы сьвет,
Ад родных ніў я адвярнуўся . . .
Адно . . . ня збыў яшчэ ўсіх бед!
Мне сьняцца сны аб Беларусі! . . .

So sieht er auch als internationaler Kommunist im Traum Weißrußland und vergißt die Heimat auch nicht, wenn er in der Krim weilt und ihre Naturschönheiten bewundern kann („Маркотна мне без Беларусі“ Безпазоўнае 45).

Auch auf Aberglauben und volkstümliche Vorstellungen der Weißrussen geht Łucevič in seinen Dichtungen ein. Beispiele dafür sind: Воўкалак (Шл. 69), Ноч за ночкай (ib. 72), Хохлік (ib. 70), Заклятая кветка (ib. 78), На Купальле (ib. 79). Ein zeitgemäßes volkstümliches Motiv behandelt er ferner im Адступнік (Спадч. 175): nach langjährigem Aufenthalt kehrt der Sohn zur sterbenden Mutter zurück und erweist sich als entfremdet („чужаніца“).

Łucevič hat auch Gedichte über führende Persönlichkeiten verfaßt. Ohne sie alle aufzuzählen, führe ich nur die Schlußstrophe aus dem Gedicht über Dunin-Marcinkevič an:

Жыве паміж нам і дудар наш . . .
Жыць кожны так будзе, мой братку,
Хто родну старонку палюбіць,
Маўляў, добры сын сваю матку.

Als während der polnischen Okkupation von Weißrußland Aushebungen für die weißrussische Armee vorgenommen wurden, schuf Łucevič einige Lieder im Kriegston „на вайцкі лад“. Sie sind in ideeller und patriotischer Beziehung bemerkenswert; ihrer Form nach erinnern sie an Volkslieder (vgl. „Рунь.“ 1920, Nr. 1 ff.). Z. B. Wo hast du, Hopfen, überwintert, daß du dich nicht entfalten konntest? Wo hast du, Sohn, übernachtet, daß du deine Schuhe nicht abstreifen konntest? Überwintert habe ich in dem Lande, wo Stürme wüten, übernachtet habe ich auf den Schlachtfeldern, wo die Kugeln fliegen:

Дзе ты, хмелю, зімаваў,
Што не развіваўся?
Дзе ты, сынку, начаваў,
Што не разуваўся?

Зімаваў я ў старане,
Дзе віхуры дзьмулі,
Начаваў я на вайне,
Дзе гуляюць кулі.

Auf dem Schlachtfelde kämpfte er für sein Vaterland (за сваю Айчыну).

Selbst in Gedichten persönlichen Inhalts ist der Hintergrund weißrussisch. Man begegnet solchen sowohl in den frühesten Sammlungen seiner Gedichte als auch in späteren. Besonders hervorgehoben werden muß die idyllische Dichtung „Яна i Я. Ў ценётах жыцьця“ — Sie und ich. In den Netzen des Lebens (Спадч. 104—120). Sie besteht aus vierzehn Bildern, von denen ein jedes acht vierzeilige Strophen aufweist. Ihren Inhalt bildet die Liebe des Dichters zu einem Mädchen, das später seine Frau wurde. Nach der Heirat schaffen sie sich eine Wirtschaft, arbeiten zusammen in Feld und Garten, im Herbst und Winter auch zu Hause. Ihre Betätigung ist die gewohnte der weißrussischen Bauern, stets halten sie die alten Gebräuche und Sitten ein. Die Darstellung der Natur ist unter Einfluß der Lebensfülle des Dichters bereits eine andere als in den früheren Gedichten. Überall herrscht nur Schönheit, auch die Gefühle des Dichters sind andere geworden: Trauer, Kampfesstimmung, Freiheitsdrang haben der Zufriedenheit mit dem Leben und der Freude Platz gemacht. Man vergleiche z. B. das Gedicht „Auf der Heumahd“:

На сенажаці:

Выйшли з ёй, дзе сенажатная краса
Зіхцела, як вясёлкі многацьветны ўзор,
Вострая яшчэ дзе не забразгала каса,
Дзе ў кветках луг ірдзеў, як неба ў ноч ад зор . . .
Краскамі ўсьміхаецца ўся сенажаць,
Гараць урочнікі, румянкі, і званкі,
Жоўтыя званцы зялёны луг жаўцяць,
На кветку з кветкі шыбка скачуць матылькі . . .

Von der blühenden, in vollster Prachtentfaltung stehenden Natur berauscht, fand auch der Dichter die Erfüllung seiner Träume:

Сонца што раз больш у жылах кроў вагніць,
Калені што раз больш ласкоча нам трава,
Блогасна аб сэрцы сэрца ў жары сьніць,
Жаданьнем забыцьця п'янее галава.
Ногі падкасіліся і мне і ей,
Зьліліся вусны з вуснамі самі сабой,
Полымем прыпалі грудзі да грудзей,
Зьмяшаліся мы з сонцам, з кветкамі, з травой.

Man vergleiche noch die Schilderung der blühenden Apfelbäume (Яблыні цьвітуць):

Раем на зямлі выглядываў нам сад,
Я ў ім Адам, яна ў ім Эва;
У раі гэтым вецер быў нам бог і сват,
Вяцьвямі шлюб давала дрэва.

Als Paradies auf Erden erschien uns der Garten . . . Der Wind war für uns Gott und Brautwerber zugleich. Die Bäume trauten uns mit ihren Zweigen . . .

Ähnliche Stellen könnte man aus jedem Bilde anführen. Es gibt auch noch andere Liebesgedichte von Łucevič (der ganze vierte Abschnitt in Спадчина); sie alle (Жал. 25, 44; Гусл. 40—43; Шл. 87—106) zeichnen sich durch Schlichtheit und Innigkeit der Gefühle aus. Mitunter schlägt er Töne an, die an das Hohelied Salomonis anklingen, Neues bietet er aber nicht. In gleicher Art werden allgemeine Themen, wie das Glück (Жал. 76, Гусл. 72), die Nichtigkeit des Menschen (Шл. 32) u. a. behandelt. Von den Schilderungen nichtweißrussischer Landschaften ist z. B. die des Imatra (Шл. 59) und der Krim (Безназоўнае 44, 45) zu nennen.

Unter den Dichtungen von Łucevič finden sich auch gereimte Erzählungen, denen volkstümliche Legenden und Aberglauben, Märchen oder Szenen aus dem Volksleben zugrunde liegen, z. B. „Канюх" (der Weihe, Жал. 64), „Адплата каханьня" (ib. 140), „Песьня-казка" (Гусл. 36), „Два браты" (ib. 65), „З чужую елку" (ib. 68), „Магіла льва" (Спадч. 131), „Бандароўна" (ib. 146) und die lyrisch-epische Dichtung „Адвечная песьня". Die Darstellung dieser Dichtungen ist farbenreich, oft begeistert. Überall macht sich das lyrische Element stark bemerkbar, was ja bei dem vorwiegend lyrischen Dichter durchaus natürlich ist.

Łucevič gehören auch einige dramatische Dichtungen an, z. B. „Сон на кургане" (Маладая Беларусь I, 1912) — vier recht malerische Bilder, denen jedoch mitunter der innere Zusammenhang fehlt; „Паўлінка" (1913 entstanden) — eine Komödie in zwei Akten; „Прымакі" — die Schwiegersöhne (gleichfalls aus dem Jahre 1913) — ein einaktiger Schwank. In den beiden letzten, recht gewandt geschriebenen Stücken zeigt sich der Verfasser als recht feiner Beobachter des weißrussischen Lebens. Anders geartet ist Раскіданае гняздо „Das zerstreute Nest" — ein Drama in fünf Akten. Es macht sich darin eine gewisse Symbolik bemerkbar, zu der Łucevič ebenfalls in seinen lyrischen Gedichten neigt. Dieses bereits 1913 auf Grund der Ereignisse von 1905 entstandene Stück versetzt uns in die Zeit, als die von den Arbeitern und Bauern unterstützte revolutionäre Bewegung, die zum Aufstande von 1905 führte, bereits deutlich hervortrat. Die Ursachen derselben waren: Unzufriedenheit mit den Agrarverhältnissen, Rechtlosigkeit der unteren Volksschichten. Der Inhalt des Dramas ist folgender: Der Bauer L'avon Z'ablik hat Streitigkeiten mit seinem Gutsherrn und soll seinen Hof räumen. Da er ihn freiwillig nicht verlassen will, wird sein Haus zerstört und er mit seiner Familie unter freiem Himmel obdachlos gelassen. Diesen tragischen Zustand kann der Bauer nicht ertragen, er nimmt sich das Leben. Seine Tochter Zos'ka vergrößert noch das Unglück der Familie durch ihre Liebe zum Sohn des Gutsbesitzers: sie wird irrsinnig, da dieser sie im Stich läßt und ins Ausland geht. Der älteste Sohn des Bauern, Symon, setzt seine Hoffnung auf das Gericht, doch auch er wird enttäuscht: das Gericht stellt sich auf die Seite des Gutsherrn. Halbgestört erwartet er das „große Gericht" (схода вялікаго), das die Wahrheit auf Erden aufrichten wird. Durch Hunger und Kälte zur Verzweiflung getrieben, ergreift die übriggebliebene Familie den Bettelstab.

Das Stück ist gut aufgebaut, einige Stellen sind sogar meisterhaft geschrieben. So sagt z. B. Zośa von ihrer Liebe zum jungen Gutsherrn: „Мама! Мамочка! Ясны месяц да залатой зоркі плыве, зялёны явар да калінкі свае хілітца, а ён — цень мой — з далёкіх краёў да мяне прыбывае, дарагіе падаркі прыносе: гарачае сэрца, задумную душу, бязмежнае мілаваньне!" („Mutter! Mütterchen! Der helle Mond strebt nach der rosigen Morgenröte, der grüne Ahorn neigt sich zu seinem Maßholder und er — mein Schatten — kommt zu mir aus fernen Ländern und bringt mir kostbare Geschenke: ein heißes Herz, eine sich sehnende Seele und grenzenlose Liebe!"). Oder man vergleiche die Worte eines unbekannten Agitators: „Я — ліст адарваны з таго самага дзерава, што і вы, што і многія міліёны падобных. Вецер свабодны прынёс мяне сюды на вашу руіну" . . . („Ich bin ein Blatt von demselben Baum wie ihr, wie Millionen gleicher Menschen. Ein freier Wind hat mich hierher geweht, zu eurem Verderben.") Solche Beispiele lassen sich noch in Mengen anführen. — Dieses Stück erweist Łucevič trotz seiner Schwächen als wahrhaften Künstler, der sich bemüht, ein Werk von allgemein menschlicher Bedeutung zu schaffen.

Von Łucevič besitzen wir auch Fabeln und Novellen. (Шл. 169 bis 242, Спадч., Abt. V.) Einige davon sind selbständig, viele übersetzt oder nachgeahmt. Guter Humor zeigt sich in der Erzählung „Сват" (Шл. 176); rührend ist die aus dem Mahābharāta entnommene Erzählung „Паляўнічы і пара галубкоў"; ihr sentimental-romantischer Anstrich entspricht durchaus der heutigen weißrussischen Weltanschauung. Einen nachhaltigen Eindruck hinterläßt auch „Курган" (Шл. 215); hier zeigt sich der Dichter unabhängig von Reichtum und Macht.

In einem besonderen Zyklus von Übersetzungen aus dem Polnischen „Пераклады с польскаго" (Шл. 243—258) sind Übersetzungen aus Mickiewicz, Konopnicka, Syrokomla-Kondratowicz u. a. aufgenommen. Beachtenswert ist auch seine Übersetzung des altrussischen Igorliedes (Вольны сьцяг 1921, Nr. 5 und 6). Im allgemeinen ist Łucevič gut mit dem altrussischen Text fertig geworden: er verfügt über einen entsprechenden Wortschatz und zeigt genügend künstlerisches Gefühl. So lautet bei ihm z. B. die Klage der Jaroslavna:

А ў Пуціўлі Яраслаўна
Бязуцешнаю зязюляй
Наракае раным рана:
„Палячу я ў даль зязюляй
Па Дунаю за дубровы.
Памачу ў рацэ Каяле
Рукавок я свой бабровы.
І зьлячу да князя ў полі
Дзе ў зялёнай лёг пасьцелі,
Ды крывавыя ўтру раны
На яго магутным целе" . . .

Der bilderreichen Sprache des Igorliedes entspricht auch in der Übersetzung Mannigfaltigkeit in Stil und Sprache.

Über das Schaffen von Łucevič könnte noch viel gesagt werden, doch bereits aus dem Angeführten ersieht man seine vielseitige Begabung, die sich zweifellos auch noch weiter entwickelt. Übrigens zeigt sich mitunter in seiner Dichtung auch ein gewisser Pessimismus, z. B. im „Вечар" (Спадч. 88):

Мой вечар, знаю, блізка, недалёка —
Ёсьць раніца — павінны й вечар быць,
Але ня счэзну я з-пад долі вока —
Дзень, вечар, ноч, а трэба, буду жыць . . .

Schließlich muß hier noch auf Sprache und Vers des Dichters eingegangen werden. Für seine Sprache ist im allgemeinen ihre Volkstümlichkeit und treffende Wahl des Ausdrucks charakteristisch, doch finden sich bei ihm auch wenig gebräuchliche Wörter, Provinzialismen, auch sehr wenig verbreitete, die in keinem Wörterbuch verzeichnet sind und in den bisher veröffentlichten Volksdichtungen nicht vorkommen.

Dafür verfügt Łucevič über einen ausgezeichneten Vers; besonders gut gelingen ihm Reime, die nicht nur am Versende, sondern bisweilen auch in der Mitte des Verses vorkommen, so daß ein Zweizeiler oft bequem in vier Verse zerlegt werden kann; es reimen sich dann die aufeinanderfolgenden Reihen oder die erste mit der dritten usf.:

З шумам бораў, ясакораў
Ой, гаю, ой, гаю,
На жалейцэ — дабрадзейцэ
Думку дум зайграю.

Hin und wieder begegnen bei ihm allerdings auch nicht einwandfreie Reime: 1. bisweilen reimt sich ein einfacher Konsonant mit einer Konsonantengruppe oder einem gedehnten Konsonanten: струны — сумны, прабачэньня — жменя; 2. auf einen unbetonten Endvokal reimt sich eine Verbindung dieses oder eines anderen Vokals mit silbischem oder unsilbischem u̯ oder i̯: любілі — асіліў, здаровы — словаў; in einigen Fällen tritt für den Reim eine Assonanz ein: са стужамі — я дужаю, панам — незнаны, атласаў — акрасай.

6. Konstantin Mickevič.

Von den heutigen weißrussischen Schriftstellern kann der Begabung nach mit Łucevič sein Zeitgenosse K. Mickevič verglichen werden, der in der weißrussischen Literatur unter den Pseudonymen Jakub Kołas, Taras Hušča, Tamaš Bułava, K. Albucki, Dźadźka Karuś, Hanna Krum und L'asavik bekannt ist. Er wurde als Bauernsohn 1882 im Minsker Kreise geboren. Seine Ausbildung erhielt er im Nesvižer Lehrerseminar und in der Alexandrovsker Kriegsschule. Eine Zeitlang war er Lehrer einer Elementarschule im Polesje und dann zeitweilig auch als Lehrer an einer städtischen Schule in Großrußland angestellt. Im Weltkriege war er aktiv. Sein jetziger Wohnort ist Minsk[1]). Bekannt sind mir folgende Werke von Mickevič, die unter dem Pseudonym von Ja. Kołas erschienen sind: 1. „Другое чытаньне для дзяцей беларусаў" (Petersburg 1910) — eine Sammlung von Gedichten und Prosastücken; 2. „Песьні-жальбы" (Wilna 1910) — früher in weißrussischen Zeitschriften und Zeitungen erschienene und einige neue Gedichte; 3. „Прапаў чэлавек. Паслушная жонка. Грушы сапежанкі" (Petersburg 1913) — Erzählungen aus verschiedenen weißrussischen Ausgaben; 4. „Batrak. Jak Jurka zabahacieŭ" (Petersburg 1913); 5. „Сымон музыка" (Minsk 1918); 6. „Водгульле"

[1]) Autobiographische Notizen vgl. Verf. Белорусы III 3, S. 282—284; eine Übersicht seiner Werke und Bibliographie ib. S. 282—312.

(Minsk 1922) — Sammlung kleinerer Gedichte, die an verschiedenen Stellen 1908—1921 veröffentlicht wurden und einige neue, wie z. B. das einleitende Gedicht „Водгульле“ (= Echo); der Dichter fordert darin auf, auf alles im Leben zu reagieren, besonders auf Not, Leid und Unrecht (калі гора напаткае, ці жальба пачуетца, плач, або запануе дзе крыўда ліхая“; 7. „Новая зямля“ (Minsk 1923); 8. Viele Gedichte von Ja. Kołas wie auch anderen weißrussischen Dichtern sind erschienen in Беларускі дэкляматор. Чырвоны дудар“ (Minsk 1924); 9. Unter dem Pseudonym T. Hušča hat Mickevič vier Bändchen Erzählungen veröffentlicht: „Апаведаньня“ (Wilna 1912), „Тоўстое палена (Petersburg 1913), „Нёманоў дар“ (Petersburg 1913), „Родные зьявы“ (Wilna 1914); 10. „У палескай глушы“ (Wilna 1923); 11. „Першыя крокі“ (Minsk 1925); 12. „На рубяжы“ (Minsk 1925).

Mickevič selbst äußert sich über den Inhalt seiner Dichtungen (ПЖ. 3): „Sucht nicht heitere Lieder bei mir. Wenn ich ein Lied anstimme, dann erschüttert Kummer meine ganze Seele. Unglücklich ist unser Los. Nichts hat es uns gegeben. Sucht nicht Blumen auf dem Felde, wenn der Frühling nicht zu uns gekommen ist“:

Не пытайце, не прасіце	Нешчасьліва наша доля:
Сьветлых песень у мяне,	Нам нічого не дала.
Бо як песьню засьпеваю,	Не шукайце кветак ў полі,
Жаль ўсю душу скалыхне . . .	Як весна к нам не прыйшла!

Und tatsächlich ruft seine Dichtung traurige Gefühle in uns wach, durch ihre Schilderung der öden weißrussischen Landschaft und ihrer geknechteten und rechtlosen Bevölkerung, ihrer mißachteten Sprache, ihrer Unbildung und Beamtenwillkür. Auch Mickevič kann nur der Gedanke an eine bessere Zukunft heiter stimmen. Verglichen mit Łucevič weisen seine Gedichte, besonders die ersten, keine neuen Gedanken auf. Es wäre jedoch ungerecht, zu behaupten, daß es sich hier nur um eine Variierung Łucevič'scher Motive handelt: viele Dichtungen von Mickevič sind gleichzeitig und unabhängig von denjenigen Łucevič' erschienen. Die große Ähnlichkeit zwischen beiden in ihrer Lyrik erklärt sich dadurch, daß die Lieder beider unter gleichen Bedingungen entstanden sind. Beide Dichter stehen dem Volke nah und wirken im gleichen Milieu. Mickevič' Stil ist jedenfalls originell.

Für die Ansichten des Dichters über die Bedeutung seiner Poesie sind seine „Думкі“ („Gedanken“ ПЖ. 3—11) charakteristisch. Gern würde er sich nicht mit traurigen Gedanken quälen, doch sie drängen sich ihm von selbst auf. Wenn sie sich seiner bemächtigen, dann weint sein Herz bitterlich, wenn auch tränenlos. Seine Trauer und Klage ist unermeßlich. In seinem Gedicht „Месяц“ (ib. 18) bittet der Dichter den Mond, seine Klage dem Himmel zu übermitteln, damit er sich bewege: „Кінь ты жальбу нашу ў неба — нехай неба ўскалыхнецца“.

Die Stimmung des Dichters zeigt sich besonders in seinem Gedicht „Нашым ворогам“ — An unsere Feinde (Horecki Гіст. Бел. Літер. 151f.). Gutsherren und anderen Bedrückern der Bauern legt er hier die Frage vor: „Durch welcher Hände Arbeit habt ihr euer Gut erworben, durch wessen

Tränen habt ihr euer Glück erkauft? Und wofür habt ihr uns mit Schlägen gepeinigt und hungern lassen? Wozu habt ihr die Welt vor uns verschlossen und mit eisernem Band unsere Hände gefesselt?“

Чыімі рукамі вы дабро зьбіралі,
Чыею сьлязою шчасьце вы купялі?
І за што, скажыце, палкамі нас білі,
Секлі нас дубцамі голадом марылі?
Для якой вы цэлі сьвет нам закрывалі,
Ланцугом зялезным рукі нам скавалі?

Die Ergebnisse dieser Gewaltherrschaft seien offensichtlich: überall begegnet man völliger Verarmung der Bauern. Auch sonst sei ihre Lage eine verzweifelte. Dieses wird unter keinen Umständen ungesühnt bleiben. „Schon lange erwartet euch der Strang und Espen weinen Tränen um euch!“:

Ўжо даўно вяроўкі вас, паны, чакаюць,
І па вас асіны сьлёзы праліваюць.

In seinen Naturschilderungen verweilt der Dichter besonders gern bei solchen Bildern, die traurige Stimmungen hervorrufen. Auch in seinem Gedicht „Дні ідуць за днямі“ (Н. Н. 1912, Nr. 19—20) wird der Gedanke entwickelt, daß wir das Glück suchen, doch es flieht vor uns und das Übel verfolgt uns, „ліха ідзе з намі, шчасьце ж уцекае“. Mitunter beschäftigen Mickevič aber auch andere Gefühle, namentlich wenn er durch die lebensvolle Natur dazu angeregt wird; so z. B. heißt es vom Frühling: „Freundlich lacht die Sonne am Himmel auf uns nieder, wie eine Mutter auf ihre Kinder, und so unendlich leicht wird einem dabei und das Herz schlägt fröhlicher!“ (ПЖ. 12—15):

Глядзіць прыветна з неба сонцэ,
Як бы матулька на дзяцей,
І лёгка, лёгка так бяз конца,
І бьецца сэрцэ весялей . . .

Wenn es dagegen gilt, im Winter den Frühling zu schildern, wenn die Natur nicht unmittelbar beruhigend wirken kann, gewinnt unwillkürlich die Trauer wieder Oberhand. Allerdings kehrt der Frühling wieder; nur die Jugend ist für immer dahin!

Die Nacht ist für Mickevič das Sinnbild der Tiefe, und sie entlockt ihm stille Lieder — „сьпевы ціхіны“ (ПЖ. 17): „Keine Worte gibt es, die deinen Anblick, deine Schönheit und deinen Frieden beschreiben könnten, keinen Blick, der sie umfassen könnte!“

Не ахваціш вокам, Апісаць абраз твой,
Ды і слоў німа Хараство, спакой . . .

Auch das Pfeifen des Windes läßt im Dichter neben trüben Stimmungen Freiheitsgedanken und Freude aufkommen (ib. 20).

Die heimatliche weißrussische Landschaft hat sowohl im allgemeinen als auch in Einzelheiten bei Mickevič schöne Darstellungen gefunden.

Innig und schlicht ist die Darstellung (ПЖ. 34): Du armes Heimatland, nichts als Schmutz, Sumpf und Sand ... Nur selten findet sich brauchbares Ackerland ... Sonst — Nadelwälder, Moos und Heidekraut. Die Wälder umhüllen dichte Nebel. Oh, du armes von Gott vergessenes Heimatland!

Край наш бедны, край наш родны!
Гразь, балота ды пясок ...
Чуць дзе крыху луг прыгодны ...
Хвойнік, мох ды верасок.
А туманы, як пялёнка,
Засьцілаюць лес і гай.
Ой ты, бедная старонка!
Ой, забыты богам край!

„Und wenn ein Lied ertönt, wieviel Kummer liegt darin!" heißt es bei ihm weiter. „А як песьня панясецца, колькі ў песьні той нуды!"

Die gleiche traurige Stimmung weckt in ihm auch das weißrussische Dorf („Хлеўчык, погрэб і гуменцы пад адзін зліліся плех; трэскі ўсаджэны ў вакенцы, замеж шкла — радняны мех") mit seinen Wiesen. (ПЖ. 32—37).

Der Anblick des Friedhofs entlockt ihm die Worte: „Also hier wird der Bauer von seinem Kummer Ruhe finden, hier hat er seine Gedanken und Tränen verborgen!"

Вось дзе ад гора мужык атпачыне,
Вось дзе ён думкі і сьлёзы схаваў!

Doch auch ruhigere Bilder finden sich bei ihm, besonders in den späteren Dichtungen, wie weiterhin gezeigt werden soll.

Die traurige Grundstimmung bleibt auch in den Darstellungen des Bauernlebens bestehen, weil dieses durchaus der weißrussischen Landschaft entspricht. Im Vergleich mit den anderen Dichtern behandelt Mickevič hier auch neue Motive. So heißt es im Wiegenlied (ib. 54): „Wein' nicht, mein Sohn, schon' deine Kräfte! Ohne sie kannst du auf der Welt nicht leben":

Не крычы, не плач: дарэмна
Ты патраціш сілы.
А без сілы, мой сынок,
Жыць на сьвеці, трудна ...

Unter den das Bauernleben schildernden Gedichten könnte noch das „Мужик" benannte Gedicht (ib. 77) erwähnt werden: „Ich lege die Sümpfe trocken und ruiniere mein Leben. Ich mähe gegen einen Bettlerlohn und wühle die Erde auf wie ein Maulwurf. Alle Winkel habe ich mit meinem Leibe gefegt, Bäume habe ich im Walde gefällt und Wege gebahnt. Doch ich befahre sie nicht, zu Fuß gehe ich einher, in zerlumpten Stiefeln, noch öfter auch barfuß ... Einen Palast habe ich erbaut, viele Fabriken und Brücken, selbst aber gehe ich nackt einher, nur mit Fetzen bekleidet ...

Я балоты сушу,
Надрываю жывот;
За бесцэнак кашу,
Рыю землы, як крот.
Ўсе вуглы і куты
Сваім целом я змёў,
Ссек я лес і кусты
І дарогі правёў.

Ды ня ежджу па іх, —
А хаджу пехатой
Ў рваных ботах старых,
Часьцей босай нагой.

Збудаваў я палац,
Многа фабрык, мастоў;
Сам жэ голы, як бац, —
Пары дзьве лахманоў.

Die Dichtung Mickevič' besteht somit vorwiegend aus Liedern der Trauer. Auf die Gründe hierfür geht der Dichter immer wieder ein: wieder ist es die weißrussische Landschaft und die traurige Lage der Bauern usw. Wenn von ihm daher Lieder der Freiheit, des Glücks verlangt werden, so kann er diesem Wunsche nicht nachkommen (ПЖ. 87): „Leidet denn mein Herz nicht? Fällt mir denn der Kummer nicht schwer? Ich singe, wie ich kann! Von Freude zu singen ist mir versagt":

Ці ж я сэрцам не балею?
Ці ж мне смутак лёгка даўся?!

Я сьпеваю, як умею, —
Я пра радасьць пець не здаўся.

Auch er setzt seine Hoffnung auf eine bessere Zukunft („Сябром" ib. 93): Unser Recht wird uns helfen, auch in unser Fenster wird die Sonne scheinen (Наша праўда нам паможэ — бліськe сьвет і к нам ў ваконцэ). Diesem Gedanken wird besonders nachdrücklich Ausdruck verliehen am Schluß des Gedichtes „Не бядуй" — Sorge nicht! (ib. 94): „Vorübergehen wird alles Böse, alles was uns drückt und traurig macht. Glaub' mir, es wird ein schönes Leben geben in unserer Heimat."

Пойдзе дымам ўсе ліхое,
Ўсе што душыць нас і гне!
Вер, што жыцьце залатое
Будзе ў нашай старане!

Nur ein Ausweg bietet sich aus dem Elend, das ist die Arbeit. Im Unglück darf man nicht den Mut sinken lassen.

Eine Festungshaft wegen politischer Betätigung gab Mickevič Anlaß zur Schilderung des Gefängnisses und der Sträflinge: „С турмы"; in einigen dieser Gedichte behandelt er auch die gewöhnliche Natur und das Leben vom Standpunkt eines Menschen, der der Freiheit beraubt worden ist. Immer wieder schweifen die Gedanken nach der Heimat mit ihren Feldern, und immer wieder wird der Wunsch wach, die Seinen wiederzusehen. Diese Gedanken verfolgen den Sträfling auch im Schlaf.

Außer diesen Gedichten besitzen wir von Mickevič auch humoristische. So wird z. B. in „Асадзі назад" — Zurück! (Водг. 65) erzählt, wie der Dichter, der immer Mißerfolge gehabt hat, nur ein einziges Mal das harte Wort: „Асадзі назад" nicht zu hören brauchte:

Ўзбунтавалась вёска —
Ой быў цяжкі год!

Прыежджае прыстаў:
„Выхадзі ўпярод!" . . .

Auch Liebesgedichte gibt es von Mickevič (Ў зімовы вечар HH. 1910, Nr. 50) und auch solche, in denen die Sehnsucht des Bauern nach einem besseren Leben zum Ausdruck kommt (Агляд зямлі HH. 1912 Nr. 12—13) u. a.

Nach dem Rigaer Frieden (1921) macht sich in Mickevič' Dichtung ein neues Motiv bemerkbar: der Aufruf zum Zusammenschluß und gemeinschaftlichen Kampf um die nationalen Rechte („Беларускаму люду" Водг. 106). Aufgeteilt ist unsere Heimat von fremden Schächern! ... Weg mit ihren Grenzen! Fort mit ihren Schranken! Uns gehören die Äcker und Wälder! So laßt uns denn einmütig uns erheben, Glück und Freiheit kommt nicht von selbst zu uns. Es kennt keine Seitenpfade ... O Volk! Begreife es, nur wir, wir selbst sind unseres Glückes Schmiede! Genug hat man uns gehetzt und von der Heimat vertrieben! ...

Нас падзялілі — хто? Чужаніцы,
Цёмных дарог махляры.
К чорту іх межы! К д'яблу граніцы! ...
Нашы тут гоні, бары! ...
Дружна, згодна станьма сьцяпою:
Доля не прыдзе сама,
Воля ня зайдзе к нам стараною,
Збоку дарог ёй нямя.
Люд! Праканайся: толькі мы самі
Долі свае кавалі.
Годзі жа, досыць понукаць намі,
Гнаць з нашай роднай зямлі!

Wir kommen nun zu den Balladen, gereimten Erzählungen und epischen Dichtungen Mickevič'.

Eine der frühesten Balladen „На адзіноце" — In der Einsamkeit (Водг. 39—42) ahmt im Aufbau, doch nicht im Inhalt, der rein volkstümlich ist, Žukovskijs Лесной царь („Erlkönig") nach. Es wird darin die Todesangst der Buschwächtersfrau und ihres Söhnchens in ihrer schneeverwehten und vom Sturm umbrausten Waldhütte geschildert. Der Vater ist nicht zu Hause und die gewohnten Hausgeräte flößen dem Kinde und der Mutter immer wieder neue Schrecken ein.

Die Erzählungen aus dem Volksleben („Зяць", „Прапаў чэлавек", „Паслушная жонка", „Грушы сапежанкі) enthalten wahrheitsgetreue Schilderungen der Volksbräuche und -anschauungen von einem Schriftsteller, der gut mit der Lebensweise der Bauern vertraut ist.

Auf einer, auch sonst mehrfach literarisch bearbeiteten Volkslegende beruht die Erzählung „Jak Jurka zabahacieŭ" — Wie Jurij reich wurde (Маладая Бел. II): Jurij hat bei einem armen Bauern seinen Sattel (Variante bei anderen — seinen goldenen Steigbügel) zurückgelassen; der Bauer eignet sich diesen durch Betrug an und wird dadurch reich.

Die Dichtung „Batrak" — der Tagelöhner (ib.) schildert in lebhafter Weise den im Dorfleben häufig vorkommenden Fall, daß sich die Tochter eines reichen Bauern in einen bei ihren Eltern arbeitenden Tagelöhner verliebt und ihm vor reichen Freiern den Vorzug gibt. Sie läßt sich mit ihm heimlich trauen; trotz der ländlichen Vorurteile verzeihen die Eltern dem

Paar, geben sogar ihre Zustimmung zur Ehe und erkennen den Schwiegersohn an („ў прымакі").

Wir kommen nun zu einem der besten Werke von Mickevič, der Dichtung „Новая зямля" — Neuland[1]). Sie erschien seit 1918 in Bruchstücken in weißrussischen Zeitschriften und erst 1923 kam die Gesamtausgabe zustande (8° 287). Die darin geschilderten Ereignisse gehören den Jahren 1890—1900 an. Die Dichtung zerfällt in 30 Lieder und beruht auf einer autobiographischen Grundlage. Im Mittelpunkt steht die Frage, wie man auf friedlichem Wege jene Freiheit erlangen könnte, nach der sich Mickevič ebenso wie alle anderen Schriftsteller aus der Zeit vor der Wiedergeburt Weißrußlands sehnte.

Der Inhalt ist der folgende: In den weißrussischen Forsten der Radziwill dient ein Buschwächter. Der schwere Dienst hindert ihn nicht daran, zu Hause ein guter Wirt und treusorgender Vater seiner Kinder zu sein, die das Lesen erlernen sollen. Obwohl er kein schlechtes Leben führt, so wünscht er sich doch ein eigenes Stück Land, das er nach eigenem Gutdünken, unabhängig von der Gnade seines Herrn bearbeiten könnte (S. 64):

Купіць зямлю, прыдбаць свой кут,
Каб с панскіх выпутацца пут,
І там зажыць сабе нанова:
Свая зямля — вось што аснова!

Und es findet sich eine passende Gelegenheit. Es muß nur noch auf einer Bank in Wilna Geld aufgenommen und übergesiedelt werden. Der Bruder des Buschwächters fährt nach Wilna, um das Geld zu holen. Inmitten dieser Sorgen stirbt der Buschwächter, die Sehnsucht nach dem neuen Lande lebt aber in seinem Bruder und den Kindern fort. Somit ist der Inhalt dieser Dichtung wenig kompliziert und für andere Literaturen wenig charakteristisch. In Weißrußland war aber das Landproblem vor der Revolution eines der akutesten. Vom Lande erwartet der Bauer Freiheit und Unabhängigkeit für sich und seine Familie (227):

А дзе ж той выхад? дзе збавеньня
З няволі цяжкай, з паланеньня?
Адзін ён ёсьць: зямля, зямля . . .
Зямля дасьць волі, дасьць і сілы,
Зямля паслужыць да магілы,
Зямля дзяцей тваіх ня кіне,
Зямля — аснова ўсей айчыне.

Die ganze Handlung der Dichtung spielt im Heim des Buschwächters, auf dem nicht weit davon gelegenen „Neuland" und in Wilna, wo die Bank war. Der Dichter hat es meisterhaft verstanden, auf so kleinem Raum die Mannigfaltigkeit der bald eintönigen, bald erhabenen weißrussischen Landschaft,

[1]) Eine genaue Analyse bietet I. Zamotin Пуціны беларускай літаратуры (Полымя 1924, Nr. 1).

das Wirtschaftsleben und die Sitten des Weißrussen, seine täglichen Sorgen und Freuden darzustellen, auch Volkslieder einzuflechten. Es spiegelt sich darin der historisch bedingte Gesamtcharakter des Weißrussen wider, seine Lebensweisheit, Moral und Vorstellung vom menschlichen Glück. Und all dies wird nicht in allgemeinen Zügen geschildert, sondern lebenswahr und zugleich künstlerisch.

Mit feinem Gefühl hat Mickevič die geeignete Form der Dichtung gewählt, in der es am leichtesten ist, auf die innere Welt des Menschen wie auch auf das äußere Leben der Natur einzugehen und gleichzeitig dem eigenen Gefühl Ausdruck zu verleihen. Was den Stil anbelangt, so zeichnet sich diese Dichtung in gleichem Maße wie alle andern Dichtungen Mickevič' aus der letzten Zeit durch alle Vorzüge der lebenden weißrussischen Volkssprache aus: man begegnet keinen in Anlehnung an das Polnische künstlich geschaffenen Wörtern, auch keinen seltenen Provinzialismen, und keinen Einflüssen der gemeinrussischen Schriftsprache. Dem nichtweißrussischen Leser fallen solche jetzt noch gebräuchliche Archaismen, auf wie бортник, схадзіць у Прусы, вельмі мала, пярун (Blitz); auffallend ist auch jene Innigkeit der Sprache, die durch die vielen Koseformen von Substantiven und Adjektiven erreicht wird, wie: свая зямелька, куток ўласны, зямлянка — будочка, хлявушок, воконца, ваконячка, крыжык, агоньчык, іскрачкі, шукаць свайго хлябка, мяска, каўбаскі, лецейка, сонейка, гадок, залаценьки дарагеньки usw., d. h. durch solche Wörter und Wendungen, die für das von fremdem Einflusse unberührte Weißrussisch charakteristisch sind, von dem Erasmus Vitellius 1501 dem Papste sagte, es sei „gracilis". Zur Schönheit des Stiles von Новая зямля tragen auch die vielen Epitheta, Tropen und Figuren bei, die wiederum unmittelbar der Volkssprache entnommen sind, z. B. зялёны луг, лёд жыцьця, свежыя крыніцы, смерць-гадзюка, бяда якая паўзе ў хаце, зямлі як бабе старай сесьці, „чыноўнік буркнуў штось сярдзіта, як той япрук каля карыта" usw.

Auch die Darstellung von Natur und Leben ist für Weißrußland typisch. Die Schilderungen der Natur wie des Bauernlebens sind derart, wie man sie fast überall in Weißrußland findet. Man vergleiche etwa den Sonnenaufgang. „Unvergeßlich ist dieser Augenblick, wo die Sonne alles streichelt wie eine Mutter" (222):

Усход жыве, гарыць палае,
Слупы-праменьні падымае,
Бы тыя рукі блаславеньня
У часе шчырага маленьня.
І вось яна, жыцьця крыніца,
Сама багіня-чараўніца,
Ўзышла на неба і міргнула,
Расу ў брыльлянты абярнула,
Глядзіць прыветна, ўсіх кахае,
Па свеце стрелы рассыпае
І песьціць шчыра ўсіх, як матка...
Хіба забудзеш міг той, братка?

Naturbildern und den daran sich knüpfenden Betrachtungen des Dichters begegnet man fast in einem jeden Liede dieser Dichtung. Überall finden sich Beschreibungen der Heimat mit ihrem gelben Sande... am Ufer des silbernen Niemen (малюнкі роднае краіны, дзе ныє жоўценкі пясочак . . . над самым Нёмнам срэбраводным), dessen Ufer nicht von Unkraut, sondern von weißrussischem Elend überwuchert sind, „не чаротом, не лебядою, а беларускою бядою“ (138). Erwähnt sei hier noch eine Darstellung der weißrussischen Ernte (220):

Угрэла сонца. Жней чародкі
Ідуць паважна, як лябёдкі,
У хустках лёгкіх, кофты белы,
Іх рукі дужа загарэлы.
Ідуць дзяўчаты, маладзіцы
І жарты строяць, як блазьніцы,
Ідуць шумлівы, гаварлівы,
Звініць іх голас, сьмех шчасьлівы;
Чутна і песьня маладая,
І поле раптам ажывае.

Die Dichtung beschränkt sich nicht nur auf die Schilderung des Lebens der geknechteten Bauern; kurz aber eindrucksvoll werden auch die Städter und Gutsherren geschildert. In den Bildern aus Wilna paart sich feine Beobachtungsgabe mit gesundem Bauernhumor. Verschiedene Personen und Lebenserscheinungen werden psychologisch gut analysiert. Der autobiographische Charakter der Dichtung verleitet den Verfasser häufig zu lyrischen Abschweifungen, wie z. B. (5):

Мой родны кут, як ты мне мілы!
Забыць цябе ня маю сілы!
Ня раз, утомлены дарогай,
Жыцьцём вясны мае убогай,
К табе я ў думках залятаю
І там душою спачываю.

Eine Stelle, die eine auffallende Ähnlichkeit mit dem Anfang des „Pan Tadeusz“ aufweist. — Oder (11):

Мой родны кут, лугі, крыніца!
Цяпер для вас я — чужаніца.
Той самы лес, палеткі тыя,
Да людзі там жывуць другія.
Мне душу смуткам напаўняе,
Што ў прошласьць канулі гадочкі,
Мае шчасьлівыя дзянёчкі, —
Прайшла вясна ты маладая!

Gleichzeitig mit dieser Dichtung entstand auch Сымон Музыка — Simon der Musikant (der Anfang erschien in Вольная Беларусь, Minsk 1917—1918, das Ende in Вольны Сьцяг 1921), eine romantische Dichtung mit offenkundig symbolistischem Einschlag. Im Mittelpunkt steht ein seinen Altersgenossen gänzlich unähnlicher Bauernjunge, der seinen Eltern gänzlich aus der Art geschlagen erscheint: „Не дзіця, а нейка здрада, ні падобны да людзей.“

Er liebt die Einsamkeit, ist verschlossen, dichtet und singt Lieder; er liebt die Natur und geht in ihr so auf, daß er auch die Sprache der Pflanzen zu hören meint; selbst unbelebten Gegenständen schreibt er ein bewußtes Handeln zu. So lauscht er auch auf die Stimmen in der Natur, wenn er mit dem heimatlosen Greis Griška die Schafherden seines Dorfes hütet.

Nun hört er einmal die Dudari spielen. Nachdem die Musik verstummt war, leben diese wunderbaren Töne in Symons Seele fort: sie wachsen an und erheben ihn hoch über die von Elend geplagte Erde: „Зыкі смутку, песьні волі чуў хлапчук з усіх старон".

Vom Greise erhält Symon eine Flöte und beginnt nun selbst auf ihr zu spielen. Zu Hause zieht er deswegen den allgemeinen Unwillen auf sich, man nennt ihn einen Tunichtgut und Faulpelz. Bald darauf stirbt Griška und hinterläßt dem Symon seine Habseligkeiten, d. h. Geige und Bogen; nun beginnt der Knabe Geige zu spielen, daß es eine Lust ist:

Ну й да скрыпкі быў ён здольны:
Як зайграе, як утне!
Мах шырокі, сьмелы, вольны,
Як бы што цябе таўхне.
У скокі так і падбівае,
Ногі самі трупацяць.

Nun geschieht aber ein Unglück. An einem nebligen Herbsttage zerreist ein Wolf vier Schafe aus Symons Herde. Für den Besitzer bedeutet das einen großen Verlust. Der Hirtenknabe bekommt furchtbare Schelte und wird von seinem Vater im Zorn vom Hof vertrieben, was dieser aber später sehr bereute: „Бяры скрыпку, смык і — вон!" Auf seiner Wanderung trifft nun Symon einen alten Bettler. In der Hoffnung, daß er mit dem begabten kleinen Musikanten viel Erfolg haben werde, bittet er ihn, mit ihm gemeinsam betteln zu gehen.

Sie kommen darauf ins Haus eines reichen Bauern. Ihre Musik bezaubert alle, besonders begeistert ist eine der Wirtstöchter, die Hanna.

Da sich der Bettler als Ausbeuter erweist und Symon nur ausnutzen will, verläßt dieser ihn, zieht weiter und kommt schließlich in die Schenke des Šl'omka. Hier wird er nicht nur bewirtet, sondern man fordert ihn auf, ständig da zu bleiben und abends zu spielen. Symon gefällt es aber nicht, handwerksmäßige Musik zu machen und er setzt seine Wanderung fort. Im Walde trifft er Hanna, klagt über sein Schicksal und begeistert sie beim Abschied durch seine Musik noch mehr für sich.

Es vergehen drei Jahre. Symon hat viel erlebt, unter anderem auch im Schlosse des Pan Przyboj gespielt, aber auch dort hat er die Abhängigkeit nicht ertragen können und war fortgelaufen. Währenddessen waren er und Hanna sich ihrer Liebe bewußt geworden und sehnen sich nacheinander. In einem fort denkt Hanna an ihn, wo er wohl sein könne, welches Los ihm wohl zuteil geworden sei: „Дзе ён ходзіць, лёс шукае бедны, вольны галубок?" Gleich der Jaroslavna im Igorliede klagt sie die Elemente an, daß sie ihn zugrunde richten.

Viele Freier umwerben sie, doch keiner findet Gehör. Der eine von ihnen wendet sich sogar um Rat an die Zauberin Aršul'a, die ihm zuredet, sich Hannas mit Gewalt zu bemächtigen. Wie er dieses versucht, erschrickt Hanna so, daß sie schwer krank wird.

Nachdem Symon das Schloß verlassen hat, will er zu ihr gelangen. Unterwegs erfährt er aber von Aršul'a, es sei bereits zu spät, Hanna sei gestorben. Er ist tief erschüttert durch diese Nachricht; auf dem Kirchhofe begegnet ihm die Seele der Geliebten:

„О, мой мілы, мой жаданны!“
Чуе голас ён яе:
„Ня пужайся сваей Ганны:
Я — ня здань, ня вобраз зманны...
Я — той вобраз, што ў дарогах
З думак ты сваіх стварыў,
І ў палёх, глухіх разлогах,
Бавіў час і ім ты жыў...“

Lange lauscht Symon ihren Worten der Liebe und Klage, und er weiß nicht, ob es Erlebnis oder Schein ist. Schließlich äußert sich Hanna bestimmter: sie würde immer bei ihm bleiben, da sie ein Teil seines Herzens sei; er möge in die weite Welt ziehen, standhaft im Unglück sein und durch seine Zauberklänge andern Leuten Trost zusprechen:

Пойдзеш ў свет ты тропам новым
Песьні-думкі дапяваць,
І сваім чароўным словам
Жар со дна душы ўзьнімаць.

Unter den Klängen dieses Liedes schläft Symon ein. Da erscheint ihm im Traum Danilo, ein Zauberer, der ihm eine lichtere Zukunft verheißt.

Круг ня скончыў свой Сымон,
На шырокі шлях праб'ецца,
Хоць мо' й доўгі будзе сон.

Dies ist der Inhalt der Dichtung von Symon, dem Musikanten. Der Dichter liefert darin den Beweis seiner vielseitigen Begabung. Im Aufbau erinnert dieses Werk an **Puškins** Евгений Онегин. Die Charakteristik des Symon und der Hanna ist stellenweise ausgezeichnet, viel Raum nehmen die Naturschilderungen der verschiedenen Jahreszeiten ein; wie in der romantischen Dichtung spielt das Element des Wunderbaren eine gewissse Rolle, z. B. die Zauberin Aršul'a, der Geist der Hanna, Danilo, der in Polesje in ähnlicher Weise auftritt wie Onegin unter den im Traume von Tatjana vorkommenden wunderbaren Tieren:

Той дае старым дубом,
А Палесь его вітае,
Зьліўшы шум у гучны гром.
Пушча дзеду ўся пакорна:
Тупне дзед — і ўсё маўчыць,
Слова скажа — і праворна
Лес адвечны зашуміць.

Die zahlreichen lyrischen Abweichungen werden durch Naturschönheiten oder Ereignisse im Leben des Hauptthelden hervorgerufen. Charakteristisch in dieser Beziehung ist der Beginn des dritten Teiles, der die Betrachtungen des Dichters über die Naturschönheiten seiner Heimat enthält:

Ой край родны, край прыгожы,
Мілы кут маіх дзядоў!
Што мілей ёсьць ў сьвеці божым
Гетых светлых берагоў,
Дзе бруяцца срэбрам рэчкі,
Дзе лясэ-барэ гудуць,
Дзе мядамі пахнуць грэчкі,
Нівы гутаркі вядуць?! . . .
Край мой родны! Дзе у сьвеці
Край другі такі знайсьці,
Дзе б магла так, поруч с сьмецям
Гожасьць пышная ўзрасьці? . . .

Wie sehr weicht diese Darstellung der Schönheiten Weißrußlands von den früheren Schilderungen bei Mickevič ab, wo die Armseligkeit des Landes betont wurde!

In die Dichtung werden auch Volksaberglauben vom Dichter eingeflochten.

Im allgemeinen Aufbau zeigt sich eine gewisse Ähnlichkeit mit Puškin, und doch ist vieles bei Mickevič selbständig und erscheint in anderer Beleuchtung. Immer wieder sieht der Leser deutlich die weißrussische Landschaft und ihre Bewohner vor sich. Überall erweist sich der Dichter als aus dem einfachen Volke stammend und schöpft aus der Volkssprache. Selbst die allgemeine Weltanschauung des Helden ist, wie in der Volksdichtung, animistisch. Die Grundidee der Dichtung kommt in den oben angeführten Abschiedsworten der Hanna von seiner trostspendenden Mission zum Ausdruck, ergänzt wird sie durch die Rede des Danilo über den künftigen breiten Weg (шырокі шлях), den Symon erreichen wird.

Stark umgearbeitet ist die Dichtung von ‚Сымон Музыка‘ in der Ausgabe von 1925. Sie kann in dieser Fassung als ganz neues Poem angesehen werden, und zwar nicht nur ihrem Inhalt, sondern ihrer ganzen Richtung nach.

Viele Prosaerzählungen hat Mickevič unter dem Pseudonym Taras Hušča veröffentlicht. Es sind ihrer im ganzen 39; sie sind in den obengenannten vier kleinen Erzählungsbänden gesammelt. Ihren Inhalt bildet meist die weißrussische Natur, das Landleben des einfachen Volkes und der Intelligenz. Sie sind in guter Sprache, unterhaltend und leicht verständlich geschrieben, so daß sie sich auch für Leser mit einem weiteren Horizont eignen. In künstlerischer Form unterrichtet der Dichter über Lebensweise und Bedürfnisse des Dorfes, seine Sitten und Gebräuche; mitunter werden Allegorien und feine psychologische Beobachtungen eingestreut; auch lyrische Abschweifungen über verschiedene Mißstände im Leben finden sich darin.

Im weiteren soll noch auf einige Werke genauer eingegangen werden.

Das Märchen „Жывая вада“ (Lebendiges Wasser) bildet eine Allegorie auf das falschgerichtete Bestreben der zarischen Regierung, einen jeden lebendigen Gedanken im Volke zu unterdrücken. Die Erzählung: „Думкі ў дарозі“ erinnert vielfach in ihren düstern Betrachtungen über das Los der Heimat an die von Rußland handelnden lyrischen Stellen in Gogols Мертвые души“: „І куды ты нясеш мяне, няведамая дарога? . . . О, мой родны край! Хмурна пазіраеш ты с сіняго тумана, што лёг па краёх палёў, гдзе неба спусьціўшыся нізка, абнімаецца з беднаю зямлёю" usw.

Die Erzählung „Дудар" behandelt das verschiedene Schicksal dreier Brüder, von denen der jüngste, ein typischer Weißrusse, das schwerste Los hat: „Меншаму брату выпала самая горшая доля. Прысудзіла яна яму самы горшы куток, кінула між мхоў і балот . . . Плакаў ён, і ніхто не бачыў яго сьлёз, ці не хацеў бачыць . . ." Verlassen von allen Menschen, singt er lange Lieder von seinem Unglück, erzählt Märchen, und nur dabei fühlt er sich glücklich. Aber niemand beachtet ihn: die Menschen lachen über seine Sprache und seine Lieder. Und er wurde still, verschlossen und vorsichtig und verbarg vor allem seine Gefühle (I меншы брат зрабіўся ціхі, спакойны, асцярожны і нікому не аткрываў сваёй душы. Меншы брат адзічэў). Es vergehen viele Jahre, da treffen sich die Brüder wieder. Der älteste (ein Großrusse) hat ein keckes Aussehen, ist gut gekleidet und spricht so, daß ihn der jüngste Bruder kaum verstehen kann. Auch der mittlere Bruder (ein Kleinrusse) scheint zufrieden zu sein, spricht aber wenig. Im Vergleich mit dem ältesten ist der jüngste Bruder schmächtig, mager, trägt zerrissene Kleidung und Bastschuhe. Die beiden älteren erzählen von ihrem Schicksal, ihren Bestrebungen und ihrem Leben. Dem Jüngsten gestatteten sie aber nicht, so zu sprechen, wie er es mit sich selbst und seiner Umgebung zu tun pflegte. Wie der Älteste verlangt, er solle in seiner Sprache reden, da antwortet ihm der Jüngste: „Bruder! Wer lange geschwiegen hat, der will viel reden. Ich habe mein ganzes Leben geschwiegen und ich möchte sprechen: laß mir wenigstens dieses eine Recht". „Брат! Хто доўга маўчаў, таму хочэцца многа гаварыць. А я маўчаў ўсё жыцьцё, і мне хочэцца гаварыць: не адбірай ты ад мяне хоць гэтаго права" . . . — So ist der Weißrusse!

Die längste Prosaerzählung von Mickevič ist „У Палескай глушы" — In der Einsamkeit des Polesje (8⁰ 185). Es ist eigentlich nur der Beginn einer umfangreich geplanten Novelle aus dem Leben der ländlichen Intelligenz in Südweißrußland, wo der Dichter zuerst als Dorfschullehrer tätig war. Die Handlung spielt zu Beginn des 20. Jahrh. Im Vorwort zu dieser Novelle liefert der Verfasser folgende Charakteristik der gebildeten Weißrussen: Im Kasernendrill aufgewachsen, erzogen nach dem Katechismus des Filaret, sich politisch zum Grundsatz „ein Glaube (der orthodoxe), ein Zar und ein Vaterland (das russische)" bekennend und künstlich von seiner pulsierenden Lebensquelle losgelöst, ist ein Teil dieser Intelligenz den Staatsprinzipien treu geblieben, der andere aber tief gesunken (на дно) und vermodert. Nur ihre rührigsten Vertreter suchen noch neue Wege, um das wahre Wesen der Dinge zu erfassen.

Das Leben von Dorfschullehrern, niederen Eisenbahnbeamten, Schreibern, Dorfgeistlichen, niederen Forstbeamten, Gutsbesitzern und der einfachen Bevölkerung wird hier wahrheitsgetreu geschildert mit allen seinen Licht- und Schattenseiten.

Von den anderen Prosawerken dieses Dichters muß noch „Антось Лата. Камэдыя на два акты" (Вольная Беларусь 1917 und 1918) erwähnt werden, die wenig dramatische Schilderung eines Trunkenboldes.

7. Maksim Bohdanovič.

Nach diesen beiden besten weißrussischen Dichtern gehen wir zu M. Bohdanovič über. Seiner Begabung nach steht er ihnen am nächsten, ist aber sehr früh der weißrussischen Literatur verlorengegangen, da er mit 26 Jahren an der Schwindsucht gestorben ist (1917). 1892 wurde er als Sohn eines Lehrers, dessen Namen in der weißrussischen volkskundlichen Literatur eine gewisse Rolle spielt, im Gouvernement Grodno geboren, zog aber bereits früh mit seinen Eltern nach Großrußland. Sein weißrussisches Herz blieb aber auch in der Fremde der Heimat treu, der er acht Jahre lang gedient hat. Seine literarische Tätigkeit begann mit Gedichten in Наша Ніва, die späterhin in der Sammlung Вянок (Wilna 1913) erschienen. Außer diesen und einigen anderen in weißrussischen Zeitschriften veröffentlichten Gedichten gehören ihm noch mehrere Aufsätze verschiedenen Inhalts an, die zum Teil russisch geschrieben sind (vgl. Verf. Белорусы III 3, 313—321).

Der Inhalt der Dichtungen von Bohdanovič ist ein sehr mannigfaltiger. Autobiographischen Charakter zeigt das folgende: Schon lange kranke ich an Körper und Geist und nur auf dich setze ich meine Hoffnung, du Heimatland! Die Heimat nur ist ein Quell lebenden Wassers, nur dort kann ich von meinem Kummer erlöst werden (73):

Даўно ўжо целам я хварэю
I хвор душой, —
I толькі на цябе надзея,
Край родны мой!

У родным краю ёсць крыніца
Жывой воды.
Там толькі я змагу пазбыцца
Сваӗй нуды . . .

Die Vorahnungen des Dichters: „Auch wenn ich sterben sollte, dann traucre ich nicht darüber: o Heimaterde! Du wirst deinem Sohn nicht schwer sein!“ — „Каліж у ім умру-загіну — не жалюсь я! Не будзеш цяжкая ты сыну свайму земля“ . . . haben sich bestätigt, nur ist er in fremder Erde begraben (in Jalta). Todesgedanken dringen auch in manchem anderen seiner Werke durch, z. B. (89): „Viele Wege gibt es im Leben und sie alle führen zum Grabe.“ („Шмат у нашым жыцьці ёсьць дарог, а вядуць яны ўсе да магілы.“). Der Dichter klagt darüber, daß soviel Kräfte im Leben unnütz vergeudet werden. Eile und Hast sei unnötig, denn auch der langsam kriechende Wurm erreicht uns an unserem Grabe: (Калі ціха паўзучы чэрвяк усёж дагнаў нас ля самай магілы).

In einigen Gedichten zeigt sich die Ansicht des Dichters über die Aufgaben der Dichtkunst und die Eigenart der Verskunst. Der wichtigste Inhalt der Dichtung sei die Schönheit; sie finde sich überall in der Natur, doch nur dem Dichter sei es vergönnt, sie zu erfassen:

Бачу я, з прыродай зьліушыся душой,
Як дрыжаць ад ветру зоркі нада мной,
Чую ў цішы як расьце трава.

Die von der Umwelt empfangenen Eindrücke verwandeln sich in des Dichters Seele in Perlen der Schöpfung („у жэмчуг зьвернецца“). Die Anschauung solcher Schönheit mildert und beseitigt die menschlichen Fehler. Auch rücksichtslos darf der Dichter sein; seine Verse dürfen Gift sprühen, wenn sie nur den Zweck erreichen, die kranke Menschheit zu heilen. „Ich biete euch hier Gedanken, die nicht in Fesseln geschlagen sind, und auf Schmähreden erwidere ich: Auch mit Gift heilt man Krankheiten!“ (82):

Я думы, ня скутые цутамі, А проці ганеньня кажу:
Тут перэд вамі вываджу, Хваробы лечуць і атрутамі.

Schmiegsam in ihrer Form müssen die Verse sein, aber hart wie Stahl (81): die Menschenherzen seien ja hart wie Steine. „Man muß einen biegsamen Vers aus Stahl schmieden . . . Schlägst du damit, dann klingt er wie eine Glocke und Funken sprühen aus dem harten Gestein.“ (Трэба с сталі каваць гібкі верш . . . Як ударыш ты ім, ён як звон зазьвініць, брызнуць іскры с халодных каменьнеў).

Inhaltlich ist Bohdanovič’ Dichtung sehr mannigfaltig. Man begegnet bei ihm auch solchen Gedichten, die stark an andere weißrussische Dichter erinnern. Ich erwähne diejenigen, in denen wiederum Schwermut, Kummer, Trauer über die öde weißrussische Natur und die schwere Lage der Bauern zum Ausdruck kommt, z. B. „Краю мой родны“ (62). Kummer und Tränen der Menschen bleiben ihm nie verborgen: selbst die Herbstblumen erscheinen ihm mit Kummer und Tränen des Sommers getränkt (з тугаю, горэм, сьлязінкамі лета 24); er sieht auch den Kummer in den Seelen derjenigen Tiere, die in unterirdischen Höhlen leben (85). Und doch verzweifelt der Dichter nicht (22):

Кіньмо жэ думкі аб долі гаротнай,
Хоць бы на момэнт спачынем душой.

Auch in der Wahl des Stoffes aus der weißrussischen Natur und dem Volksleben hängt Bohdanovič mit den anderen weißrussischen Dichtern zusammen. Immerwährend denkt er an seine Heimat; die gleiche Liebe zu ihr glaubt er in der ganzen Natur zu finden (61). Der Himmel und die Sterne blicken düster und aufmerksam auf seine Heimat herab. „Was sehen sie da?“ fragt er. „Warum zittern sie immerfort?“ . . .

. . . так маркотна і пільна
На край мой радзімы глядзяць . . .
Што ж там яны, ясные бачуць?
Чаго ўсё дрыжаць і дрыжаць? . . .

Auch Einzelheiten in der heimatlichen Natur lenken die Aufmerksamkeit des Dichters auf sich. Anläßlich des Hochwassers im Frühling schreibt er (30): „Es hebt Vater Niemen auf seinem mächtigen Rücken das Eis hoch!“ (Прыпадыйме бацька Нёман на хрыбце магутным лёд.) Die Eindrücke einer Stadt berührt er in seiner Schilderung von Wilna (51—52). Das einfache weißrussische Volkslied macht auf ihn den größten Eindruck (40):

І снуюцца сумна ў сэрцы, Горкай песні, простай песні
Ўюцца адголоскі Беларускай вёскі . . .

Auf den weißrussischen Aberglauben geht er im Gedichte „Зьмяіны цар“ (Der Schlangenkönig) ein (13):

Sehr interessant sind die unter dem Titel „Старая Беларусь“ (41—45) vereinigten Stücke. Dieser Abschnitt beginnt mit dem Летописец, worin sehr geschickt (jedoch nur hinsichtlich des Planes) Puškins Chronist Pimen aus dem Борис-Годунов nachgeahmt wird. Dort findet sich auch das anthologische Gedicht Слуцкie ткачыхі (Die Weberinnen von Sluck). Es spielt zur Zeit der Leibeigenschaft, als sich die Gutsherren Dorfmädchen zum Weben ins Schloß nahmen:

Ад родных ніў, ад роднай хаты
У панскі двор дзеля красы
Яны, бяздольные, узяты
Ткаць залатые паясы.

Statt der persischen Muster, die sie zu weben hatten, webt ihre Hand aber unwillkürlich heimische Kornblumen:

І тчэ, забыўшыся, рука
Заміж пэрсідского узора
Цьвяток радзімы васілька.

Wie stark Bohdanovič' Glauben an eine mögliche Wiedergeburt Weißrußlands war, geht aus seinem Sonett „Паміж пяскоў Егіпецкай зямлі“ (92) hervor. Ein Weizenkorn, das Tausende von Jahren in einer Grabesurne getrocknet hat, wird in die Erde gesteckt und es entsprießen ihm wieder Ähren „ўзбудзілася і буйна ўскаласіла парой вясеньняй збожжэ на ральлі“. Das ist dein Symbol, vergessenes Heimatland! (Вось сымвол твой, забыты краю родны!) ruft der Dichter aus.

Der Grundton von Bohdanovič' Dichtung ist aber nicht ausschließlich schwermütig, auch beschränken sich seine Dichtungen nicht auf das weißrussische Leben. Als Dichter der reinen Kunst geht er mitunter auch auf allgemeinmenschliche Probleme ein. Allerdings sind solche Dichtungen nicht umfangreich, aber es gibt ihrer eine ganze Reihe. Sie alle sind meisterhaft in der Form und sehr abwechslungsreich in Versmaß und Inhalt. Allem Anschein nach fiel ihm das Dichten nicht schwer. Mit vollem Recht lassen sich seine kleinen Stücke als anthologische Gedichte bezeichnen. Er selbst vergleicht sie mit Blättern eines Kranzes (5):

Засушыў я на паперы
Краскі, сьвежые каліські,
Думак шчырых і чуцьця.

Besonders vielen solcher Gedichte begegnet man im Abschnitt: „Ў зачарованым царстві“ — Im Zauberreich. Dort wird z. B. das Gewitter in folgender Weise mit einem Feuerschwert verglichen (14):

Панурая, вялізная жывёла
Па шыры неба ў даль марудна праплывае.
Ўсё сціхла. Але вось паветрэ рассекае
Агністы меч і зіхаціць вясёла.

Ударыў ён — і грукат пракаціўся;
Мігае грозны меч, удары не змаўкаюць,
І ўніз халодные бічы крыві сьцекаюць,
А людзі кажуць: гэта дождж праліўся.

Ähnlich ist das schöne Gedicht von Seifenblasen (56); ferner dasjenige über Anakreon, den Vater dieser Dichtungsart, das aus gewissen Gründen auf Bohdanovič selbst bezogen werden muß. „Bleich und biegsam liebe ich deinen klugen und schäumenden Vers, Anakreon! Er bewegt das Blut in den Adern, in ihm wogt Leben und er berauscht. Ein solcher Vers ist eine Gabe der Natur, er ist wie starker dunkler Traubenwein: Tage, Jahre vergehen, doch er wird immer mächtiger, immer berauschender!"

Бледны, хілы, ўсёж, люблю я
Твой і мудры і кіпучі верш, Анакрэон!
Ён ў жылах кроў хвалюе,
Ў ім жыцьцё струёю плешче, вее хмелем ён.
Верш такі, — як дар прыроды —
Вінаградная, густое, цёмное віно:
Дні ідуць, праходзяць годы, —
Але ўсё крапчэй, хмяльнее робіцца яно.

Bohdanovič' Verse sind abwechslungsreich und gut gefeilt. Man findet bei ihm die verschiedensten Versmaße, sogar so komplizierte wie Hexameter mit Pentametern, z. B. (90):

З нізкага берэгу дно акіяна вачам не доступна, —
Глуха укрыла яго сіняя цемень вады.
Але ўзбярыся ў гару на вяршыну прыбрэжнай страмніны, —
Кожны каменьчык на дне, пэўна, пабачыш ты стуль.

Von Bohdanovič stammen auch gute Sonette (92, 93), Triolette (94, 95), Rondos (96), Oktaven (97) und Terzinen (98). Seine Gedichte eignen sich ebensogut für den Gesang, wie z. B. das Lied (33): „Зорка Вэнэра ўзыйшла над зямлёю."

Die Prosaschriften von Bohdanovič sind ebenso gedankenreich. So kommt z. B. in Музыка (НН. 1907, Nr. 24) ein Dichter und Musiker vor: wenn er zu spielen anfängt, wenn seine Geige zu schluchzen beginnt, dann vergießen die Zuhörer Tränen, sie weinen über ihr Schicksal. Auch andere versuchen so zu spielen; sie können es aber nicht so gut wie der „Musikant", weil dieser im Spiel seine ganze Seele hingibt: „Das war der Kummer, der auf der Geige spielte, die Not war es, die den Bogen an die Saiten legte . Und keiner von den Satten konnte so spielen, wie das Volksleid es tat!" (гэта горэ грало на скрыпцы, гэта яно вадзіла смыкам па струнах. І ніводзін сыты ня мог так граць, як грало народнае горэ).

Was Bohdanovič' Sprache anbelangt, so bedient er sich der reinen weißrussischen Umgangssprache. Hierin liegt auch der wahre Reiz seiner Werke. Sein feines künstlerisches Gefühl äußert sich auch im Vermeiden eines allzu starken Akanje, das den Stil schleppend, ermüdend und eintönig erscheinen läßt.

Literatur: M. Hramyka Пясьняр сноў і чараў (Полымя 1923 Nr. 3—4, S. 109—111). M. Piatuchovič Максім Багдановіч як поэта імпрэсыяністы (ib. Nr. 7—8, S. 92—99).

8. Samuel Plaŭnik.

Samuel Plaŭnik, der gewöhnlich unter den Pseudonymen Zmitrok B'adul'a, Jasakar, Iskra oder Symon Pustel'nik schreibt, ist einer der fruchtbarsten heutigen weißrussischen Schriftsteller. Er ist jüdischer Abstammung und 1886 im Kreise Ošm'any geboren; er genoß eine jüdische Erziehung und lernte erst mit 17 Jahren Weißrussisch, seit 1910 sind Gedichte und Erzählungen von ihm in Наша Ніва und anderen weißrussischen Zeitschriften erschienen. Seine Werke sind auch separat herausgegeben worden. Abrazki (Petersburg 1914), eine Sammlung, die der Form nach Prosa, inhaltlich aber mehr „Gedichte in Prosa" enthält; „Под родным небам" (Minsk 1922) — Gedichte aus den Jahren 1921—1922, auch einige aus früherer Zeit; „На зачарованных гонях" (Minsk 1923), Prosaerzählungen aus weißrussischen Zeitschriften, zumeist über das Unglück Weißrußlands; „Буралом" (Minsk 1924) — kommunistische Gedichte.

Plaŭniks Schaffen zeichnet sich besonders durch ein außergewöhnliches Eingehen auf die Tagesereignisse, Sentimentalität und Neigung zum Mystizismus aus, der in letzter Zeit von einem extremen kommunistischen Materialismus verdrängt wird.

Im Gedicht „Мой сьпеў" (НН. 1911, Nr. 3) charakterisiert er seine Dichtung. Sie sei „tiefer als das Meer, höher als die Berge, dunkler als die Wolke, heller als die Morgenröte":

Ён (спеў) глыбей за морэ, ён вышэй ад гор,
Ён цямней ад хмары, ён сьвятлей ад зор . . .

Das bedeutet, daß seine Dichtungen mannigfaltig, doch von unbestimmtem Charakter sind. In „На горне душы я жывы верш каваў" (Im Ofen der Seele schmiede ich meinen lebendigen Vers; ib. 1914, Nr. 13) hebt Plaŭnik die Innigkeit seiner Lieder hervor. Die Motive seiner Dichtungen sind sehr verschieden, doch bleiben sie in den Grenzen des heute in der weißrussischen Literatur Üblichen. So versucht er z. B. im Volk das Streben nach Freiheit zu wecken („Ня лес шуміць, ня гром грыміць" Грамада 1917, Nr. 2); im „Гімн волі" — Hymnus an die Freiheit (ib.) gibt er seiner Freude über die erlangte Freiheit Ausdruck. Ein freies Volk müsse seinen Weg gehen, indem es seinen Pfad zur Sonne weiterschreitet („сьцежкаю сваею да сонца"), dieser dürfe aber weder zu den Großrussen noch zu den Polen führen („Тры сьцежкі" Вольн. Бел. 1917, Nr. 1). Am klarsten hat er jedoch seine Ansicht über die weißrussische Frage im Gedicht „Варта" (gedruckt in der ersten Nummer der bisher nicht erschienenen Zeitschrift

Варта 1918) ausgesprochen. Er fordert darin das Volk auf, Land und Sprache zu verteidigen und für Freiheit und Recht zu kämpfen:

„Вaюй за праўду і за волю!
Да новаго жыцьця заві
Усіх сыноў сваей зямлі!"

Im Gedicht „Беларусь" (Под родным небам 5) besingt Plaŭnik bereits nicht mehr, wie es die anderen Dichter taten, das Leid des Landes, die armselige Natur und das Unglück der Bauern, sondern gibt eine gedrängte Übersicht über das Schicksal des Landes und die Anschauungen seines Volkes. Ein jeder Schritt sei hier umwoben von Sagen aus grauer Vorzeit. Hier sei der Wolf kein Wolf, sondern ein verwunschener Mensch, jeder Strauch sei hier ein Landmann, der Storch — kein Vogel, sondern ein Pflüger. Und ein Wunder hält Wacht in den Wiesen und Tälern. (Тут кожны крок абвеян казкай сівай . . . Тут воўк — ня воўк, а чалавек закляты, тут корч ня корч, а той жа селянін. А бусял-птух — ня птушка, а араты; вартуе Дзіў абшар лугоў, далін.) Dieses ganze Gebiet hat dar- niedergelegen, jetzt aber seien hier in der Heimat des Skorina (край, дзе жыў Скарына) Propheten und Freiheitskämpfer entstanden, die das sammeln werden, was seit jeher Weißrußland gehört hat.

Auch auf die Schrecknisse des Krieges geht Plaŭnik ein, so z. B. in „Волат" (НН. 1914, Nr. 38), wo er von einem verschollenen Helden handelt; ferner in „Ад крыві чырвонай" (ib. 40), „Арліхі" (ib. 41) — selbst Adler sind unter den Geschossen zugrunde gegangen, „Бальляда" (ib. 45) — ein schlecht bestatteter Krieger erhebt sich aus dem Grabe und sieht zu, wie seine Freunde kämpfen und ganze Dörfer zerstört werden. Die riesigen Hekatomben der Menschenleben, die der Krieg verschlungen hat, erinnern Plaŭnik an die Opferdarbringungen in uralter Zeit („Вавілон" ib. 46). Das Gedicht „Братс сястрою" (ib. 52) handelt davon, wie Bruder und Schwester gemeinsam in den Krieg ziehen, ein Motiv, das auch in der Volksdichtung häufig ist.

Der neuerdings in Weißrußland verbreitete Kommunismus spiegelt sich bei Plaŭnik wieder in den Gedichten: „Ў Ясных Крушнях" (Под родн. неб. 97—109), „Зачарованы край" (ib. 70—97) wie auch in der Sammlung „Буралом". Der Inhalt bezieht sich auf Zerstörung früherer Werte; positive Ideale werden nicht geboten, wenn man von solchen absieht, wie Arbeit nur für sich selbst (не пойдзе хле бтвой гультаём). Im freien Lande bleibt dem Dichter nur übrig, alle zu ermuntern, daß sie schneller vorwärtsschreiten sollen auf den lichten, glücklichen Weg zu, zur freien, roten Fahne (на сьветлы шлях, на шчасны шлях, пад вольны сьцяг, чырвоны сьцяг! Буралом 5—6).

Auch eine ganze Reihe von Liebesgedichten hat Plaŭnik geschrieben. Erwähnt sei z. B. folgende Stelle aus seinen Gedichten in Prosa (Abrazki 6): „Ў гэты самы час тку я са смутку свайго карону для шоўкавых валасоў тваіх . . . Здаецца, нашуся с табой куды-то далёка, далёка за речкай за хмыжняком" . . . „Um diese selbe Stunde webe ich dir aus meinem

Kummer eine Krone für dein goldiges Haar ... Es scheint mir, ich fliege mit dir weit hinaus, über den Fluss, hinter jenes Gesträuch" ... „А можэ і праўда, што сэрцэ маё неякая порваная струна, каторай калісь-то крануліся кволые пальцы дзяўчыны прыгожай". „Vielleicht ist das richtig, daß mein Herz eine gesprungene Saite ist, die einst von den zarten Fingern eines schönen Mädchens berührt wurde" ... (ib. 10). Hierher gehört auch „Сымфонія" (Белар. жыцьцё 1920, Nr. 1 und 3), worin ein Mädchen als Muse dargestellt wird mit Anklängen an das Hohe Lied Salomonis.

Folgendermaßen ist die tiefe Trauer eines Mädchens um ihre verstorbene Mutter dargestellt (Abrazki 28): „Яна не галасіла, не плакала, а только ціхутка прычытывала: Не пабаюся гневу панскаго! Не пабаюся нямой поўначы! Не пабаюся лесу цемнаго! Пабягу абарваная, голодная у родную бедную вёску. Міну я братаву хату, міну вялікі выган, зайду на магільнік сумны да маці нябошчыцы. Павалюся вод зямлю на жоўты пясок, прытулюся гарачай галавой да халоднаго крыжа, тварам урыюся у мягкі курган, каб бліжэй было да труны матчынай" ...

Schön wird in den „Акорды" (Вялікодная пісанка 1904—1914, 68—71) die Liebe eines Jünglings zu einem Mädchen geschildert. Das gleiche Thema behandelt „Ці грэх" (НН. 1913, Nr. 43): — es sei nicht sündhaft, ein Mädchen zu lieben wegen ihrer Schönheit und ihrer Lieder und der glücklichen Stunden, die sie dem Dichter geschenkt hat.

Da Plaŭnik gut mit der Heiligen Schrift vertraut ist, finden sich bei ihm auch einige Gedichte mit biblischen Motiven. Stark an die Psalme erinnert z. B. „Харастcounterву" (Вольн. Бел. 1918, Nr. 15). Es beginnt folgendermaßen:

Ты мой закон, мая душа, мая рэлігія, мой Бог,
І кожну хвілю я табе малітвы новыя твару.
Табой я шчасліў, я твой жрэц, хвалу табе пяе мой рог ...

Von Plaŭniks neuesten Gedichten gehört hierher „Тамуз і Егова" (Под родн. неб. 111).

Erwähnung verdienen auch einige stark mystische Gedichte Plaŭniks.

Spuren des Volksaberglaubens begegnet man in folgenden Gedichten: „У муках" (НН. 1915, Nr. 24) — Schilderung der Angst beim Suchen der verbotenen Blume im Walde; „Русалка" (Вольн. Бел. 1917, Nr. 1); „Абмылка" (Беларусь 1920, Nr. 12) — der nach langer Trennung heimgekehrte, reich gewordene Sohn wird von seinen Eltern nicht erkannt und ermordet — ein auch in Volksmärchen vorkommendes Motiv.

Naturschilderungen enthalten: „Ля сьветлай затокі" (НН. 1914, Nr. 27) — von der Frühlingspracht, die zur Zeit der Dürre vergeht; „Казка зімовой ночы" (Вольн. Бел. 1918 Nr. 3) enthält eine Schilderung der Winternacht und jener Gedanken, die den Dichter während dieser Nacht beschäftigen. Auch andere Themen sind von Plaŭnik gestreift worden.

Durch ihren Inhalt verdienen folgende Gedichte Beachtung: „Дзіця рая" (НН. 1914, Nr. 3) — die Seele kann nicht das Wesentliche des Paradieses erfassen und der Dichter kann das Irdische nicht begreifen; „Маскарад" (ib. Nr. 28) — von Tieren, die ihre Gestalt verändert haben; „Помста", „Адплата пану" (Буралом 45) — wie die Sinnlichkeit eines Gutsherrn bestraft wurde u. a.

„У калядную ночь" (Белар. 1919, Nr. 53) — eine Aufforderung an die Weißrussen, sich für ihre Heimat einzusetzen: die Kräfte hätten sie dazu: „Eure Arme sind von Stahl, eure Brust ist gehärtet durch die Winde der Niederung, eure Schultern sind wie von Eichenholz, euer Wuchs ist schlank — so seid ihr alle!"

Вашы рукі, як сталёвые,
Вашы грудзі гартаваны
Ветрамі раўнін.

Вашы плечы, як дубовые,
Нібы сосны, вашы станы, —
Усе — адзін ў адзін.

Während der polnischen Okkupation, als eine weißrussische Armee gebildet wurde, veröffentlichte Plaŭnik eine ganze Reihe Soldatenlieder (vgl. Беларусь 1919, Nr. 55, 1920 Nr. 22).

Von Plaŭnik stammen auch viele Prosaerzählungen, die teils in verschiedenen weißrussischen Zeitschriften, z. B. in der Наша Ніва 1914—1915 u. a., teils in der Sammlung „На зачарованных гонях" (Minsk 1923) veröffentlicht sind. Meist schildert er darin die große Armut des Dorfes; häufig käme es vor, daß man so wenig Essen im Hause hätte, daß auch die Fliegen davon nicht satt werden können (няма чым і муху пакарміць); vom Glück sagt Plaŭnik: „Шчасьце, як і няшчасьце, ня маець сваёй асобнай меркі для ўсіх людзей на сьвеце, але кожны чаловек маець, сваю асобную мерку да шчасьця і свой асобны пагляд на самае шчасьце." Als Lohn für die erlittenen Qualen erbittet sich Anuprej („Сон Анупрея") von Gott nur ein Stück Hering und ein Glas Schnaps. Immer wieder hebt Plaŭnik die große Anspruchslosigkeit des Weißrussen hervor. In vielen seiner Erzählungen gleichen einige Stellen, mitunter auch die ganze Erzählung, einem Gedicht in Prosa: der Dichter ist besonders empfänglich für die Schönheiten der Natur und verehrt diese wie eine Gottheit. Er begeistert sich auch für einen jeden Dienst am Volke und ist um die Hebung des sittlichen und geistigen Niveaus bemüht (vgl. Plaŭnik „Фр. Скарына" Беларусь 1919, Nr. 24).

Die Verskunst macht Plaŭnik keine Schwierigkeiten. Es ist zu bedauern, daß er so häufig statt der Reime Assonanzen anwendet (бору — хоры, высокія — вокам я u. a.)

Schließlich muß noch seine Broschüre „З. Бядуля. Жыды на Беларусі. Бытовые штрыхы" (Minsk 1918) erwähnt werden. Er bietet darin einiges literarische Material zur Klärung der Beziehungen zwischen Juden und Weißrussen.

9. Dmitrij Žiłunovič.

Unter den heutigen weißrussischen Schriftstellern nimmt D. Žiłunovič eine recht hervorragende Stellung ein. Er ist meist unter dem Pseudonym Ciška Hartny, bisweilen auch Avadźon, Zmitra Kapyl'anin bekannt. Er wurde als Sohn eines armen Bauern aus dem Flecken Kopyl', Kreis Sluck,

1887 geboren. Er besuchte zuerst die Volksschule und hat sich dann später allein weiter gebildet. Seinem Berufe nach war er Handwerker, Gerber („гарбар"), und begann 1908 für die Zeitschrift Наша Ніва zu schreiben, späterhin auch für andere weißrussische Zeitschriften; selbst redigierte er die „Дзянніца" und „Савецкая Беларусь", wo er auch einige Aufsätze belletristischen und publizistischen Inhalts veröffentlichte. Dann hat er auch für russische Arbeiterzeitungen geschrieben. Ein Teil seiner Dichtungen wurde in „Pieśni" (Petersburg 1913) gesammelt, die später teilweise in die Ausgabe „Песьні, працы і змаганьня" (Berlin 1922) aufgenommen wurden. Seine Prosaschriften umfassen drei Bände: „Сокі цаліны. Роман у трох частках. 1. Бацькава воля" (ib.); „Трэскі на хвалях. Апавяданьні" (Minsk 1924); „Урачыстасьць 1. Рэвалюцин, 2. жыцьця" (Minsk 1925). Von ihm stammen auch die Dramen „Хвалі жыцьця" (Sammelwerk „Зажынкі", Moskau 1918) und „Соцыялістка" (Сцэнічн. творы II), unter anderem auch eine populäre Abhandlung über die weißrussische Literatur „Беларуская література (Нарысы і агляды)" in Курс Белорусоведения, Moskau 1920.

Während die oben behandelten weißrussischen Schriftsteller als Vorbedingung für Freiheit und Besserung der Lebensverhältnisse Verbreitung der Bildung unter den Bauern und Landzuteilung forderten, vertritt Žiłunovič als Arbeiterschriftsteller einen anderen Standpunkt: er verlangt Besserung der Arbeitsbedingungen in Fabriken und Werkstätten, Verdrängung der zwangsweisen Arbeit durch eine freiwillige. „Праца муся быць творчасьцю вольнай і незалежнай, аздараўляючай і душу і цела. Праца павінна даваць радасць, навеваць радасны настрой" (Курс Белорусоведения 280). Der Ertrag der Arbeit hat dem ganzen Volke zu gehören; das Ergebnis hiervon ist natürlich die Herrschaft des Sozialismus (ib.). So sieht das Ideal von Žiłunovič nach seinen eignen Worten aus. Es deckt sich auch mit dem Inhalt seiner Dichtung. In seinen „Песні працы" äußert er sich folgendermaßen über seine Betätigung als Gerber und seine Arbeitsfreudigkeit:

Я рабочы гарбар,
Рыцар працы цяжкой,
І з жалезнай душой,
С сэрцам зыркім як жар.
Ў вачах іскры маіх,
А жалеза ў руках,
Скура гнецца ад іх
Ў адзін міг, ў адзін мах . . .

Я здружыўся с трудом,
Я ў ім рос, я ў ім креп;
Запрацованы хлеб
Люблю мецъ за сталом.
Не хачу, не прывык,
Склаўшы рукі хадзіць:
Я гарбар працаўнік,
Я жыву каб рабіць . . .

Diese Arbeit ist anstrengend, aber er ist fest davon überzeugt, daß der Keim einer bessern Zukunft dort liegt, wo Kraft wohnt und wo fieberhafte Arbeit geleistet wird (дзе сіла жыве, дзе работа кіпіць, там насеньня зярно лепшай долі ляжыць, Nr. 3).

Schwer ist auch die Arbeit des Erdgräbers, zu der sich, wie auch Nekrasov beobachtet, die Weißrussen besonders eignen. Ich suchte, spricht ein Erdgräber, das Glück auf Erden, doch fand ich es nicht. Für meine

Mühen hat mir das Schicksal eine Dornenkrone gewunden ... Wie blind soll ich vorwärts schreiten, immerdar, soll stets die Erde graben und kein Glück finden ...

С калючковых раслін мне вяночек спляла,
З медзі звонкой цяжкой даровала шнурок ...
Каб я шоў, як сьляпы, каб без конца ішоў,
Землю вечна капаў і дабра не знашоў.

Auch in vielen anderen Gedichten preist Žiłunovič die Arbeit, da nur Arbeitsfreudigkeit und Beharrlichkeit zur Freiheit führt (Nr. 14), nach der sich der Dichter ständig sehnt. Selbst aus der Ferne lockt ihn die Freiheit zu sich: „sieh nicht die undurchdringliche Finsternis, die dich umgibt! Kämpfe mit ihr, und in diesem Kampfe wird es dir gelingen, mich zu fassen! ...“

Не глядзі, што наўкола цябе
Непрабачная ночка стаіць;
Бісяь з ёю, і ў той барацьбе
Ты патрапіш мяне уловіць! ...

Das gleiche Thema wird auch noch in anderen Gedichten behandelt. Als Freiheitskämpfer liebt er das Gewitter und wünscht, daß es anhalten möge („Чаго я хачу“ 36):

Не прашу спакою, не прашу забыцьця,
Бо жыцьцё заўсёды ў сьцішу замірае,
А прашу я буры, бо із буры жыцьцё
С сілаю магучай біцца пачынае.

Wie in der weißrussischen Volkspoesie begegnet man auch bei Žiłunovič Klagen über das Schicksal und über das erlittene Unglück. Er hofft, daß das Schicksal ihm hold sei (Песьні 29):

Хочэцца шырокай нязьмернай волі,
І шчасьлівай, рэзвай, маладзенькай долі ...

Doch auch der Gedanke, ihm könne ein schweres Schicksal bestimmt sein, entmutigt ihn nicht: er tröstet sich an den Schönheiten der Natur, ihrem Wiedererwachen im Frühling und der Möglichkeit eines neuen Lebens und produktiver Arbeit, der gleichfalls einige Gedichte gewidmet sind.

Die Gedanken an die Arbeit und an den Kampf um die Freiheit beziehen sich bei Žiłunovič weniger auf seine eigene Person als auf die Heimat. Er ist fest davon überzeugt, daß Arbeit und Freiheitsliebe eine nationale Wiedergeburt herbeiführen werden. Einige Gedichte sind ausschließlich dieser Frage gewidmet, so z. B. „С чужыны“ (НН. 1912, Nr. 4): der Dichter denkt nur an seine Heimat, der er mit Leib und Seele ergeben ist; ein anderes Gedicht: „Не пакінь ты, надзея, мяне“ (Песьні 31) enthält den Wunsch, den Glauben an diese Wiedergeburt zu behalten (у ваўскросшую верыць краіну); ein weiteres: „Краю роднаго ні кіну“ (Волн. Белар. 1917, Nr. 34) enthält das Gelübde, der Heimat bis zum Tode treu zu bleiben; eine ähnliche Äußerung liegt von V. T'apinskij aus dem 16. Jahrh. vor (vgl.

Verf. Белорусы III 2, 36). Er ruft auch die Weißrussen auf, sich für die Freiheit des Landes gegen die Gutsherren zu erheben (Сов. Бел. Nr. 5):

І сцяг чырвоны адамшчэньня,
Жыцьця шчасліваго той сцяг,
Ўздымай да сонца адраджэньня,
Панам-убіўцам — на іх страх.

Die gleichen Motive revolutionären und kommunistischen Charakters zeigen sich in einer Reihe seiner späteren, unter dem Titel „Песьні змаганьня“ — Kampflieder (чырвоны волак) — vereinigten Gedichte. In ihnen kommt auch das Glück über die Befreiung Weißrußlands unter kommunistischer Herrschaft zum Ausdruck. Hierin zeigt sich Žiłunovič als der Dichter des von ihm ideell geschaffenen Lebens.

In diesem Zusammenhange mögen auch die Gedichte der Sammlung „Урачыстасьць“ erwähnt werden, deren Inhalt durch die Worte charakterisiert wird:

Мы — сыны
Новых дзён!
Сьветлай долі працоўным — тварцы.
Мы ўсясьветнай Комуны ганцы —
Вястуны! (Хто мы? 36).

Erwähnt zu werden verdienen Žiłunovič' Liebesgedichte, die er bereits in jungen Jahren verfaßte, z. B. „Любоў“, (НН. 1911, Nr. 16), „Мець бы жыцьце бяссмертнае мне“ (ib. 1912 Nr. 18) — alles will er seiner Geliebten geben, aber das Glück seines Volkes ist für ihn das Höchste:

А дзе трэба было-б ваплаціць
Дзеля шчасьця народу собою,
Я хучэй пастараўся-б там быць
І сваёй адкупіцца душою . . .

Von der Liebe handelt auch ein ganzer Abschnitt in den „Песьні“ — II. Pieśni kachańnia — bestehend aus sieben Liedern.

Volksaberglauben findet sich im Liede „Лясун“ (НН. 1911, Nr. 5) Žiłunovič hat auch versucht, Geschichten und Überlieferungen Weißrußlands in Versen darzustellen, und zwar in „Ucioki Kapylskaho kniazia Symona“ (Песьні 42), wie auch in „Капыль“ (Вольн. Белар. 1917, Nr. 22).

Ohne auf die anderen Gedichte, z. B. über Tagesfragen, einzugehen, wenden wir uns der Prosa von Žiłunovič zu. Von ihm stammt der Roman „Сокі цаліны“, der, in drei Teilen geplant, bisher aber nur in seinem ersten „Бацькова воля“ (8⁰ 158) abgeschlossen vorliegt. Bereits aus diesem einen Teil ist ersichtlich, daß der Roman die Zeit der proletarischen Revolution behandeln und teils die Ideologie des Bauerntums, teils die der Arbeiterschaft widerspiegeln soll. Der Bauer hängt noch zäh an der alten Lebensstruktur, der Arbeiter sucht nach neuen Wegen; doch sobald er sich wieder im weißrussischen Milieu, in der weißrussischen Natur befindet, fühlt er, daß er niemals seiner Liebe zur Heimat untreu werden könnte. „Край мой родны, край мой мілы!“ ruft er aus. Damit schließt der bisher veröffentlichte Teil.

— Ein Nachteil des Romans ist sein schwerer Stil und seine recht anfechtbare Sprache. Diese Mängel lassen sich oft auch in den Gedichten Žiłunovič' nachweisen. — Die Sammlung „Трэскі на хвалях" (8^0 254), mit einem Bilde des Verfassers, enthält 16 Erzählungen aus dem Bauern- und Proletarierleben; sie enthalten auch einige weißrussische Naturschilderungen. Im selben Milieu spielen die zwei Dramen von Žiłunovič.

10. Albert Pavłovič.

Albert Pavłovič, geboren 1875, entstammt dem Adel. Nach Absolvierung einer vierklassigen Schule war er Buchhalter bei einer Eisenbahnverwaltung. In seiner dichterischen Betätigung weicht er stark von den oben behandelten weißrussischen Dichtern ab. Während bei seinen Vorgängern schwermütige Stimmungen, Unzufriedenheit mit dem heutigen Leben überwiegen, hebt Pavłovič die komischen Seiten des Weißrussen, sowohl der Bauern als auch der Intelligenz hervor. Zu diesem Zweck bedient er sich viel der wandernden Anekdoten, die unter anderem auch in weißrussische Märchensammlungen aufgenommen worden sind. Seine in Verse gekleideten Erzählungen gehen mitunter auf die polnisch-jesuitischen Schulintermedien zurück, in denen ja auch das weißrussische volkstümliche Element eine gewisse Rolle spielte. Inhaltlich sind Pavłovič' Gedichte nicht immer für einen bäuerlichen Leserkreis geeignet; in dieser Beziehung ähneln sie denjenigen der alten Schriftsteller aus der ersten Hälfte des 19. Jahrh., die gleichfalls dem polnisch-weißrussischen Adel entstammten. Seine Gedichte eignen sich gut zur Lektüre für den Adligen, da sie meist von den Bauern, aber in einer Weise handeln, die auf den Geschmack der Adligen zugeschnitten ist.

Das soeben Gesagte bezieht sich hauptsächlich auf „Снапок. Сборнік вершаў" (Wilna 1910); doch trifft es auch für die in anderen weißrussischen Ausgaben erschienenen Gedichte zu. Übrigens sind die ersten fünf Gedichte der Sammlung Снапок in der Art von Łucevič und Mickevič geschrieben; wieder zeigt sich darin die gleiche Natur, das traurige Dorfleben und die Unzufriedenheit mit den weißrussischen Verhältnissen. Auf diese Gedichte soll hier nicht weiter eingegangen werden; als Probe möge die Darstellung des ungeheizten Schulraumes genügen (5):

Ў хаце сьветлай і прасторнай
Холадна без конца,
Праз вакно, хоць паглядае,
Ды ня грэе сонцэ.
А на лаўках, скачанеўшы,
Ціха сідзяць дзеці:
Іх цікавіць, што вучыцель
Кажэ ім аб сьвеці.

Die anderen Schriften von Pavłovič sind anders geartet. Der Schriftsteller Levkovič charakterisiert Pavłovič in folgender Weise

(H. Leučyk. Čyžyk Biełaruski 36): Lustig redest du mitunter, Onkel! Schön kann man darüber lachen. Es ist möglich, daß der gesunde Humor dazu beiträgt, den Kummer nicht zu fürchten! . . ."

Смешна часам баеш, дзядзька,
Добра пасьмеяцца!
Мо' здаровы сьмех паможэ
Гора не баяцца . . .

So handelt die Erzählung „С кірмашу" (Von der Kirchmeß) davon, wie ein Bauer einen zu Fuß aus der Stadt heimkehrenden Kaufmann auf seiner Fuhre mitnimmt. Wie sie durch einen Wald fahren müssen, schreckt der Bauer den Kaufmann damit, daß sie von Räubern überfallen werden könnten, und rät ihm, sich in einen auf der Fuhre befindlichen Sack zu verstecken. Nachdem er diesen zugebunden hat, täuscht er einen Überfall vor und beginnt mit einem Knüppel stark auf den Sack loszuschlagen. Dem Kaufmann bleibt nichts anderes übrig, als zerbrochenes Glas vorzustellen und immer „Дзынь . . . нь . . . . нь" zu rufen. Wie sie den Wald hinter sich haben, öffnet der Bauer den Sack wieder und erhält sogar vom Kaufmann noch eine Belohnung. Die gleiche Begebenheit kommt auch in einem alten Intermedium vor (vgl. Verf. Белорусы III 2, 225—226).

Dann ist auch noch eine Anekdote von den Krebsen zu erwähnen (14). Ein Gutsherr schickt seinem Nachbar als Geschenk einen Sack voll lebender Krebse und dazu einen Brief. Unterwegs wird der Knecht, der sie hinbringen soll, müde und legt sich im Walde nieder, um auszuruhen. Bald schläft er jedoch ein, auf irgendeine Weise öffnet sich der Sack und die Krebse suchen das Weite. Wie der Bote erwacht, ist es bereits zu dunkel, um die Krebse wieder aufzulesen. Nach einigem Nachdenken entschließt er sich, wenigstens den Brief abzuliefern, was er denn auch tut. Der Empfänger liest den Brief, gibt dem Boten in der Annahme, daß die Krebse der Wirtin übergeben worden seien, ein kleines Trinkgeld und sagt: Du aber danke auch noch deinem Herrn herzlichst . . .

Ты ж падзякуй свайму пану ад мяне сэрдэчне
За гасьцінец і за памяць. Не забудзь, канечне!
Праз іх ласку, скажы пану, заўтра зьем прысмакаў.

Die Furcht des Arbeiters verwandelt sich sofort in große Freude: „Also haben die Krebse doch den Weg zu euch gefunden? Gott sei Dank! Sie sind doch heute früh im Walde auseinandergelaufen. Ich habe geglaubt, bei ihrer Kopflosigkeit, daß sie sich verlaufen. Doch nein! Also, mein Herr, laßt sie euch wohlschmecken!" —

Панок мілы! Ці ж то ракі ўжо прышлі да пана?
Дзякуй Богу! Яны ў лесе распаўзліся зрана.
Я ўже думаў: яны зблудзяць, каб іх безгалоўе.
Аж, бач, не. Дык, мой паночэк, ешце на здароўе!

Eine andere Erzählung, — wie eine alte Frau in der Kirche auch für den Teufel Kerzen stellte (20) — ist auch in Kleinrußland verbreitet. Diese

Handlungsweise erklären sich die Weißrussen dadurch, daß man nicht wisse, wo man nach dem Tode bleibt, im Himmel oder in der Hölle, und Freunde müsse man überall haben.

„Што ты", кажуць, „робіш, баба: то ж нячыста сіла!"
Абярнуўшысь, тая кажа: „не судзіце, людзі,
З нас ніхто ня знае добра, гдзе па сьмерці будзе:
Чы у небе, чы у пекле скажуць векаваці,
Мець прыяцеля трэ ўсюды, каб нам мог спрыяці."

In dieser Art gibt es sehr viele Erzählungen von Pavłovič. Es könnte z. B. noch „Выбар" (Белар. жыцьцё Nr. 22) angeführt werden, eine Fabel mit dem Sinn des klassischen Ausspruchs „будешь иметь двух рабов". Ein Dorfältester bringt seinen Sohn in die Schule, doch scheint ihm das Schulgeld allzu hoch zu sein: dafür könne er sich ein Füllen kaufen, meint er zum Rektor. „Dann kauf dir doch ein Fohlen", antwortet dieser, „dann hast du deren zwei". — („За яе я куплю, каб я так быў здароў, жарабца" . . . — „Ну й купляйце сабе . . . жарабцоў тады мець будзеш пару!")

Oder das Epigramm auf die Ärzte, die überflüssig seien, weil die Menschen trotz ihrer Hilfe sterben („Варта" 1919, Nr. 1, S. 14):

Я дачуўся, муж памёр?
— Так памёр, мой пане.
— А чаму ж бы ні пазваць
Дохтара зараня?

— Не, паночку, нам нашто,
Мы ні вымагаем:'
І бэз дохтара ўсе тут
Неяк паміраем.

Von Pavłovič gibt es auch noch ein Drama „Васількі (Kornblumen). Драма з сучаснага жыцьця ў 5 актах" (Wilna 1919). Die Handlung spielt in einer reichen Bürgerfamilie und beruht auf der Liebe des Familienhauptes zu einem außergewöhnlich schönen und arbeitsamen Dienstmädchen. Das Verhältnis der Hauptpersonen ist ein solches, daß sich daraus eine reiche Handlung ergeben könnte. Leider hat der Verfasser diese günstigen Umstände nicht in genügendem Maße ausgewertet: der Konflikt ist im Drama nur gering. Statt dessen werden einer Reihe gänzlich überflüssiger Personen lange Charakteristiken der Hauptpersonen in den Mund gelegt. Das Drama ist in Versen geschrieben und könnte bei einer geringfügigen Änderung erheblich besser werden.

Pavłovič' Sprache weist einige Mängel auf: sein Weißrussisch ist nicht immer rein, auch begegnet man bei ihm häufig ungenauen Reimen (душу — заглушэ, сэрцэ — смерці, хаце — багацьце usw.); mitunter finden sich bei ihm auch syllabische Verse.

11. Alexander Prušynski.

Alexander Prušynski entstammt einer Minsker Arbeiterfamilie. Er wurde 1887 geboren und starb 1920; seinem Beruf nach war er Tischler. Er hat zuerst die Volksschule und darauf eine Handwerkerschule besucht und bildete sich dann allein weiter. Bereits früh schloß er sich der sozialrevolutionären Partei an, betrieb Propaganda und wurde dafür verbannt. In der

Presse (seit 1905) trat er unter dem Pseudonym Ales' Harun oder Sal'ves', Sumny, Žyvica hervor. Seine Werke veröffentlichte er in verschiedenen weißrussischen Ausgaben; zum Teil sind sie in der Sammlung „Матчын дар. Думы і песьні 1907—14" (Minsk 1918) vereinigt.

Prušynski gehören viele, inhaltlich sehr verschiedene Gedichte an. Zum Teil wird darin die weißrussische Heimat besungen, auch das Heimweh, unter dem der Verfasser in der Fremde, z. B. in der Verbannung, zu leiden hatte. Auch in schlaflosen Nächten gedenkt Prušynski seiner Heimat, die ihn allein glücklich machen kann („Ночные думки" НН. 1908, Nr. 23). Alle seine Gedanken gehören ihr an („Мае думкі" ib. 1910, Nr. 4); er weint sogar vor Heimweh („Журба" ib. 1912, Nr. 9). Da er nicht die Möglichkeit hat, der Heimat unmittelbar einen Gruß zu senden, überträgt er ihn gleich der Jaroslavna im Igorliede dem Winde („Ветру" Матч. дар. 33):

Ветрэ, ветрэ вольны,
Стой, зрабі паслугу!
Буду спосаб меці,
Аддзякую другу.
Зьлетай, легкі, борзда
У край, адкуль я родам ...

У краю тым-старонцэ
Брат мой беларусін
Гібее без сонца.
Ім усім паклонам
Нізкім ты скланіся,
Хай жывуць, красуюць ...

Fern von der Heimat gibt es für ihn keine Freude: die Freude ist da immer mit Tränen gemischt („Вясельле" НН. 1913, Nr. 45). Im Gedicht „Роднаму краю" (ib. 1911, Nr. 40) klagt der Dichter, daß er nicht imstande ist, seiner Heimat das zu vergelten, was er von ihr empfangen hat. „Nimm zum Dank wenigstens die Lieder, ruft er aus, — eine Wiedergabe der Gedanken, die deine Wälder hegen. Von deiner Scholle, von deinem Himmel habe ich sie genommen:

Возьмі ж хоць сьпевы, дум перапевы
Лясоў тваіх.
З тваёі глебы, з тваёга неба
Узяў я іх.

Natürlich liebt Prušynski seine Muttersprache über alles; Verehrung bringt er auch den weißrussischen Sängern entgegen (H.H. 1910, Nr. 47 und 1908, Nr. 21). Einen Hymnus auf die weißrussische Sprache stellt das Gedicht „Песьня-звон" — das Lied als Glocke (Матч. дар. 20) dar: „O Wort! O du Mutter, du heimische Sprache! Du mächtige funkelnde Glocke! Aus Silber bist du gegossen, aus Gold geprägt. Ertöne! Ertöne!"

Гэй ты, маці, родна мова,
Гэй ты звон вялікі, слово,
Звон магучы,
Звон блыскучы,

З срэбра літы,
З злота зьбіты,
Загрымі ты,
Загрымі!

Beachtung verdient auch das Gedicht „Муляру" — An den Maurer (НН. 1913, Nr. 34), worin der Wunsch ausgesprochen wird, der Maurer möge ein großes Gebäude der Freiheit, Gleichheit und Brüderlichkeit errichten.

Von den andern Gedichten erwähne ich „Каму што". Жарт (Матч. дар. 102). Es wird darin erzählt, wie sich auf dem Wege zum Jahrmarkt ein Weißrusse, ein Kleinrusse und ein Zigeuner treffen. Sie kommen in ein Gespräch und ein jeder von ihnen berichtet, was er tun würde, wenn er König würde. Das Ideal der Weißrussen ist sehr bescheiden: er würde gut leben, im Frieden mit seinem Volke, und immer eine Eierspeise essen.

Вось я, здаецца, добра б жыў, С сваім народам бы дружыў,
Гульнуў бы я тады бязпечна, Кулеш усё еў бы ды яешні.

Der Kleinrusse wünscht sich, mit seiner Regierung im Garten unter einem Kirschbaum zu liegen und dort Speck mit Mehlklößen zu essen; noch bescheidener sind die Wünsche des Zigeuners.

„Шчасьце Мацея" (Das Glück des Macej) Старадаўная казка (ib. 120) behandelt die gleiche Legende wie Mickevič in „Як Юрка разбагацеў" (vgl. oben S. 153).

Die Schilderung einer schneebedeckten sibirischen Winterlandschaft enthält „Навакол" (Матч. дар. 32); der Anfang lautet:

Сьнягі, ляды Гара, скала,
Абраз жуды, Наўкол лягла
На заўсягды, І узрасла
На вечны час Паўскрайны пас
Ляглі . . . Зямлі . . .

Der Dichter ist überzeugt davon („З песняў няволі" Вольн. Бел. 1917, Nr. 24), daß er einen Lichtstrahl in diesen Urwald getragen hat „хоць промянь сьвету прынясьлі мы ў пушчу гэту".

Ein weißrussischer Kritiker (Вольн. Бел. 1918 Nr. 26) charakterisiert Prušynski's Stil mit folgenden Worten: „Hell und rein wie Kristall ist sein Vers. Jedes Wort nimmt seinen Platz darin ein. Der Worte gebraucht er wenige und der Gedanken viele." M. Bohdanovič (Колядная пісанка 1913) rechnet es Prušynski besonders hoch an, daß er keinem anderen Dichter gleicht und nicht Mitläufer eines anderen geworden ist.

12. Francišek Olechnovič.

F. Olechnovič (er unterzeichnete seine Dichtungen selbst mit Alechnovič, bisweilen auch J. Monvid) gehört zu den jungen, aber sehr fruchtbaren weißrussischen Schriftstellern. 1883 geboren, stammt er aus einer Wilnaer katholischen Bürgerfamile. Er besuchte bis zur 5. Klasse (siebentes Schuljahr) das Gymnasium, darauf die Dramaturgische Schule in Krakau und Warschau. Seine weißrussische literarische Tätigkeit begann er mit Dramen, an die sich der Durchschnittsdichter sonst erst im Alter macht. Die Erklärung hierfür liegt wohl in der Stellung von Olechnovič: er war ja einer der besten weißrussischen Schauspieler. Um die geringe Anzahl weißrussischer dramatischer Werke zu vergrößern, fertigte er Übersetzungen an und schrieb selbständige Dichtungen. In dieser Beziehung berührt sich seine Tätigkeit mit den Bestrebungen der anderen jetzigen weißrussischen Schriftsteller. Von Olechnovič besitzen wir:

1. „Na Antokali" (Wilna 1918) — ein Dreiakter mit Gesang und Tanz. Dieses Werk ist vom Verfasser ursprünglich polnisch geschrieben und darauf ins Weißrussische übersetzt. Sein Stoff ist Wilnaer (Vorort Antokol') Bürgerkreisen entnommen. Das Stück behandelt eine mißverstandene Nachricht von der Hinterlassenschaft eines amerikanischen Onkels. Die Handlung verläuft lebenswahr, doch vermißt man bei den handelnden Personen eine gewisse Gefühlstiefe.

2. „Butrym Niamira" (Wilna 1918) — Inszenierung der Legende von Lastovski „Каменная труна" über den grausamen Bojaren Butrym Niamira, der sich mit einem scheinbaren Liebhaber seiner Frau auf tierische Weise auseinandersetzt. In diesem Drama ist entschieden zu wenig Handlung.

3. „Манька" (Зборнік сцэн. твораў Minsk 1918). Die Handlung spielt in städtischen Bohemienkreisen. Ein Mädchen vom Lande, Mańka, verliebt sich darin in einen verbummelten Studenten. Er verführt sie und verläßt sie darauf. Das Mädchen kann die Trennung nicht überwinden und vergiftet sich. In szenischer Hinsicht ist das Stück gut, es fehlt ihm aber die psychologische Analyse.

4. „Калісь", сцэнічны абразок у 2-х актах (Wilna 1919). Diese Szenen aus der Revolutionszeit schildern eine Haussuchung bei einem Arbeiter, der sich Verbreitung sozialistischer Lehren in der Familie seiner Wirtin hat zuschulden kommen lassen, Straßenunruhen und den Tod des Arbeiters. Die Szenen sind wahrheitsgetreu und lebendig geschrieben.

5. „Bazylišk", Märchen in drei Akten (Wilna 1918) handelt von einem Drachen, der sich in Wilna eingefunden hatte (wie in der Legende vom Hl. Georg). Ivanuška-duračok gelingt es, das Untier zu besiegen, und er heiratet darauf die von ihm befreite Fürstentochter. Leider ist das Stück stellenweise allzu sentimental.

6. „Чорт і баба" (Зборн. сцэн. твораў II) gibt ein bekanntes Märchen über das Motiv „Гдзе чорт не ймe, там бабу пашле" wieder (vgl. Verf. Белорусы III 1, 471 f.).

7. „Страхі жыцьця" (Wilna 1919) — Drama in drei Akten aus dem Leben einer armen und kranken Familie. Der Vater ist ein Trunkenbold. Um ihrer Familie zu helfen, entschließt sich die Tochter, durch Prostitution Geld zu verdienen. Anfangs gelingt es ihr auch, die Familie über Wasser zu halten, doch dann stirbt die Mutter, die Tochter erkrankt und vergiftet sich; in einem Anfall von geistiger Umnachtung tötet der Vater den Sohn, der das Sühneopfer sein soll, und will auch sich selbst das Leben nehmen. In der Tat sind es „Schrecknisse des Lebens". Sie werden noch dadurch vergrößert, daß der Verlobte der Tochter, wie er von ihrem Fall hört, sie verläßt, obgleich sie zu diesem Schritte nur durch Aufopferung getrieben wurde. Seine Beweggründe hierfür drückt er folgendermaßen aus: Wir Männer sind selbst schmutzig, und wohl aus diesem Grunde lieben wir die Reinheit ... Solange du nur mir angehörtest, liebte ich dich heiß ... Jetzt liebe ich dich als ein unglückliches Wesen ... Mitleidig ... Nur dich ... wie eine

Schwester ... (Мы мужчыны самі брудныя, і вось можа дзеля гэтага самага мы любім чыстасьць ... Пакуль ты была толькі мая, я цябе страшэнна любіў ... Цяпер люблю цябе, як нешчаснага чалавека, жаласьліва цябе люблю ... Люблю цябе толькі ... як сястру ...) Das Stück ist lebendig geschrieben, aber zu düster.

8. „Dziadźka Jakub". Dramatyczny abraz u 2 aktach sa spiewami i tancami (Bieł. žyćcio 1919, Nr. 2 ff.).

9. „У лясным гушчары, пьеска для дзіцячага тэатра" (Вольн. Бел. 1918).

10. „На вёсцы". Ідыльлічны абразок у 2-х актах (Белар. жыцьцё 1919). Es wird darin die Liebe eines jungen Burschen zu einem Dorfmädchen geschildert. Sie nimmt eine Stellung als Dienstmädchen in der Stadt an und wird dadurch dem Bauernleben entfremdet. Schließlich findet sie, daß ein Bauer nicht zu ihr passe, worauf der Bursche ihre Freundin liebgewinnt. Das Stück ist schlicht und natürlich.

11. „Цені". Драма в трех актах (Беларусь 1920, Nr. 10—18). Ein Mangel auch dieses Stückes sind die darin vorkommenden allzu zahlreichen Todesfälle. Mitunter ist auch der Verlauf der Handlung gesucht.

12. „Птушка шчасьця" in drei Akten. Einige Motive sind hier der Komödie von Moraszewski (18. Jahrh.) entnommen.

13. „Нясконченая драма" (Белор. Звон 1921, Nr. 1—14) in 4 Akten.

14. „Заручины Паўлінкі" (ib. Nr. 6) ein Einakter.

15. „Лес шуміць". Сцэнічны абразок у 2-х актах з часоў паншчыны (Сцэнічн. творы II 1924). Nach Korolenkos Палесская легенда.

Olechnovič, der aus der stark unter polnischem Einfluß stehenden Wilnaer Gegend gebürtig ist, gebraucht häufig Polonismen (zara, tykiela, gest u. a.). Man findet bei ihm auch nicht wenige Provinzialismen und falsche Wortbildungen.

Es ist hier ein kurzer Überblick der wichtigsten und typischsten weißrussischen Schriftsteller aus der Zeit der nationalen Wiedergeburt Weißrußlands geboten worden. Außer den genannten gibt es noch eine Reihe anderer, recht begabter Schriftsteller, die, hauptsächlich im Laufe der letzten fünf Jahre, einige wertvolle Dichtungen in weißrussischen Zeitschriften und separat veröffentlicht haben. Hierher gehören z. B. Michaś Kudzel'ka, gewöhnlich unter dem Pseudonym M. Čarot bekannt. Von seinen letzten Erzählungen sind zu erwähnen: „Босыя на вогнішчы" (Minsk 1922), „Завіруха" (Minsk 1922), „Мікітаў лапаць" (Сцэнічн. творы I), „Сон на балоце" (ib. II), „Веснаход" (Minsk 1924). Ferner: Il'ja Levkovič (Hal'jaš Leŭčyk), Konstancija Bujlo, Anton Levicki, Maksim Horecki (Verfasser der wertvollen „Гісторыя беларускае літэратуры", Wilna 1920), Ales' Hurło („Барвенак", Verse, Minsk 1924), Ja. Žurba („Заранкі", Verse, Minsk 1924).

Was die literarische Tätigkeit der anderen weißrussischen Schriftsteller aus neuester Zeit anbelangt, so fehlt es bisher noch an genügendem Material zu ihrer Charakteristik: nicht immer läßt sich die Persönlichkeit feststellen, es ist auch schwer, sich eine Übersicht über die Tätigkeit jedes einzelnen zu verschaffen, da sie fast immer unter Pseudonymen, bisweilen sogar verschiedenen, schreiben (vgl. darüber Verf. Белорусы III 3, 375—446).

Zum Schluß dieser Übersicht sei es gestattet, den Text der weißrussischen Marseillaise anzuführen, die auch in den außerhalb Sowjet-Rußlands liegenden weißrussischen Gebieten große Verbreitung genießt. Ihr Verfasser ist mir nicht bekannt:

Ад веку мы спалі і нас разбудзілі,
Мы знаем, што трэба рабіць:
Што трэба свабоды, зямлі чалавеку,
Што трэба зладзеяў пабіць[1]).
Што гэта за марная доля нешчасная,
Бяз хлеба, бяз грошэй працуй.
Усюды ганяюць, усюды сьмяюцца,
Ну проста хоць крыкні: „ратуй!“

Сьмяюцца над намі багатые людзі,
Здаецца панамі іх зваць,
Мы доўга цярпелі, цярпець больш ня можэм,
І пойдзем мы долі шукаць.
Мы дружна паўстанем с касамі, с сярпамі,
Прагонім зямлі палачоў,
Няхай нас сустрэнуць палямі, лясамі
Грамады працоўных людзёў.

---

[1]) Oder — злыдняў пазбыць.

Nachtrag zur Weißrussischen Volksdichtung.

Bei der Entscheidung der Frage über die Entstehungszeit des einen oder anderen Werkes der Volksdichtung sollten die Erwägungen von M. Hruševśkyj in Betracht gezogen werden, die derselbe in seinem Buche Історія української літератури. I. Київ-Львів 1923 dargelegt hat. Dort finden sich auch zur Vergleichung kleinrussische (ukrainische) Parallelen zu den verschiedenen Gattungen der Volksdichtung.

Berichtigungen:

S. 43 Zeile 6 von unten lies: Kerzen statt Herzen.
S. 61 Zeile 23 lies: Rypiński statt Rypinski.
S. 128 Zeile 7 lies: Белорусы III 3, 39—46 statt Белорусы II 3, 39—46.

FSC
www.fsc.org
MIX
Papier | Fördert gute Waldnutzung
FSC® C083411

Kolibri 360 GmbH
Ferdinand-Jühlke-Straße 7
99095 Erfurt, Deutschland
produktsicherheit@kolibri360.de